"十三五"普通高等教育本科部委级规划教材

西方服装史 （第3版）

WEST CLOTHING HISTORY
(3rd EDITION)

华 梅 | 著

中国纺织出版社有限公司

内 容 提 要

本书为"十三五"普通高等教育本科部委级规划教材之一。

"西方",沿用了关于区域范畴的习惯称谓,与亚洲一带的"东方"相对。西方服装史,即是以西欧国家为主,上溯至美索不达米亚和埃及的服装发展史。西方服装体现出与东方服装迥异的风格,特别是其中所蕴含的文化元素,代表了人类服装史的一个重要组成部分。为了保持较清晰的演化脉络,本书章节的设计基本依据历史进程;另依据近现代及当代流行时装的特殊地位,本书较其他西方服装史书籍加大了这部分内容的含量,专门叙述了20世纪至今时装的发展历程及风格特色,这既符合新时代对服装史教材的需要,又能够满足读者不断增长的阅读需求。

本书自2003年1月首次出版,至今已印刷9次,新的考古资料和研究成果均在书中有所体现,是高等院校服装专业师生和社会科学研究人员以及广大服装爱好者必读的一本教材。

图书在版编目(CIP)数据

西方服装史 / 华梅著. --3 版. -- 北京:中国纺织出版社有限公司,2020.8

"十三五"普通高等教育本科部委级规划教材

ISBN 978-7-5180-7495-2

Ⅰ. ①西… Ⅱ. ①华… Ⅲ. ①服装—历史—西方国家—高等学校—教材 Ⅳ. ① TS941.743

中国版本图书馆 CIP 数据核字(2020)第 096151 号

策划编辑:谢婉津 郭慧娟 责任编辑:杨 勇
责任校对:楼旭红 责任印制:王艳丽

中国纺织出版社有限公司出版发行

地址:北京市朝阳区百子湾东里 A407 号楼 邮政编码:100124

销售电话:010—67004422 传真:010—87155801

http://www.c-textilep.com

中国纺织出版社天猫旗舰店

官方微博 http://weibo.com/2119887771

北京通天印刷有限责任公司印刷 各地新华书店经销

2003 年 1 月第 1 版 2008 年 8 月第 2 版

2020 年 8 月第 3 版第 1 次印刷

开本:787×1092 1/16 印张:16.25

字数:253 千字 定价:49.80 元(附赠网络教学资源)

导　言

　　西方服装史，首先面临一个区域界定的问题。西方，应该是一个宽泛的区域概念，它与东方相对。如果翻阅当今最权威的辞书《辞海》，会发现没有"西方"词条。实际上，我们所讲的是全球地理概念上的东、西两个半球。

　　与此相近的称谓有"西洋"之说。只不过，中国人对西洋的说法因年代不同而有所区别。有时概念是不清的，比如"西方美术与西洋画"，两者并用，但很少有称"西方画"的。元代将今南海以西海洋及沿海各地称为西洋，明永乐至宣德年间郑和7次率领船队远航南海诸国，但通称郑和下西洋。而明末清初以后，将大西洋两岸，即欧、美各国称为西洋。以此种习惯称谓，故有西洋美术史、西洋文学史等类书籍出版。20世纪80年代以后，论及欧、美的多用"西方"，如西方社会、西方美学等，从而感觉"西洋"之说有些陈旧了。

　　具体到西方服装史，其涵盖的区域基本上类似西方美术史，即以西欧的英、意、法等国为主，将源头上溯至埃及，再延伸至美索不达米亚、希腊、罗马等。这与欧美学者所撰写的世界服装史的涵盖区域是一致的。在涉及范围较大的书籍之中，特别是在当今世界惯用称谓中，"西方"可论及北美洲的美利坚，有时附带北欧，只是不包括东欧诸国。本书就是在此基础上圈定区域与内容的。

　　可以这样说，地中海及其周边富庶地区，是西方文明的发源地。广阔的海域、和煦的海风，养育了重实干且又富于想象的人民，创造出悠久辉煌的古老文化。埃及的胯裙、希腊的长衫正是在这充满艺术之梦的土地上诞生。以至我们在数千年后的今天，还不得不惊叹当时人们的浪漫情怀。希腊的大理石雕刻令世人感受到无与伦比的美。除了无可挑剔的近乎完美的人体结构和精致的加工工艺之外，那特色鲜明的服饰形象更是珍贵的史料。它记载着人们在服装上的巧思与创造力，同时记载着传统文化所走过的五彩之路。

　　或许，人们不会忘记欧洲中世纪带给人的心灵（也带给服装）的压抑与桎梏。但是，文艺复兴时期人性的觉醒与张扬，所创服装的缤纷与美之至极，永远闪耀着历史的光芒。工业革命，发起于欧洲，这对于西式服装几乎覆盖全世界的事实来说，至关重要。因为，人心趋向于先进，先进的技术带来繁荣的经济，而先进的工作、生活条件势必吸引人们的效仿与追求。这样，西式服装尽管并不适合于所有人群，但在世界上的影响是巨大的。时至今日，人类已迈进移动互联时代，更加崇尚舒适合体的衣服，因而在日常生活中，还是穿着西式服装的人群更多。

应该说，每个区域、每个国家或民族的服装风格都有其特色，不能以高低雅俗来下结论。而且这些特点都是相对而言的，如将西方服装与东方服装或中国服装相比较，就会发现西方传统服装注重强调性感，即以服装来表现活生生的人，突出男人和女人的各有特点的身体结构。希腊克里特小岛3000年前的女神像就穿着露出双乳的大袒领的钟式束腰长裙，显然在强调女性的身体曲线；而在相当长的时期中，男性的下装也以袒露双腿的强健和力量来表现男人的慓悍，显示出西方人对阳刚之美的理解，有一种尚武精神隐喻在内。近现代男子所谓的西装是在军服和礼服的基本造型上演化而成，因而我们现在所见到的西装，实际上正是工业革命的产物，是关注实用功能的结果。加上先进文明所提倡的人体工程学，西装也在尽量符合人体结构条件下，刻意追求一种精干、快节奏的感觉，这正使它具有与现代建筑、交通设施等相吻合的鲜明的时代感。

相对西方服装而言，中国传统服装是与中国的诗词、音乐、绘画同步形成的。由于中国文化长期以儒家思想为主体，因此服装对身体的遮蔽功能显得更为重要。同时，为了符合礼仪的要求，服装必须严格区分等级、辈分、亲疏和场合，总之，服装是在强调一种秩序、一种理性。这种着装理念在服装上的表现也成为中国文化特色的组成部分。那种超凡脱俗的美，那种气韵、风姿、神采都通过褒衣博带的随风而起而得到充分的体现。"飘如游云，矫若惊龙"成为中国服装在相当长一段时间特有的美。不容忽视的是，中国服装中也有威武雄壮，不可与飘拂相提并举的戎装；也有女着男装的俏丽与强干，别具一格的"阳刚"。这里写西方服装，主要写西方服装发展的轨迹以及在相对稳固一段时期中所具有的总体风格。

还有一点不能不提，在人类历史长河中，地球上所谓的东西两方也有交流。首先就是中国汉代开启的陆上丝绸之路，东起长安，原说西至土耳其小城伊斯坦布尔，后因欧洲学者的考古发现，将丝绸之路终点定在波罗的海。有观点认为，大唐的繁华集中了世界近一半民族的文明，这一点在服装上体现得非常突出。反过来，大唐的文明又对欧洲产生积极影响。仅就18世纪初来说，中国商品和艺术风格就曾给西方带去东方的典雅与优美。那些新奇、精致、纤巧的艺术造型，被西方人士承认是塑造洛可可风格的艺术源泉。在服装上，中国与西方，既有着因地域、气候和文化不同而产生的差异，又有着主动传播与被动承受而形成的各种复杂的纠结。

　　总之，西方服装是西方文明与文化的一个载体，对于中国人来说，借此了解西方的风土人情和思维模式，也不失为一个微观且透明的窗口。西方服装中有许多可供借鉴的地方，不仅仅是三维占据空间和适身立体裁剪，更重要的是其特有的设计思想。善于从异域文化中汲取精华，是每一个服装设计者都必须具备的意识，或说基本素质。注重从西方服装中去研究西方文化，又是社科研究者必不可少的一个学习环节。甚至可以说，任何发展战略的制定与实施，都需要知己知彼。西方服装史对于我们，正有这样一个意义。

第2版序言

人们通常认为，教材，就是教师以此来讲，学生以此来听；史论，就是史料和论说；服装更无歧义……其实不是这样。

无论教还是学，注重的都应该是一种意境，一种蕴涵无限的大文化。

如服装，确切说服装文化教学与研究，它的范围和对象，绝不仅仅限于服装本身。

我在服装史论教学一线已近三十年，为什么持之以恒，且毫不倦怠，就因为我钻研起服装来常有一种莫名的愉悦感觉——宛如"风高浪快，万里骑蟾背。曾识姐娥真体态，素面原无粉黛。身游银阙珠宫，俯看积气蒙蒙。醉里偶摇桂树，人间唤作凉风。"在这里，诗人刘克庄是在描述身游月宫的奇妙幻想。但研究服装的过程，不也正具有这样一种浪漫的意境吗？每一点探索的结果都是前所未有的，每一步向新领域的跨越都令人激情满怀，其过程是充满神秘感的，好像是在探险。当未知被一个个解惑，当硕果挂满了枝条，那种登临月宫的感觉是美妙的，它令人向往。

我有时觉得自己是一个农夫，我播种的服装研究在沃土上成长健旺，我培养的学生也是在服装文化的大地上辛勤耕耘，我们的团队已使服装文化绽放出绮丽的花朵。我的脑海中常有一幅图像闪现出来，那就是一片片金黄色的稻田，在阳光下熠熠生辉，那种醉人的金色令人振奋又惬意，有一种美感，是收获的幸福。一想到这番景象，汗水还算得了什么？

中国古人有一句话："书山有路勤为径，学海无涯苦作舟"，我小时候所受的教育总是"发悬梁，锥刺股"。实际上这只是在激励学子们，倡导的是一种精神，真正钻研起来，苦中自有乐。人们为什么要攀崖？为什么要横渡太平洋？这里有探索心的驱动，也有好奇心的驱使，说好了是科学无畏，说不好是寻求刺激。实际上，无须褒贬，值得肯定与赞扬的就是一种实实在在的人的精神。服装教学与科研正是这样，勤是需要，但不一定都是苦。上山艰难却完全可以看风景，渡海危险却可以放飞自己的理想。天高任鸟飞，海阔凭鱼跃，世界是强者的，学术界尤为此。

待闲静片刻时，甚至会想起辛弃疾的《西江月——夜行黄河道中》："明月别枝惊鹊，清风半夜鸣蝉。稻花香里说丰年，听取蛙声一片。"怎样的幽美景色，怎样的原生态？我甚至觉得，服装教学科研中灵感的出现，真像这首诗中写到的："七八个星天外，两三点雨山前。旧时茅店社林边，路转溪桥忽见。"小时候背的诗，如今总是适时地闪现在脑海中，诗中所描述的意境，感染着我，使我常常生活在诗意之中，而且是真的在诗意中徜徉。

李清照有一首《渔家傲——记梦》，气势非凡，虽假借梦境，实际上是在宣泄一种豪迈的情感。诗人写道："天接云涛连晓雾，星河欲转千帆舞，仿佛梦魂归帝所，闻天语，殷勤问我归何处。我报路长嗟日暮，学诗漫有惊人句。九万里风鹏正举，风休住，蓬舟吹取三山去。"在从事服装教学与研究的几十年间，这种空阔，这种气势，这种洒脱，常常使我感到浑身充满力气，仿佛全身的血都在沸腾，倘若文章不能使自己激动，还怎么能够激动别人呢？

我喜欢庄子的文论，不但句句有哲理，而且视野那么广阔，心绪奔放，升天入地；我喜欢中国古诗词，诗人不仅在抒发情怀，而且在评述世理，诠释人生。即使我们在秋天的夜晚没有身处"银烛秋光冷画屏"的环境，也没有"轻罗小扇扑流萤"的闲情，但是"天阶夜色凉如水"的感觉还是抬头就能感受到的，由此，那种"坐看牵牛织女星"的艺术审美愉悦不就产生了吗？杜牧的《秋夕》本身就有一种意境之美，美在诗外。我研究服装，常常就生活在这种诗意中，诗意无限。

更重要的是，古诗词不单单给人以美的意境，它还确确实实地记录下一些史实，如服装，假借的也罢，直叙的也罢，使我们读诗就能读到曾经存在的服饰形象和服装现象。如刘禹锡在《竹枝词》中写："山上层层桃李花，云间烟火是人家。银钏金钗来负水，长刀短笠去烧畲。""银钏金钗"代表的就是少数民族女性，而"长刀短笠"更是将原始部落性质的生活生产方式叙述出来。到了刘禹锡写"美人手饰侯王印，尽是沙中浪底来"时，则是一种感慨，或说不平了。冯延已在《谒金门》中，仅一句"斗鸭栏杆独倚，碧玉搔头斜坠"，就把少妇"终日望君君不至"的愁闷心情真实地表现出来。孙光宪在《酒泉子》中以"香貂旧制戎衣窄"衬托征人的悲凉心情，以"绮罗心，魂梦隔，上高楼"表述征人对远人妻子的思念。这里都没有直接写人，但写服饰就已经使人鲜活起来，进而有声有色，有情有景。

柳永在《望海潮》中写杭州的繁华，仅"市列珠玑，户盈罗绮"寥寥几字，就使人们宛如看到市场上陈列的商品尽是珍珠宝货，而大户人家穿的都是绫罗绸缎的人文景观呈现在读者面前。张志和在《渔歌子》中的"青箬笠，绿蓑衣"是写隐士；苏轼在《江城子》中以"锦帽貂裘"写边关军人；在《浣溪沙》中以"牛衣古柳"写"卖黄瓜"的农夫；在《定风波》中以"竹杖芒鞋轻胜马"寓自己虽被贬，但依然乐观处事。因为只有这样，才能保持"一蓑烟雨任平生"的心境。苏轼在《念奴娇——赤壁怀古》中，一句"羽扇纶巾"，就把周瑜当年"雄姿英发"、踌躇满志的精神面貌表现出来了，尤其"谈笑间，樯橹灰飞烟灭"的辉煌战功，更通过儒雅的装束而显得格外动人。

有一首诗，从我小时候就给我一种凄美的感受，那就是贺铸的《捣练子》："砧面莹，杵声齐，捣就征衣泪墨题。寄到玉关应万里，戍人犹在玉关西"。征衣在服装史中占据着重要的位置，这里寄托着家人对远在边疆的亲人的思念，述说着服装的物化功能与情感寄寓。有时候，关乎服装的举动就是一种世俗生活的写照，由此也牵动着人们的心情。如贺铸另一首《鹧鸪天》，诗人悼念亡妻，"空床卧听南窗雨，谁复挑灯夜补衣"，一幅旧时妇女的最寻常不过的补衣情景，使诗人眼前出现昔日的画面。《红楼梦》中仅一节"勇晴雯病补孔雀裘"，就把晴雯这一特定人物的性格生动地刻画出来。岳飞的《满江红》中第一句是"怒发冲冠"，这里既没写帽子的式样，也无花纹色彩，只一个"冲"字，就以夸张的手法表现出诗人难以遏制的愤怒和强烈无比的爱国之心。

李清照《永遇乐》中有一句脍炙人口的诗句："中州盛日，闺门多暇，记得偏重三五。铺翠冠儿，拈金雪柳，簇带争济楚。"这番盛景，这般服饰，已经成为中华民族灯节的珍贵历史资料之一，铺翠冠儿什么样？拈金雪柳是什么？人们反复考证，不管怎么说，那一身穿戴整齐且光鲜的模样给后世留下许多正月十五元宵节赏灯的实感与畅想。下一句写"风鬟雾鬓"，也是借助服饰形象的一部分来表露诗人思念故国的感情，同时也流露出她饱经忧患、消极低沉的心理状态。关于元宵节的名句，还有辛弃疾的《青玉案——元夕》："东风夜放花千树，更吹落，星如雨，宝马雕车香满路。凤箫声动，玉壶光转，一夜龙蛇舞。"在这里，诗人专门写到女性在特定节日戴的特定饰品，即"蛾儿雪柳黄金缕"。蛾儿就是闹蛾儿，雪柳是用丝绸或纸拈成的柳条装饰，黄金缕也是以金纸、金线扎成的灯节装饰，这些饰品恰与万盏彩灯相映生辉。诗人虽在诗后写到他不肯趋炎附势、随波逐流的孤高性格，"众里寻他千百度，蓦然回首，那人却在灯火阑珊处。"但我们依然可以认为辛弃疾给后世留下服装史的鲜活资料，因为形象与场景，特别是节俗，共同记录下来，就必然使其有了一定的珍贵之处。

张孝祥在《念奴娇——过洞庭》中，写的是人与自然的结合以及由此而生发出的感想。他以"短鬓萧疏襟袖冷"来表现当年"孤光自照，肝胆皆冰雪"高旷坦荡的胸怀，甚至直接述说自己做官一向光明磊落，而今胸无芥蒂，因而与"素月分辉，明河共影，表里俱澄澈"的湖水，宛如天地一体，水乳交融。严蕊在《卜算子》里是以"若得山花插满头，莫问奴归处"去借此述说乱世的无奈，并写自己向往自由自在的山村生活。

有时候，诗词中的服装描写，记载下的是历史重大事件。吴文英在《八声甘州—陪庾幕诸公游灵岩》中写吴越之战的一个不可忽视的有连带关系的插曲，那就是越王献美女西施，吴王夫差在灵岩山上为西施建了一座馆娃宫，极尽豪奢。诗人写"渺空烟四远，是何年，青天坠长星。幻苍厓云树，名娃金屋，残霸宫城。箭径酸风射眼，腻水染花腥。时靸双鸳响，廊叶秋声。""靸"是指木屐，音洒，双鸳即指西施和宫女们穿的绣有鸳鸯图纹的木屐。当年，夫差在馆娃宫里专门建有一个响屟廊。屟，音泻，也是说这种无后帮木底鞋。相传响屟廊是用梓木铺地，木地板下再放上成排的陶瓮，这样，宫女们穿着木屐在廊上行走，就会发出音乐般的声响。当然，吴国最后被曾经的手下败将越王勾践打败，并不只因西施，但是这绝对是一个重要环节，因此馆娃宫中的响屟廊同样与木屐一起成为这一历史事件的有声有形的记录。

诗词中的服装名词，很多时候被借用来指某一群体或某一类人，如史达祖《双双燕》中"愁损翠黛双蛾，日日画栏独凭"，翠黛是指古代妇女画眉的颜料，双蛾则指女子弯曲柔美的眉毛，在这里，即以此来代表闺中少妇。辛弃疾在《南乡子——登京口北固楼有怀》中写"年少万兜鍪，坐断东南战未休。"就是以兜鍪这一战士头盔来代表万千士兵的宏大阵势。

辛弃疾在《水龙吟——登建康赏心亭》中写"倩何人，唤取红巾翠袖，揾英雄泪！"这里的红巾翠袖可指少女，也可专指歌女，其实更确切地是指红颜知己。诗人甚至在"遥岑远目，献愁供恨，玉簪螺髻"中以女性发式及头上插戴的簪子形象来形容远山的景象，我们不难看出，人们多么了解服装，服饰形象又和人们离得多么近。朱敦儒在《相见欢》中写："中原乱，簪缨散，几时收？"以簪缨喻文武官员……

诗词与服装的联系，不一定只是专指或借喻，有很多未涉及服装的诗词在我们教学研究中也能给我们提供一种意境，那种意境幽美且深远，它深深地牵挂着我们的心，以致欲罢不能，导致我们以全身心投入到服装史论的教研之中。多少年来，李之仪的《卜算子》总在我心中一遍遍出现，我低吟："我住长江头，君住长江尾，日日思君不见君，共饮一江水，此水几时休，此恨何时已。但愿君心似我心，定不负相思意！"爱情是崇高又神圣的，爱情伟大且永恒，人一生热爱一种事业，岂不也如同爱情中的热烈与持久。

仔细读一读古人的诗词，诗中的意境足可以使我们摆脱浮躁，还原真我。那种意境在感染着我们，让我们静下心来。辛弃疾在《鹧鸪天》中写"陌上柔桑破嫩芽，东邻蚕种已生些。平冈细草鸣黄犊，斜日寒林点暮鸦。山远近，路横斜，青旗沽酒有人家。城中桃李愁风雨，春在溪头荠菜花。"好一番农家田园风景。心绪平淡下来，对于名利；情绪需要激昂，为了事业，这才能立于不败之地。

《中国服装史》《西方服装史》《服装美学》《服装概论》《中国近现代服装史》涉及了我们需要讲给年轻学子的有关服装的历史知识，特别是专业基础理论。我在这里不想重复书中的内容，我反反复复强调的是意境，怎样才能更好地掌握知识，怎样才能成为成功人士，其实最重要的是需要一种修养，微至具体学习时所需要的意境。这里仅以诗词作为例子，它应该被录入人脑，而不是电脑。电脑需要提取，而人脑装载的知识则往往是自己往外蹦。我有时累了，感觉到力不从心，辛弃疾那句"布被秋宵梦觉，眼前万里江山"就总在我心里出现。我能感受到诗人那种大气，那种忧国忧民之心，对于我们来说，不就是一种为了文化事业的发展而需要尽的一份力量吗？

我提醒年轻的学子们，静下心来，在知识的海洋中驾驭巨舰或独舟，只要目标是正确的，我们将勇往直前，我们必定胜利，辉煌就在前方。

华梅

2007年5月5日
于天津师范大学华梅服饰文化学研究所

第1版前言

西方服装史，首先面临一个区域界定的问题。西方，应该是一个宽泛的区域概念，它与东方相对。如果我们翻阅当今最权威的辞书《辞海》，会发现没有"西方"词条。实际上，我们讲的是全球地理概念上的东、西两个半球。

与此相近的称谓有"西洋"之说。只不过，中国人对西洋的说法因年代不同而有所区别。有时概念是不清的，比如"西方美术与西洋画"，两者是并用的，但很少有称"西方画"的。元代将今南海以西海洋及沿海各地称为西洋，明永乐至宣德年间郑和7次率领船队远航南海诸国，但通称郑和下西洋。而明末清初以后，将大西洋两岸，即欧、美各国称为西洋。依此种习惯称谓，故有西洋美术史、西洋文学史等类书籍出版。20世纪80年代以后，论及欧、美的多用"西方"，如西方社会、西方美学等，从而感觉"西洋"之说有些陈旧了。

具体到西方服装史，其涵盖的区域基本上类似西方美术史，即以西欧的英、意、法等国为主，将源头上溯至埃及，再延伸至美索不达米亚、希腊、罗马等。这与欧美学者所撰写的世界服装史的涵盖区域是一致的。在涉及范围较大的书籍之中，"西方"可论及北美洲的美利坚，有时附带北欧，只是不包括东欧诸国。这本《西方服装史》就是在此基础上圈定区域与内容的。

可以这样说，地中海及其周边富庶地区，是西方文明的发源地。那广阔的海域，和煦的海风，养育了重于实干且又富于想象的人民，创造出悠久辉煌的古老文化。埃及的胯裙、希腊的长衫正是在这充满艺术之梦的土地上诞生的。以至我们在数千年后的今天，还不得不惊叹当时人们的浪漫情怀。希腊的大理石雕刻令世人感受到无与伦比的美。除了无可挑剔的近乎完美的人体结构和精致的加工工艺之外，那特色鲜明的服饰形象更是珍贵的史料。它记载着人们在服装上的巧思与创造力，同时记载着传统文化所走过的五彩之路。

或许，人们不会忘记中世纪带给人的心灵，也带给服装的压抑与桎梏。但是，文艺复兴时期人性的觉醒与张扬，所创服装的缤纷与美之至极，永远闪耀着历史光芒。工业革命，发起于欧洲，这对于西式服装几乎覆盖全世界的事实来说，至关重要。因为，人心趋向于先进，先进的技术带来先进的经济，而先进的工作、生活条件势必吸引人们的效仿与追求。这样，西式服装尽管并不适合于所有人群，但在世界上的影响是巨大的。

应该说，每个区域、每个国家或民族的服装风格都是有其特色的，不能以高低雅俗来下结论。而且这些特点统统是相对而言的，比如将西方的服装与东方或说中国服装相比较，就会发现两者的一些区别。如西方传统服装注重强化性感，即以服装来表现活生生的人。希腊克里特小岛3000年前的女神像就穿着露出双乳的大袒领的钟式束腰长裙，显然在强调女性的身体曲线；而在相当长的时期中，男性的下装也以袒露双腿肌体结构来表现男人的慓悍，这里显示出西方人对阳刚之美的理解，有一种尚武的精神隐喻在内。近现代男子所谓的西装是在军服和礼服的基本造型上演化而成的，因而我们现在所见到的西装，实际上正是工业革命的产物，是关注实用功能的结果。加上先进文明所提倡的人体工程学，西装也在尽量符合人体结构条件下，刻意追求一种精干，一种快节奏的感觉，这正使它具有与现代建筑、交通设施等相吻合的鲜明的时代感。

相对西方服装而言，中国传统服装是与中国的诗歌、音乐、绘画同步形成的。由于中国长时期封建社会中儒家思想占主体，因此服装对身体的遮蔽功能显得更为重要。同时，为了符合礼仪的要求，服装必须严格区分等级、辈分和场合，总之，是在强调一种秩序、一种理性。这种新思想在服装上的表现也成为中国文化特色的组成部分，那种超凡脱俗的美，那种气韵、风姿、神采都通过褒衣博带的随风而起而得到充分的体现。"飘如游云，矫若惊龙"是中国服装特有的美。

当然，在存在区别的同时，也有交融。且不说大唐文明对欧洲的影响，就18世纪初来说，中国商品和艺术风格就曾给西方带去东方的典雅与优美。那些新奇、精致、纤巧的艺术造型，被西方人士认为是塑造洛可可风格的艺术源泉。在服装上，中国与西方，既有着随生产力发展而产生的差异，又有着传播与承受影响的关系。

西方服装是西方文明与文化的一个载体，对于中国人来说，借此了解西方的风土人情和思维模式，也不失为一个透明的窗口。

西方服装中有许多可供我们借鉴的地方，不仅仅是立体裁剪，更重要的是设计思想。善于从异域文化中汲取精华，是每一个设计者都必须具备的意识，或说基本素质。扩大些说，每一个人都应该这样。

作者
2002年7月3日

教学内容及课时安排

章 / 课时	课程性质	节	课程内容
序 （2学时）			• 服装起源与成因
		一	人类起源学说与服装成因推论
		二	人类起源传说与服装成因思考
		三	人类起源考古与服装成因推断
		四	当代服装考证与服装成因定论
第一讲 （2学时）			• 服装早期形式
		一	时代与风格简述
		二	草裙与树叶裙
		三	兽皮坎肩与兽皮裙
		四	纤维纺织衣服出现
第二讲 （4学时）			• 服装分类造型
		一	时代与风格简述
		二	服装形态的产生
		三	服装分类
第三讲 （2学时）	基础理论 （38学时）		• 服装惯制初现
		一	时代与风格简述
		二	服装惯制的产生
		三	地中海一带的等级服装
第四讲 （2学时）			• 服装重大开拓
		一	时代与风格简述
		二	拜占庭与丝绸衣料
		三	拜占庭的服装款式
		四	波斯铠甲的东传
第五讲 （4学时）			• 服装融合互进
		一	时代与风格简述
		二	拜占庭与西欧的战服时尚
		三	华丽倾向与北欧服装
		四	中世纪宗教战争对服装的影响
		五	哥特式风格在服装上的体现

章 / 课时	课程性质	节	课程内容
第六讲 （6 学时）			•服装与文艺复兴
		一	时代与风格简述
		二	文化的复兴与服装的全新
		三	文艺复兴早期的服装
		四	文艺复兴盛期的服装
第七讲 （4 学时）			•服装与建筑风格
		一	时代与风格简述
		二	服装和巴洛克风格
		三	服装和洛可可风格
		四	军戎服装
第八讲 （6 学时）	基础理论 （38 学时）		•服装与民族确立
		一	时代与风格简述
		二	民族特色服装
第九讲 （2 学时）			•服装与工业革命
		一	时代与风格简述
		二	工业革命引发服装变革
		三	工业革命成就现代时装
		四	军戎服装
第十讲 （4 学时）			•服装与移动互联
		一	时代与风格简述
		二	回顾 21 世纪之前的现代时装演化
		三	直面 21 世纪初起 18 年的服装流行
		四	展望 21 世纪中叶的服装前景
		五	军戎服装

注 各院校可根据自身的教学特色和教学计划对课程时数进行调整。

目　录

第五讲　服装融合互进

第六讲　服装与文艺复兴

第七讲　服装与建筑风格

第八讲　服装与民族确立

第九讲　服装与工业革命

第十讲　服装与移动互联

序　服装起源与成因

地平线朦胧而且在不断变化着，阳光普照着光线可以达到的所有地方。

但是，地球上每一个有人类居住的区域，并不能同时接受阳光的沐浴。只是，随着地球的自转与公转，地球上的全人类才能够感受到太阳的赐予和带来的希望。这就是宇宙在初期给的印象；这就是大自然对人类社会创造的启示与警醒。

到底从什么时候，地球上站立起人？人又在什么时候、什么情况下穿起了衣服？这至今仍然是一个谜。

考古学家和人类学家为解开谜团进行着不懈的努力。可是从那些难以破译的古化石与碳化物甚至实物上，只能摸清事物发展的下限，而寻求上限却很难。一次次惊人的考古发现，证实着人类始祖的伟大，同时将世界开化史或人类文明史向前推进。价值巨大的考古发现也只能推远年限，而难以真正寻到人类发展的源头。

也许，这并不奇怪。因为迄今为止，人类究竟什么时候开始成为人，这根本不能作为议题成立。人不会在某一天早晨突然出现在地球上，人类也不可能在某一次心血来潮时忽然穿起了衣服。这一切都是在漫长的岁月中一点一滴形成的。当人们看到水流湍急的江河时，会想到源头是一处处山石、地面溢出的涓涓细流吗？服装史，还要从制作服装、穿着服装，与服装共同构成形象的人的童年说起。

第一节　人类起源学说与服装成因推论

关于人类起源的学说，长期以来在国际社会上争论不休。由于欧洲的人文文化较为发达，且科学研究起步早并具有系统化，因此这场围绕着人类起源的论战也是在欧洲拉开的序幕。

从目前来看，在历史上影响最大的是基督教《旧约全书》中的"创世说"。《旧约全书》上说，上帝用了6天时间，先造出天地、日月星辰、山川河流、飞禽走兽，最后照自己的模样用圣土造出了第一个男人，名叫亚当，又从亚当身上

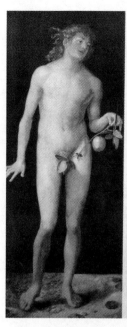

序图-1 画作中的亚当与夏娃摘下无花果枝叶
遮住下体

取下一根肋骨造了一个女人并作为他的妻子，名叫夏娃。亚当和夏娃的子孙都是上帝的后裔。

依据《旧约全书》的说法，亚当和夏娃起初是不着装的，只因为听了蛇的怂恿，偷吃禁果，结果眼睛明亮了，这才觉得在异性面前赤身裸体不对劲，于是扯下无花果树叶遮住下体，这便是服装的雏形。对于这种说法，当代已有不少人提出质疑，原因是羞耻观念只会在文明社会时出现，即摆脱了蒙昧社会和野蛮社会以后。遮羞论并不能说明服装之源（序图-1）。

1831年，英国生物学家查理·达尔文乘海军勘探船"贝格尔号"做历时5年的环球旅行，在动植物和地质等方面进行了大量的观察和采集，经过综合探讨，得出了生物进化的结论。1859年，达尔文出版了震动当时学术界的《物种起源》（一译《物种原始》）一书，提出以自然选择为基础的进化学说，不仅说明了物种是可变的，对生物适应性也做了正确的解说。目的论和物种可变论，给神创论者以沉重的打击。

进化论在人类起源问题上，提出由猿变成人的学说。自1860年牛津大主教威尔伯福斯以此为题发起大辩论开始，人类起源上的"神化论"和"进化论"两种观点的对立和论争，一直延续到当代。

按照达尔文的进化论学说，人是由猿演变来的。但是，如果从服装起源来看，猿进化到新人的过程当中，如果已经遇到御寒、防潮、遮晒等需要适应环境的实际问题，那么为什么还要脱掉大面积体毛呢？而进化后的人身体上仅存的体毛又都是保留其功能的。换句话说，人的体毛包括眉毛、睫毛、头发、腋下和耻骨等处的毛发，都有着明显的实用价值，算起来只有男人的胡须实用性差一些。如果不是进化中的自主选择，那么为什么会形成如今这样合理的生理趋向呢？如眉毛使额头汗水平行向外侧流去，不致一下子流到眼睛里；睫毛挡住风沙，免得沙土刮到眼睛里；头发既可以遮住阳光，使头皮免受曝晒，又可以挡住风霜雨雪，不至于让头皮直接受到侵害；腋下和耻骨处体毛则是为了使汗液得以挥发，形成自然通风小环境。再看动物的进化结果，仅从毛发上看，就没有无目的、无根据的。骆驼的眼睫毛最密，因为它生活在沙漠之中；牛马的尾巴既细又长，则是为了扫掉身上的蚊蝇；所有毛皮动物的体毛秋季蓄厚，春季脱掉，还不是为了保温与降温？如此说来，人的体毛与包装身体的服装应该是有关系的。

自然科学界还有一种说法：距今2.257亿～0.700亿年前（地质学上称为中生代时期），巨大的爬行动物如恐龙、鱼龙、翼龙等横行于灌木茂密、温暖潮湿的沼泽地带。为了躲避这些巨大动物的伤害，在远离这个环境的寒冷的不毛之地，生存着一些小动物，这就是哺乳类动物的祖先。在严酷的环境中，由于生存的需要，这些小动物在长期进化中逐渐生长出体毛。中生代末期的白垩纪，地球发生了大变动，恐龙之类的巨大爬行动物灭绝了。但是，哺乳类动物却依靠体表的毛皮和热血（一定的体温）渡过这种危机，进入了新生代，在地球上占据了主要位置……但是这种服装起源于御寒、防湿的说法同样被人提出了质疑：既然依靠体毛即得以生存下来，而后为什么又要脱掉，然后再去苦苦寻觅衣服呢？

人在体毛这点上，是根据什么进化的？为什么不以自身的毛皮以抵御严寒？人类在怎样一种自然生态环境中脱去大面积毛发，又是在怎样一种外界环境和内心活动驱使下制作服装的？神创论与服装成因关系的说法不可细究，进化论与服装成因却必须弄清。因为前者毕竟是神话，而后者却是实实在在的科学。

继达尔文的进化论以后，在最近百余年的时间里，人们又提出种种有异于达尔文进化论的关于人类起源的学说。由于众说纷纭，迄今也不能正式确立，因此就影响范围、权威性而言，根本无法和"神创论"与"进化论"相比。只是，这些有关人类起源的新说法，却也启发了我们对于服装起源的许多新设想。

人由水族动物进化而来？这一学说虽然未脱出进化论的圈子，可是已把陆地上的猿，变成了水中的河豚、海豚和鲸。不少医学家和动物学家发现，人和猿的体质结构接近程度，根本无法与人和海豚体质结构接近的程度相比。这就是说，过去有关人类学书籍，大都在强调人和猿的一致性，如大脑、五官、四肢特别是手指和脚趾的近似值。然后就此提出，从猿到人的过渡在体质形态的发展上，经历过早期猿人、晚期猿人、早期智人和晚期智人四个阶段。从那时开始，现代人种便逐渐形成。

从海豚进化到人的推测是，由于某一次海水的意外灾难，把一部分海豚和鲸冲到了远离海岸的陆地之上。当海水退去以后，这些水族动物面临着一次生与死的严峻选择。于是，它们中的一部分死去，一部分却靠着某种微弱的适应力得以存活下来，如鲸本身就是用肺而不是用鳃来呼吸的。现代医学界和动物学界人士还从对海豚与鲸的生活习性上观察到，它们的交媾姿势、哺乳姿势都十分类似人类，至于说脑重量、脑结构等更是接近人类。这样一来，新学说虽然并未完全形

序图-2　安徒生童话中的美人鱼（丹麦雕塑）

成独立的体系，但还是对达尔文进化论提出了挑战。而且在20世纪下半叶，英国海洋生物学家何利斯特·哈迪爵士也提出，地球人类可能是一种水生猿的后裔。

假如人的起源真是由水族动物演化而来，那在制衣以御寒的说法上，倒是寻到一个比较有说服力的答案。水族动物本来只有皮，而没有毛发，因此它们需要制衣以御寒。听起来，好像有些道理，只是这样解释未免过于简单。如果依此学说进行服装起源设想，那就是，水族动物的鳍进化成上肢，尾进化成下肢，在我们的形象思维中，极易引导人们联想起安徒生童话《海的女儿》中那天真纯洁的美人鱼（序图-2）。

水族动物在陆地上落脚以后，根据需要逐步长出了头发等体毛，而胡须是本来就有的，只不过在进化过程中又浓密了许多。于是他们在站立的最初阶段就穿上了衣服，同时佩戴上贝壳……美妙极了，有如在读神话故事。这种学说解决了人为御寒而着衣的问题，但是，人们稍一用心又会提出，既然能够为适应自然条件而长出局部体毛，那么为什么不能为了御寒、防湿而长得全身都是体毛呢？这是一个有关服装起源中不可回避的问题。

当然，有人曾提出人类形成之前或早期地球上气候温暖，而后地球气温曾下降，即所谓冰河时期，人们会不会是在这种气候条件大幅度变化中想到要穿衣裳呢？依这种说法，从猿到人的过程中，是否也存在地球温暖时，猿人身上体毛大面积脱掉，而后需要御寒时，又由智人发明了服装，所以猿的全身体毛再无必要重新生长出来。这种有关人体起源的学说还未完全建立，因而我们依此做出服装起源设想，立论也是无力的。

再有一种新学说，认为人是由外星球输入的，即所谓天外来客说。这可能就不会涉及更多关于地球上人类服装起源的问题。1962年，医学和生理学诺贝尔奖获得者弗朗西斯·克里克和天体物理学家弗雷德·霍伊尔几乎同时发表了他们的著述，指出生命也许来自宇宙。无论是从火星上来，还是从更遥远的宇宙中某一星球上来，我想他们既然有先进的科学技术，足以使他们飞到地球上来，恐怕就不会是一丝不挂的了。全裸体驾驶飞船和飞碟，只能属于科幻童话，而不可能真的发生在时空之中。当然，霍伊尔只说是宇宙中的有机分子，在适宜的条件下，能够凝集在石墨尘埃上，从而产生氨基酸，进而成为生命的基本物质。其他学说干脆就说是外星人到地球上来落户。依据此学说，人类的衣服与佩饰，只需要根据地球上的自然条件稍做或大做改进，就可以形成今日服装的前身，根本不需要从零开始。

还有一种新学说，认为地球上的人类已经经历了几度文明。我们所处的，只不过是最近的一次。因为有人根据印度史诗和地下化石来推测，上一度文明即毁于核武器。今译印度史诗发现其中提到飞机、导弹、核爆炸；类似牛角的化石上又发现了有被激光武器射击的痕迹，而且地下红土层明显是经过非自然火焰燃烧过的……如此种种破译与考察，推测可能当时有一些聪明人或富人藏到了地下王国之中，因此有了"地内人"的说法。

这种关于人类起源的学说，不能简单地与服装起源联系起来，原因是上一度文明和这一度文明的衔接问题始终没有确切立论。有人说，这期间出现断层现象，如今的人们又从一穷二白做起；另一种说法是，上一度文明的幸存者延续了下一度文明。具体到服装起源来看，这就等于说，人穿起衣服的最初，有可能是艰苦的探索，也有可能就是直接接受前度文明。

学说是学说，现代科学对于人类起源的诸学说，都在研究人类胚胎阶段上一步步迈向成熟，但不能不承认，至今仍未寻到一个大家确认无疑的理论。人类服装史与人不可分，人类的起源学说直接影响到我们对于服装成因的设想。对于人类起源学说，我们无意推翻任何一个学派的立论，只是这样一来，依人类起源学说而俱来的服装成因，也就只能从人，这一物种在地球上存在这个基点开始来论述。

第二节　人类起源传说与服装成因思考

无论人是怎样开始生活在地球上的，原始人类都曾自然而然且又有滋有味地生活过。原始人类在万物有灵的观念支配下，认为宇宙万物都具有生命甚至灵魂。这种在今天看来是古老的宗教观念，衍化出关于人类起源和早期生活的神话传说。

原始人类口头创造的神话，世代传承。经过文明初期启蒙意识的筛选、裁汰、升华、整合，最后凝聚到各个区域文化的意识之内，成为一些可供后人研究时作为参考的系统。这些有关人类起源和早期生活的传说，尽管有些扑朔迷离，但对于我们探讨服装成因的思考，还是有一定价值的。

希腊神话是世界神话传说中最完整、最成熟的，有一些传说直接与服装有关。这些服装虽然并不能说明成因，却也能基本概括出人类早期服装的特征。

在古老的太阳神赫利俄斯（不同于阿波罗）的儿子法厄同的故事里，描绘出年轻的春神饰着鲜花的发带，夏神戴着谷穗的花冠，秋神面容如醉，冬神长着一头雪白的卷发……诗一样的众神，画一般的服饰。鲜花、发带和谷穗、花冠等都是生活当中真实存在的，即使是后人根据当时生活情景而加以有意渲染，那也总是接近于远古时代，对于今人研究服装来说，当然有参考价值。

新太阳神阿波罗是宙斯与他的第六位妻子女巨人勒托所生的长子，次女阿尔特弥斯，是月神。阿波罗诞生时历尽艰辛。后来，宙斯赠给他"阿波罗金盔"等宝物，让他在福德斯建立神殿，他的地位才越来越高。金，表示权威、光亮；盔，表示尚武。金盔作为太阳神的标志，代表着光明与无畏。

最惊人的是希腊著名雅典城传说中，雅典城保护神、著名的女战神和智慧女神雅典娜的出生。按照其中一种神系说法是这样的：雅典娜的母亲墨提斯是宙斯的堂妹和第一位妻子，临产前她"预言"，即将出生的孩子一定会比宙斯强大。为了防止这种危险降临到自己头上，宙斯便把妻子"活活地吞进了肚里"。过后不久，他感到头痛欲裂，不可忍耐。在痛苦的绝望中，他请求火神赫淮斯托斯奋力劈开他的脑袋以减轻疼痛。结果，雅典娜全副铠甲、披挂齐全地从宙斯头中一跃而出，成为一个新的神祇（序图-3）。神话传说是古代现实的曲折反映。雅典娜全身披挂着铠甲，已经说明了希腊人早期生活中的戎装样式。而她出生以后又将纺织、缝衣等技术传授给人类，更说明了纺织、缝衣等技术和油漆、雕刻、制陶等同属于原始社会的产物。所有这些，说明在人类早期生活中，有拼杀，有战争，也有戎装，而服装因生产、生活的需要而被发明、发展。

中国神话，不如希腊神话脉络清晰，但对开天辟地的盘古和抟土造人的女娲的描述，应该说是非常动人的。有趣的是，汉代许慎《说文解字》中说女娲"古之圣女，化万物者"，却从未提及女娲的服装形象。难怪更早的楚国诗人屈原在《天问》中发出疑问："女娲有体，孰制匠之？"这就说明中国人类始祖的传说是含混的，不仅缺乏来龙去脉，也未点明整体形象，只是在传说中塑造了一个伟大的造物者，她先是用土加水捏成一个个人，后来累了，便以树枝蘸着泥浆

序图-3　雅典巴特农神庙的雅典娜雕塑（复制品）

乱甩，那些小泥点也成了人。依此来看，人类起始之时，是未着装的。

女娲穿着什么样的衣服呢？王逸注《楚辞》中只是说她"人头蛇身"。以山东嘉祥武氏祠为例，武开明、武班、武荣死后建立的祠堂，时间大约在公元184年前后，即东汉末年。祠堂的画像石上伏羲、女娲头上戴冠，身上着袍。仔细看时，方可看出二神的腰以下为蛇身，因此穿着裙子（有些唐代壁画索性画着一条裙子，裹着两条蛇尾）。这说明，中国神话中对于女娲的穿着实际上是未加叙述的，艺术形象中的女娲只不过穿着作画人所处时代的服装。

古老神话对于西王母的服装有些简单的记叙，如《山海经·西山经》中说："西王母其状如人，豹尾虎齿而善啸，蓬发戴胜……""豹尾虎齿"可以理解为是西王母长着像豹一样的尾巴和像虎一样的牙齿，但是也可以理解为西王母系着豹尾、挂着虎齿以作佩饰。"蓬发戴胜"比较好理解，未经梳理或未盘成发髻的头发上戴着头饰，后人解释为菱形玉簪。把想象结合起来，一种原始人披兽皮、垂兽尾、戴兽牙佩饰，同时披发戴饰的服装形象完整地呈现出来（序图–4）。

女娲和西王母等传说引起我们对服装成因的思考，那就是先人不穿衣，而后有了兽皮衣和兽牙饰，这种基于神话传说的联想，与后来的服装起源说法基本上一致。

另外，北欧神话是希腊神话之后最显著的神人同形的神话。其中爱恋与美之神弗洛夏有一件鹰毛的羽衣，传说弗洛夏穿上这种羽衣，就可化为飞鸟。这显然与人类早期服装中有以羽毛为衣的观念有关（序图–5）。中国也有"羽化成仙"的说法，甚而有"羽衣"。为什么要以鸟羽做衣服呢？希望自己也像鸟儿一样在天上飞？希望自己像鸟儿一样勇敢、美丽？相信鸟儿受不凡的神的驱使？鸟儿本身就是神？

羽衣是可以飞上天空的，相对的，还有深入水底的。在北欧神话里，最低级的海神是所谓的"鲛

序图–4　当代仍处于部族生活方式下的人披兽皮、垂兽尾、戴兽牙佩饰

序图–5　当代仍处于部族生活方式下的人依然以羽毛为饰

人"，他们经常变形为鹅或海鸥；高级一些的海神则是人首人身，但拖着一条尾巴；最高级的海神才具有完整的人形。传说在早期是属于口头形式的，因而当它流传到后代以文字形式记载下来时，可能是以先前为依据而后不断改进的。因而，传说中涉及的服装成因，可以作为今日研究服装起源和早期情况的参考，但不能作为确凿的证据（序图-5）。

第三节　人类起源考古与服装成因推断

在很长一段时期内，人们对于人类起源的认识，仅仅局限于一些神话和传说。直到近代，考古学、人类学、古生物学、地质学和民族学等许多学科的发展，特别是地质考古对文化遗存的发现，才为研究人类起源和服装成因提供了有力的实物资料。

根据目前发现的化石资料，1400万～800万年前，已有用两足直立行走的腊玛古猿。有些学者从解剖学的资料分析，认为腊玛古猿可能已有说话的能力。

南方古猿生存的年代大约在550万～100万年前。根据目前研究，南方古猿至少有三种，即南方古猿非洲种（纤细种）、南方古猿粗壮种和南方古猿鲍氏种。近年来有人认为另一支南方古猿——阿发种是人类的祖先。假如依据考古来与人类起源加以联系的话，那就可以承认猿过渡到人的进程，更应该承认早期岩画上的巫术面具与地下埋藏的早期饰物是人类童年时期的服装杰作。

岩画，是石器时代人们在山岩上以矿物颜料和刀斧绘制出的艺术品，其间的形象虽然简单至极，但从当时人们的生活中挖掘出一些最为日常所见的事物和情景，实是为后代文化人类学研究留下了珍贵的资料。特别是人类服装成因和早期形制，也可以在岩画上寻到一些真实而又十分形象的线索。

岩画创作跨越的年代较长，且又完成于各不相同的种族、民族之手，产生于各种各样的心态和背景之下，因而在服装成因上具有相当高的参考价值。就目前对岩画的研究发现，其最早创作年代大约在距今30000～25000年前，即地球处于玉木冰期。较晚的则在10000～3000年前，处于人类文明的新石器时代。从西班牙北部坎塔布连山区的阿尔塔米拉洞窟岩画，到中国云南沧源岩画和广西左江的宁明县花山岩画，描述了无数个面目不清但极有特色的着装人群。

岩画中有关人物的内容，大致有狩猎、放牧、农业、战争、祭祀、交媾、舞蹈、杂技等，其中以狩猎、祭祀和舞蹈中的服装对学者最有启发意义。

欧洲岩画中的人物大多戴有面具，或是兽首人身。有关专家推论可能是当时人们对自己的形象描绘存在着特殊的禁忌；有些可能是巫师作法的真实写照。法国多尔多涅省，有个名叫拉斯科的石灰岩溶洞，由于保存着旧石器时代的精彩绘画，所以被西方人誉为"史前的卢浮宫"。在该洞的一条洞道的侧端，坑壁上画着一个人与欧洲野牛争斗，仰卧在地的人头戴鸟形面具，手边是瑞鸟形装饰的长杖。这说明面具之于人类，发明使用的年代已经非常久远。而面具作为服饰形象的一种特定气氛下的组合和表现形式，是出于有意识的创作。到底是出于巫术的目的，还是为了迷惑野兽？今人难以断定。本人认为前者即巫术采取的有效手段，与后者本能地为了欺骗、诱惑野兽近前以便捕获的意识是同时发生的。就是说，人们首先是有兴味地模仿飞禽或走兽，而后发现这样可以接近动物。在服装中，中国保持原始狩猎风俗较多的东北少数民族，长期流行一种用狍子头皮制作的帽子，鄂伦春语称为"蔑塔哈"，鄂温克语称为"梅倍阿功"，赫哲语称为"阔目布恩楚"，汉语就是"狍头帽"。其起源就是狩猎时用作伪装，以迷惑兽类，并可防寒。同时，这种手段中包含了对上天、神明的心灵寄托以及获取更大生存能力的愿望。

法国的三兄弟洞窟，也是欧洲著名的旧石器时代洞穴。这个洞穴里有三幅画，其中两幅与人类服装有关。一幅画着欧洲冰河时期艺术中最为奇特的形象——鹿角巫师，巫师头戴鹿角之类的饰物（序图-6）。另一幅是一只野牛生长着人的脚，手中拿着一件东西，一头插在嘴里，好像是一根长笛。这幅画曾被人们推断为是披着兽皮的狩猎者，在吹笛引兽。

模拟狩猎过程以重温狩猎的愉悦，这是被美学界人士所普遍认可的一种早期艺术形式。具体到服装上，一方自居狩猎者，另一方扮成动物，这种情景在岩画大场面狩猎和散落的画面中，都依稀可见。

以动物牙、角、皮毛装饰自身，力图迷惑动物，较之单纯模仿、重温过去时的服装表现，要显得文化性更强一些，也就是人类在更聪慧的自身强化之后才会产生的行为。岩画中不乏人戴着角饰去刺杀、围猎动物的画面；古代人也确实曾披着虎皮埋伏在山崖旁以伏击老虎；今日非洲原住民仍然在身上披草，弯着腰，双手举一根长棍竖立着，棍的上端再绑上一团草，扮成鸵鸟去接近鸵鸟，以此迷惑动物，最终达到捕猎的目的。服装起源中，当不排除这也是成因之一。

最有说服力的恐怕是巫术导致了服装的诞生以及不断变换出新。诸如欧洲岩画中鹿角巫

序图-6　法国三兄弟洞窟中岩画上的鹿角巫师

师，中国漆器中戴着三角形头饰的巫师等，都使我们推想到，人们为了表示自己的虔诚，千方百计地模仿巫师，而巫师为了显示自己的神力，又要不断地改变自己的着装形象。由于人们当时对诸神存有一种无比崇敬的心理，很可能去追求一种实则怪诞，但初始动机却是极神圣、极严肃地对天神的献媚、祈求乃至要挟。

巫术盛行促使服装很快地发展起来，可以从许多方面得到证实。例如，佩戴耳环是为了死后灵魂不会被恶鬼吃掉；刺上斑纹，使祖先认识自己等，都是巫术的意识在起作用。巫师装扮形象总与本部族崇拜的图腾形象有关，这就使得服装上既有了模仿动物的立体饰品，又有了描绘动物的平面图案，而这些又无不与巫术有关（序图-7）。

岩画人物形象上，留下了各种各样的头饰和耳饰的剪影式造型。从那些带着原始野性的人物造型上，可以看出其头饰大多与野兽的双角和飞禽的头羽形象有关。耳饰中有双弯形的，可能代表插兽牙为饰；有画作双圈或双圆点的，当为耳环或耳坠；也有画一根短直线的，或许是代表木棒、骨管、植物茎之类的棍状耳坠。发辫形象更是千姿百态，有单辫、双辫，或长或短，还有长椎髻，说明当时发型也有很多讲究。尾饰一般垂在腰后，朝下直至臀部，有可能是系上马、牛等大牲畜的尾巴，也有可能是用衣料做成的尾饰。这些系尾饰的人物形象大都出现在狩猎和舞蹈等场合之中。很显然，尾饰源于模仿动物以自娱，或是模仿动物以诱捕，再便是模仿动物以酬神娱鬼，从事巫术活动（序图-8）。

序图-7　当代仍处于部族生活方式下的人，其饰品和文面很多与巫术有关

序图-8　当代仍处于部族生活方式下的人全身装饰物繁多

有一个需要我们注意的问题，人类发现自己祖先的史前服装遗物，主要是饰品，而不是服装。当然，不是绝对没有服装，只是即使发现了服装，实物也已消失得无影无踪，最好的也是变成了碳化物。而佩饰，却以其石、牙、骨等质料的坚固、耐腐，得以保存下来。

旧石器时代的年限大致可推断为175万～1万年前。其中可分为旧石器时代早期、中期和晚期，早期延续时间较长，约占旧石器时代的75％。旧石器时代早期遗址中虽然只给我们留下了简单粗糙的手制石工具，并没有饰品，但应该看到，人类服装即从那些打制石器上就开始了序幕。随着石器工具制作水平的提高，人们已会制作精巧的饰件。

1856年，在德国杜塞尔多夫尼安德特河流域附近洞窟中首次发现10万年前的"智人"遗骨，从遗物中发现当时人已开始制作饰品。

旧石器时代晚期人类的主要类型是克鲁马努人，这是按法国多尔多涅的克鲁马努洞穴取名的，距今约4万年。美国爱德华·麦克诺尔·伯恩斯和菲利普·李·拉尔夫两位教授在撰写的《世界文明史》一书中指出："有充分证据说明克鲁马努人有高度发达的神灵界观念。他们比尼安德特人更加关心死者的躯体，例如把尸体染色，把死者的双臂交叠在心上，在墓里随葬垂饰、项饰……克鲁马努人显然对优美的线条、对称的图形或鲜艳的色彩有某种爱好，他们在身上着色、文身和佩戴饰物的事实证明了这一点。"伯恩斯和拉尔夫还说："他们制作骨角扣子和套环，发明了针。他们不会织布，但缝在一起的兽皮就是一种很好的代用品。"骨针的发明实际是缝制衣服的发端。而几乎同时甚至更早一些的捷克人祖先，已经用猛犸牙、蜗牛壳及斑狸、狼和熊的牙齿做成了尖利的圆形。能够肯定是饰品的理由是它们都穿有孔眼。

另据《外国服装艺术史》转引自美国瑞·塔纳·威尔逊克斯《服饰的历史——从古代东方到现代》和日本千村典《流行服饰的历史——为学习现代的服饰设计》两书提供的史料来看，20世纪60年代，在俄罗斯莫斯科东北约209km处发现的一个旧石器时代墓葬遗址中，有两具约为1.2万年前的尸体，一个7~9岁，另一个12岁或13岁，从头到脚穿着缀有猛犸牙刻成的珠子的衣服，戴着猛犸牙磨制成的手镯和饰环。

以上所记录的出土饰物，当然不是史前遗物的全部，甚至应该说只是其中一两件。但就是这样已经为我们展示出史前服装的辉煌。

原始人为什么要花费那么大的精力，去雕刻那么美观、细致的佩饰呢？《世界文明史》作者颇具哲理地说："重要的不是完成的作品本身，而是制作的行为。"表现在饰品上的行为，直接与服装成因有关。如果说人类着装的最初动机仅仅就是为了美，这种论点在诸服装学论著中被称为"装饰说"（序图-9）。健康的人对着装形象是十分关注的，而且这种装饰自我的心理和手段并不是起于现代。只是在人类童年时期，尚属处于

序图-9　当代仍处于部族生活方式下的人佩饰相当精致美观

序图-10 当代仍处于部族生活方式
下的人其佩饰有着深深的
文化内涵

争取最低生存条件的阶段，这种纯粹创造美的说法，有些令人难以置信。

就佩饰的出土和服装成因关系来看，原始人是需要精神生活的，他们创造服装绝不仅仅，或者说最早绝不仅仅为了实用，因为佩饰的实用功能是有限的。可需要分清的是，服装的产生源于人们物质需求与精神需求，绝不是单纯为了美，也不是为了单纯的实用需要。在追求美的形式背后，有着丰富的文化内涵，那就是利于生存、利于繁衍，含有早期巫术意识（序图-10）。

文化人类学有关原始宗教的分析术语中，有灵物崇拜一说，灵物即指某种被崇拜的物体，可为人造物，也可为自然物。因其具有神圣性、象征性及其与仪礼的关系，而被认为具有某种潜能或价值。文化人类学中举出西非许多事例，如有的民族常将装有豹爪或豹毛的蜗牛壳、鹿角尖佩戴在身，认为有壮胆之用。现代社会中有些人佩戴"护身符"，也可以视为灵物崇拜。如此说来，原始人在生活低水平时，更会自觉地产生灵物崇拜的心理。

我认为，原始人创造佩饰之首，最重要的是考虑到自身乃至一个部族的生存与繁衍。即使有审美意识在起作用，也是一种宗教快感。所谓宗教快感，是文化人类学中的一个概念，意指因信奉宗教而产生的一种心灵上的宁静、充实、解脱感。俄罗斯学者首先创用这种说法，他们认为当伊斯兰教徒千辛万苦步行到麦加朝圣，当佛教徒长年累月在深山修行时，都会获得一种有所寄托、有所实现的幸福感。原始人远没有如此成熟的宗教意识，但是他们通过巫术的形式甚至只有初发的意识，也会在某种依赖、期望、幻想中得到美感，进而影响到艺术创作。

除了以上我们所认为不大会存在的纯粹的"装饰说"以外，在服装起源中还有一种说法，就是"显示"，即通过佩戴兽牙、兽角来显示自己的英勇果敢或力大无比。其实这种说法仍然与纯粹为了美的说法一样，都是只看到现象，而未抓住现象后面的本质，即为什么要显示？或者说，为什么要以服装来显示自己的勇敢？实际上，显示的真正目的，是为了表现自己的强有力，以在气势上战胜自然的天敌和部落内外其他的男性，从而为追求心爱的异性，或是为了谋取支配地位（它往往作为神的代言人）准备条件。由于原始人的竞争意识，还明显存在着诸多接近动物的野性，因此，捕杀野兽后先食肉，进而将兽角、兽牙装饰在颈项上，将兽皮经缝制后穿在身体上，为了某种寓示吉祥的巫术需要，为了模仿动物以具备动物的某种猛力，为了显示自己的勇敢去取悦于异性。这都是符合原始人性格的，只有有利于生存和繁衍的，也就是切合当时生产、生活环境的意识和行为才有可能成立。

出土饰物对于服装研究的另一个启示是有意加工，而且有些明显是精致的加工工艺，尽管是手工。在工艺水平极端低下、工艺设备根本无从谈起的石器时代，人们以何等的耐心、何等的兴趣去研磨饰品并在兽牙上钻孔呢？很显然，他们如果没有强烈的生的欲望是不会这样做的。这种欲望促发他们不畏艰难，将自己的所有虔诚（相信万物有灵）都倾注到刀尖上。钻、磨之中得到一种寄托，一种愉悦。因为他们确信这些饰品经过研磨、钻孔以后戴在身上，能够给自己带来直接的切身利益。诸如取悦于鬼神，或是区别于族人，或是争夺到异性。不然的话，没有理由去推断他们纯粹为了艺术而不惜时间和精力。

出土的石器时代的饰物，对于今日研究服装起源还有一点非常重要的价值，那就是饰物大都是垂挂在身体上的。从饰物散落在原始人残骸的位置来看，主要是头、颈部周围，也就是或插在头上，或悬挂于颈间。这就为今日研究服装穿戴部位，提供了有力的依据。

第四节　当代服装考证与服装成因定论

以上能够为研究服装起源提供的资料，都是处于静态的历史遗存文化，即神话传说、岩石绘刻或出土遗物。它们得以保存至今，难能可贵。可是，它们毕竟属于那久远的年代，今人破译起来困难重重。是不是所有有关服装的文化遗存全部都是静止不动的呢？不是的。非洲、澳洲、美洲以及太平洋岛屿等处尚存的原始人部落，以活化石的身份，为我们研究服装提供了动态的、真实的依据。尽管从文明人的社会角度去分析他们的着装，会存在一些不正确的视点，但是，他们就在眼前，可惜越来越少了。特别是进入21世纪以来，随着现代文明的快速发展，活化石已经罕见了。

20世纪初，欧美一些学者深入偏僻地区考察，努力从尚存原始部落的穿着习俗上，探寻服装起源的来龙去脉（序图-11）。他们以大量的着装现象说明了导致服装产生的诸种可能。如御寒、保护生殖部位、驱虫、消灾、区分等级等。这些被有关书籍总结起来，就成了御寒说、保护说、装饰说、巫术说、吸引异性说、劳动说以及引起争论的遮羞说……

御寒说在本书中已被提出疑问，学者们在观察中也发现，气候寒冷的火地

序图-11 当代仍处于部族生活方式下的人的文面

岛上土著居民几乎完全裸体。达尔文也承认："自然使惯性万能，使习惯造成的效果具有遗传性，从而使火地岛人（南美南端印第安人）适应了当地寒冷的气候和极落后的取暖条件。"1850年，查尔斯·皮克林博士访问了海地，他说那些玻利维亚人"赤身裸体从不着凉，一穿衣服反倒感冒了"。我曾发现中国内蒙古河套平原上的孩子在-30℃的寒冷冬季，也光着身子跑到院后的厕所去。这在温暖地区的人看来，是难以理解并难以实践的，然而事实就是这样。御寒可以作为服装功能的一个方面，但要以它来说明服装起源，显然说服力要差一些。

装饰说和巫术说，已经论述过，保护身体重要部位倒有可能是导致服装起源的一种促发力。因为原始人既要为了生存去狩猎、采集，又要为了繁衍而保护自己的生殖部位，尤其男性将其视为生命之根。当人直立行走并频繁地穿越杂草丛去追赶野兽时，男性生殖部位就会首当其冲，处于毫无遮护的危险境地。这种情况下，缠腰布诞生了。虽尚未提到遮羞的文明意识高度上，但保护自己身体不被伤害，则是人类自然的本能。通过对现存原始部落的考察，发现在非洲、南亚、澳洲等地还广泛存在着男性穿植物韧皮制裙子的习惯。另外，以布块缠在腰间，再从两腿之间穿过，用带子前后固定的缠腰（裆）布更普遍，这使得男性免去了不必要的精神负担，且又可精神抖擞不顾一切地与野兽拼杀。

不仅现存原始部落这样，中国古代有一种佩饰，名叫韦韨，也叫蔽膝，就是用皮子或布做成长约70cm、宽约16cm的饰带，然后将其系在腰间，使之在前腹自然垂下，用来遮挡生殖部位。后来随着服装的发展，才逐渐演变成挂于裙子外面的装饰了。在西藏珞渝地区，这种遮盖物名"黑更"：有牛角剔空的"苏仁黑更"；有剖木为勺状的"辛工黑更"；有竹筒半片覆盖生殖器官的"惹冬黑更"；还有草与树叶编织的"哈波黑更"。这些黑更凡是能装饰的地方，都加以涂色、雕刻。无独有偶，人们在中美洲相当于唐纳克文化遗址中，发现了300～800年间的泥塑人像。人像为男性，头上缠着围巾，颈间有两圈大珠形项饰，腰间腹前也垂挂着一块相当于中国韦韨似的长方形布块，布块上方明显有绳，以固定在腰际，布块下方还饰有珠纹，显然在实用的同时，还具装饰性（序图-12）。从这些目的性很强的服装来看，人类服装起源中有保护生殖部位的因素，这种说法是比较实际的。

如果服装成因确与吸引异性有关的话，我们可以从动物的求偶行为和发情期体貌变化上观察到直接的原因。雄孔雀尚晓得展开画屏般的尾羽向雌性炫耀，吐绶鸡颈间的垂肉也会因追逐异性而变得通红，甚至鱼类在发情期都会出现闪光和变色现象，何况人呢？美国人迈克·巴特贝里和阿丽安·巴特贝里在《时装——历史的镜子》一书中写道："澳大利亚土著人在腰间系着羽毛，在小腹和臀部飘然下垂，并且疯狂地扭腰摆臀，跳一种旨在刺激人性欲的舞蹈。南非布须曼妇女的腰围是用穿有珠子和蛋壳的细皮条做成的，它吊在腹部和臀部摇摇摆摆，也有同样的意义。"美国赫洛克在《服装心理学——时装及其动机分析》中也说："在许多原始部落，妇女习惯于装饰，但不穿衣服，只有妓女穿衣服。在撒利拉斯人中间，更加符合事实。按他们的观点，穿衣很明显的是起了引诱作用。"约瑟夫·布雷多克在《婚床——世界婚俗》中也以大量现存原始部落的着装观来说明服装上的吸引异性的功能。他说："在一个人人不事穿戴的国度里，裸体必定清白而又自然。不过，当某个人，无论是男是女，开始身挂一条鲜艳的垂穗，几根绚丽的羽毛，一串闪耀的珠玑，一束青青的树叶，一片洁白的棉布，或一只耀眼的贝壳，自然不得不引起旁人的注意，而这微不足道的遮掩竟是最富威力的性刺激物。"这样的例子不胜枚举。是不是可以说，人的性冲动是一种本能，服装是它的延伸，因而服装的起因，也是一种本能。这才是最根本的。

序图-12 中美洲塑像上早期佩饰（现存墨西哥国立人类博物馆）

服装起源于劳动需要的说法，历来不被人们所关注。笔者在1989年撰写的《中外服饰演化》一书中就提到："或许是外出打猎时要挎上一只葫芦装水，或许是束上一条腰带以携武器。"时隔12年以后，笔者通过大量的研究和分析，更加确定了这个说法。原始人全裸体，却要奔跑着追打野兽、采集果实、捕获游鱼。连身上仅有的布片都没有，口袋更无从谈起了。那么他们的武器、猎物放在哪儿，才能不妨碍连续的捕猎呢？恐怕最便利的办法，就是用带状物将这些物品捆扎在身上。而这种再实用不过的原始动机，极有可能导致了人类服装的起源。在编织物中，很可能最早出现的是绳子，它的原始形态也许是几条鲜树皮树枝、兽皮兽尾，继而集束编成绳子。绳子对原始人太重要了，中国原始部落有"结绳记事"的做法。在制作陶器时，也有绳纹或网状痕迹，这些，当是服装布料的起源之一。

迄今来看，人类对于自己祖先的服装成因，大致上归为几种，除了以上所说过的装饰说、保护说、巫术说、表现（显示）说、异性吸引说以外，还有气候适应说、象征说、性差说等。

综上所述，服装成因绝不会是一个，但一定会有一个主旨，那就是为了生存与繁衍，这是人的本能。这种本能延伸的结果，就出现了衣服与装饰。

因此，在笔者所构建的人类服饰文化学中，把这一论点称为"本能说"。本能说的论据主要基于：

（1）生是根本。原始人为生存、繁衍而劳动。劳动创造了工具，也创造了服装。在今天看来，服装是生活资料，而在远古时代，服装在本质上却是今天意义上的生产资料，终极目的是为了保护自身的生存与繁衍。

（2）人类的衣服与佩饰，从抽象的精神方面说，起源于生之保护，由此起步并逐渐成形。

（3）衣、食对于人类，是放置在同一平台来对待的。学术界从来把吃饭看作是一种本能行为，认为它可以维持生命。实际上，那是针对人的自然属性而言。对于社会的人来说，穿衣也是一种本能行为。只不过，前者是在维持自然生命，而后者在前者基础上还要维护社会秩序和继起的生命。

纯粹为了美、为了艺术的说法，不能成立。气象说也带有很大的偶然性与模糊性。至于遮羞说，在服装起源问题上，根本不应列入内容之中。因为多年来一直被人们论述和认识的服装起源于遮羞的理论，实际上是现代文明人以自己当代的意识理念去强加给原始人的。人类童年根本没有遮盖躯体以避异性的想法。人类从赤身露体到产生不穿衣无法站在人前的理念之间，渡过了漫长的岁月。因此，服装起源中不应包括遮羞说。

如此说来，服装到底起源于哪里？何时？这留给今人以足够的想象与推理空间。

课后练习题

一、名词解释

1. 御寒说

2. 巫术说

3. 本能说

二、简答题

1. "进化论"与服装起源有怎样的关系？

2. 你如何看待服装的起源？

第一讲　服装早期形式

第一节　时代与风格简述

从历史学角度说人类社会发展时，总会说到石器时代。实际上，在石器时代之前，应该有一个木器时代，即以木器为主要生活生产用具的时代，只是因为木器不好保存，才使得这一阶段在历史上留下的痕迹很少。

具体到服装发展史上，可以肯定的是，早期服装就是直接采用植物去做衣服。然后，才发展到用兽皮制作服装，再发展到用植物纤维，经过有意加工而织制服装，这应是人类社会有意识地利用自然物并逐步走到细加工的初级阶段。

为什么可以断定有这样一个过程呢？一则取材容易，制作手法简便；二则从活化石的生活生产状态上可以得到依据。

第二节　草裙与树叶裙

如果依据达尔文物种进化的理论，去推想人类早期服装创作的轨迹，最可信服的是在裸态时代以后，曾有一个草裙或树叶裙，即植物编织裙时代。

草裙一类服装的出现，在人类历史上所处的年限大约在旧石器时代中期和晚期。也可以按照另一种历史断代的说法，即中石器时代或细石器时代，延续至新石器时代早期。

草裙与树叶裙是采集经济的产物。旧石器时代中期以前，人类已经能够有效地制作石片工具了。那些用砾石打制成的砍砸器和一些形状很不规整的石片工具，虽然制作得十分粗糙，但是已经足以砸碎坚果、切割植物的根茎以及动物皮肉了。旧石器时代中晚期，狩猎的范围逐渐扩大，但是进行一次大规模的狩猎往往要花费很大的力量乃至丢掉性命。而且，依靠狩猎而获得食物，本身有着很大的偶然性，如果未遇到可能捕获的动物或者说未能捕获到动物，那食物来源就面临着中断，生命也因此受到威胁。在这种情况下，能够为人们提供经常性食物的采集经济最早并始终占有极其重要的位置。

人类童年时期，不是穴居就是巢居（树上筑棚）。植物是大自然最慷慨的赐予。树上有坚果，地面有浆果，地下有块茎，人类就是因为采撷这些植物作为食物，必须将体重由下肢来支撑，从而解放上肢成为双手，最后成为直立的人。在采集过程中，以草、叶和树枝捆扎在腰间以为裙子是很自然的，且又是合理的。因而，就人类文明发展的趋势来看，虽说这一时期狩猎经济与采集经济几乎并行，而且已有了骨制的缝衣针，但是兽皮装绝不可能比草裙来得更容易。只是早期草裙不易在历史上留下实物遗迹，也就极易被人们所忽视。

草裙与树叶裙的存在确实让今人有一种认识上的困难，其性质就类同于石器之前的木器。不过，相比之下草裙和树叶裙在后代历史遗迹中留下的文字资料，要比木器的使用更为丰富和可信。

《旧约全书·创世纪》中有一段人人皆知的故事，就是亚当、夏娃住在上帝专为他们安排的乐园之内，后来由于偷吃了禁果，上帝将他们驱逐出园，并派人把守道路，不让后人重新寻见。犹太教、基督教圣经故事中人类始祖居住的乐园，其名为伊甸，就是来自于希伯来文。而伊甸园的位置，据后来学者考证，就是肥沃的新月形地带——美索不达米亚。而美索不达米亚之所以被称为人类最古老的文明发祥地之一，完全得益于底格里斯河与幼发拉底河。这就是说，两河流域孕育了这一古老文明区域的服装，首先是植物编织或系扎裙。

据圣经故事讲，亚当、夏娃最早穿起的裙子，是将无花果树枝，连带树叶系扎在腰间，这正是本书概念中的草裙和树叶裙。试想，两河流域的湿润气候和肥沃土壤，给人们以足够的植物资源，因此，以草叶或树叶裹体，不一定只是神话传说。即使是神话传说也必然是以现实生活作为基础的。圣经故事对于草裙提示的重要意义，在于草裙确实代表着人类服装创作的最早物态。

神话传说毕竟是遥远的，人类试图通过现代原住民的衣着去直接具体地了解人类童年时期服装中的草裙。在这里，我们应该感谢美国人类学家玛格丽特·米德女士，她不畏艰辛去南太平洋岛屿调查现存部落中原住民的生活状况。我们还应该庆幸巴布亚新几内亚等地的较晚开发，竟使他们至20世纪50年代仍然保留着人类童年期的状态，即相当于石器时代的文化。

就草裙和树叶裙来说，当文明人远离石器时代近万年后，又在这里见到了过去只能在文字描述中见到的形象。这才是真正的草裙，是由新鲜的草捆扎加编织而成的，鲜嫩、青绿，带着露水，重现了万年前的草裙风姿。这与有些地区有些时代的草裙用干草是同出一辙的（图1-1）。

米德在《三个原始部落的性别与气质》一书中，多次提到巴布亚新几内亚原住民的草裙。当成年妇女们打扮一位小新娘时，就包括"在女孩的肩背上涂上些红颜色的图案作为装饰，又让她穿上新的草裙，套上新编的臂箍和脚环……"在小新娘即将与丈夫圆房前，她又要"自己穿上漂亮的草裙，同稍比她大些的少妇们一起，央求老妇人替她们把西谷嫩叶染上漂亮的红色，并用它来编辫子……每天都戴上鼢鼠牙和狗牙穿成的项链"。米德在见到一位名叫萨瓦德热的姑娘时，描述姑娘"仅仅穿着一条4英寸（相当于10.16cm）长的短草裙……在头的后部，套着一个竹环"。大规模的盛装舞会，会给原住民们带来极大的乐趣。"玛瓦"舞就是一例。举行这种舞会时，戴面具的人头上也戴着头饰，"这些饰物由叶子和花组成，里面伸出许多小棍，支着几十个细长而小巧的刻制物，而面具正好固定在这些头饰上。这些人的肚子上挂满了一大排'凯纳'贝壳，使他们的腹部高高隆起，而贝壳又从腰部的衣襟中伸出来，活像大象的长牙齿。他们穿着粘有怪形面具的撑裙，腿上扎着用草编成的绑腿"。这一段文字中虽然没有明确描述草裙，但是从头饰到绑腿，很多都是以花草做成的（图1-2）。

米德在另一本书《萨摩亚人的成年》中，又有几次提到巴布亚新几内亚原住民的植物饰品。例如，她们用露兜树的果实穿起来做项圈；用棕榈树的叶子编织方球；用香蕉树的叶子做遮阳伞，或用半片叶子撕成一条短"项链"；她们把椰子壳一劈两半，再用一种叫"辛纳特"的植物茎捆扎起来，做成一种游戏时用的高跷；或用"泊阿"树上的花朵编织美丽的项圈。哥伦布发现新大陆时，最先看到的美洲原住民也穿着草裙。他们保留了人类童年时期曾经有过的一段草裙时代的风采，然后以真实的、活动的形象重新在人类成年时期展现出来（图1-3）。

人类服装史上虚幻且又真实的草裙与树叶裙逝去了，代之而起，或者说与现成植物裙几乎同时交错发展的兽皮装又出现在广袤的地平线上。

图1-1 当代南太平洋岛屿上还能见到草裙

图1-2 当代巴布亚新几内亚舞服中仍然存有的草裙

图1-3 公元19世纪从南太平洋岛屿迁往东南亚的部族仍着草裙

第三节　兽皮坎肩与兽皮裙

兽皮装是狩猎经济的产物。在历史学研究中，认为狩猎经济与采集经济基本上是同时的。但是，无论是从猿至人的发展走向看，还是从两种经济的手段难易程度看，狩猎经济只会晚于采集经济。猿是以植物果实为基本食粮的，而且采集又比狩猎易成且做起来轻松，风险程度低。因而，人类在童年时期先从事采集，而后才以狩猎来补充采集的不足，这一点是可以肯定的。

最早的兽皮装是什么样子？在考古工作中也难以见到它的实物遗存。因为这至迟是1万年前旧石器时代的手工制作。

我们如想寻觅远古兽皮装的原型，可以从两方面进行：一是新石器文化遗存，如序中所述法国岩洞中所绘出的原始人舞蹈时披兽皮（上有角下有尾）的形象；再一个是"活化石"。在未接触欧洲文明前，印第安人中的易洛魁人，即使在夏天，不论男女也都用一块长方形的兽皮围在腰下，这绝对是早期的兽皮裙。冬天则把熊皮、海狸皮、水獭皮、狐皮和灰鼠皮等披在身上，用以御寒。在人类文明发展不平衡的偏僻、落后的一隅，一些民族或部落披兽皮以护身的现象，是存留至今的。我们权且称其为坎肩，是因为那时还说不上袖子（图1-4）。

图1-4　直披兽皮的服饰形象（作品现藏于埃及博物馆）

考古已经证实，骨针是旧石器时代的产物。最晚在旧石器时代晚期，人类已经开始懂得缝制衣服。正如伯恩斯与拉尔夫在《世界文明史》中所言，原始人"发明了针，他们不会织布，但缝在一起的兽皮就是一种很好的代用品"。

在法国南部梭鲁特的一个火塘附近，发现了旧石器时代人类燃烧过的兽骨。现代考古学家经过实地考察，估计含有10万只大型动物的遗骸。这就是说，旧石器时代晚期的人类的主要类型——克鲁马努人，已经大量狩猎并以兽肉为食。而且，梭鲁特和其他地方的大批焦骨或许表明，狩猎中的协同行动和共同性的盛大节日里有分配猎获物的习惯。从而更进一步说明，狩猎经济继采集经济之后，大幅度发展起来，既为当时的人类提供了足够的食物与衣服，又为今日的人类留下了十分珍贵的旧石器时代的文明遗存。

在这样一种情况下，骨针又在全世界各古老的人类发源地出土，明显意味着人类已开创了缝制衣服的发端。骨针，仅有8cm左右的长度。但是，就因为它是独立的，是以前所未有的形式出现的，因而证明了人类为满足实际需要所做的努力，证明了人类历史或服装史上的一个伟大的、具有划时代意义的跨越（图1-5）。

试想，在骨针发明以前，人类有可能已经开始穿着兽皮，只是它还仅限于披挂或绑扎，仅限于兽皮的简单裁割，而不能称其为坎肩或裙等。也就是说，还不能列入服装的正规款式之中（图1-6）。从骨针的尺寸、针孔的大小以及骨针的造型，诸如细长、尖锐等特点来看，这个时期的服装质料主要是兽皮。因为花草树叶不必缝制，而经由纤维而纺织成的织物，又应该出现更短、更细的缝衣针。况且，在骨针出土的遗址中，尚未发现同时的纺轮、骨梭等物，说明尚没有进化到纺织阶段。或许就在那数以万计的动物遗骸坑和遍及世界的旧石器时代遗址动物骨骼出土物之中，曾经诞生过兽皮装。人们将赤鹿、斑鹿、野牛、羚羊、兔、狐狸、獾、熊、虎、豹甚至大象和犀牛砍杀后，先是将其皮用石刀剥取下来，然后再去切割里面的肉，或生吞，或火烤。果腹之后，将兽皮上血渍用河水冲刷掉，然后按需要的形状用石刀裁开，再将这些兽皮片用骨针穿着兽筋或皮条缝制起来。现代的因纽特人就是以动物的筋腱为线，用来缝制皮衣。原始的有意味的服装形式，很可能就诞生在这火塘边。

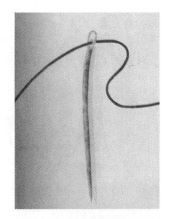

图1-5　约两万年前的骨针（出土于北京周口店山顶洞遗址）

图1-6　北美洲仍处于部族生活方式下的人着胯带、佩舌饰

将服装史上这一阶段的典型服装，称为兽皮坎肩和兽皮裙，正因为人们是简单地裹住身体躯干部位，这是原始人最普遍的服装款式，无论从服装起源的哪一种论点说起，人们都认为裹住躯干部位是首要的。而这种服装又很难找到大块兽皮，因此做成包裹上身的坎肩和缠在腰间的裙子，或许更方便些。与此同时，人们大量佩戴野兽的角、牙。这种属于同一时代风格的衣与饰的巧妙组合（有的部落用兽骨管穿成坎肩式的"衣"），在今日看来，更多了几分艺术的浑然一体的装饰性，体现出历史的不可再现的痕迹和人类早期艺术创作的必然与纯朴。

狩猎—骨针—缝制—兽皮装，以其特有的循环因果关系，标志着那一个远去

图1-7　西班牙东部崖壁画上的早期服装
样式

图1-8　当代斐济人仍用兽皮为饰

图1-9　法国南部克鲁马努岩洞壁画早期服
装样式

的时代。一方面，人们因为想穿上更为合体的兽皮装，从而磨制出骨针；另一方面，人们因为骨针的诞生才穿上了真正的兽皮装。就好像人手—劳动—工具的关系，它们在相互作用下，惊人而又缓慢地发展着（图1-7、图1-8）。

除了骨针与兽皮的重要关系外，出土的皮毛衣服实物等更为今日研究提供了有力的证明。在法国尼斯附近的沙滨岩棚上，考古学家们发现了一个被称作"太拉·阿姆塔"的洞窟。这里残留着40万年前人类居住过的遗迹。从化石和沙的迹象中，可以看出这里曾切过肉。就在兽肉被原始人吞食的同时，兽皮已像一件不成型的斗篷似的被裹在了人的身上。

前述俄罗斯莫斯科东北约209km处发现的旧石器时代遗址里，两位少年人尸体就不仅戴着猛犸牙做成的佩饰品，而且还穿着类似皮裤和皮上衣式的兽皮装，同时也发现了做得精巧的骨针。深入实地的考察队队长奥特·贝依达博士说，制造这些衣物和器具的旧石器时代的人和现在居住在北极地区的现代人没有大的区别。尽管这样，我们仍然应该感谢极寒地带的气候，否则的话，这些衣物的残片是不会遗留至今的。另外，在俄罗斯贝加尔湖西侧出土的约10cm的骨制着衣女像，从头到脚皆为衣物所包裹，其刻法就很像是在表现皮毛服装。

约两万年前的岩洞壁画上人物着装形象，也明确地描绘出兽皮装的感觉。不管是半截裤下露出的毛皮状饰物，还是那些上衣袖口与裙子边缘所显示的不规则边缘线，都表现了一些皮毛的动感（图1-9）。

现代因纽特人为我们提供了探寻人类童年时期兽皮装的类似实物资料。美国的布兰奇·佩尼在《世界服装史》中说："因纽特人最为精巧的毛皮服装实物标本，是用交错缠结的兽类软毛拼制而成，这些原始的服装表现了独特非凡的设计才能和精湛的制作技巧，同时，也反映了制作者心中的美感、卓越的手工艺术和穿用者的社会地位。"

另外，北美中部大草原上曾散居着许多印第安人的部落。他们以狩猎为生，过着游牧的生活，间或从事耕种。大草原上的印第安人擅长用野牛皮制作衣服、靴、鞋和器具，而这些工作均由妇女所承担。她们先用石头的刀刃刮除动物肉膜和杂毛，再用圆石子把干缩的皮鞣软，最后用骨头锥子和筋腱制成的线照所需的服装样式把兽皮缝合起来。男女服装虽然区别不大，却尽可能加以装饰。通常是用豪猪鬃绣出各种花纹，后来也流行用小玻璃珠穿成花，并饰以璎珞，即使鹿皮鞋也做类似装饰。有的部落酋长还在他们的野牛皮制的外衣上画着他们参加各次战斗的情景，并戴着一顶直拖到地的由老鹰羽毛和貂皮做的帽子。

其他可供参考的出土服装形象还有：奥地利维仑多夫出土的石雕"维纳斯"，其手腕处有手镯一类饰物，其腰腹部有条状式的腰带。捷克多尼维斯尼斯出土的泥塑"维纳斯"，其臀围处也有腰带。法国布拉森普出土的象牙制女头像，头上刻有格子状的头饰。法国罗塞尔出土的男子石刻浮雕像，腰上有两条刻线，或为腰带，或为衣服的边线……

兽皮坎肩与兽皮裙被广泛穿用的时候，饰物与衣服共同构成一个集中体现狩猎经济时期的着装形象。原始的野性，纯真的情趣，永远记录着那一个时代的服装史实。

第四节　纤维纺织衣服出现

人类从直接采用树叶草枝和兽皮羽毛为衣，进化到以植物纤维和动物纤维织成服装面料，这是服装史上的又一个了不起的跨越。它标志着人类在制作衣服时，已经充分地运用了巧思与巧艺，人为地对天然物再加工，是人类智慧在服装史上的巨大闪光点。从此，人类服装开始走向千姿百态、五颜六色的新时期。

由于各地区、各民族所拥有的天然资源不同以及生产力发展的不平衡性，编、纺、织衣服出现的先后也自然不同。织物装时代的年代确定，只能依据于人类生产力的发展水平和人类社会制度的性质，而不能简单地以公元制去硬性划分一条界线。例如，古埃及的第一代王朝至迟在公元前3100年间建立。当时已经形成了一套以行为习俗为基础的法律以及初期的文字体系。尤其重要的是创立了人类历史上最早的太阳历，这个历法远在公元前4200年就开始实行了。但是，当时的世界除美索不达米亚发展较早外，其他大部分地区还处于新石器时代。

新石器时代在各地的不同年代，影响到对这个纤维纺织服装时代的认定。爱德华在《世界文明史》中也认为"我们不能确定新石器时代的准确年代。在欧洲这种文化大约直到公元前3000年尚未完全确立，虽然它的起源肯定要早些。有证据说明它在埃及的存在可追溯到公元前5000年，在西南亚可能也是这样早开始的。它的终结年代也参差不齐。在尼罗河流域，公元前4000年之后不久，它就被最早的有文字的文明所取代。在欧洲，除克里特岛外，它在公元前2000年之前普遍没有结束，在北欧的结束年代还要晚得多。在世界上有几个地区，这种文化至今尚未终结。太平洋的某些岛屿、北美的北极地带、巴西的丛林，这些地

图1-10 穿着早期裙装的赤陶俑
　　　　（希腊出土）

方的土人现在也还处于新石器时代文化阶段，除了少数习俗是来自开发者和传教士（图1-10）。"在历史学研究中，认为新石器时代最明显的标志是石器制造已经有了磨光、钻孔，并开始注意到石器造型的对称。如果更广泛地予以分析的话，则会看到，新石器时代以前的所有人只是食物采集者，而新石器时代的人，则已经是食物生产者。耕种土地和饲养禽畜为他们提供了可靠得多的食物来源，间或还有剩余。这种环境使人口可以较快增长，生活较为安定，各种部落或区域内的某些制度得以形成。种植和养殖的积极结果，就为进入织物装时代铺平道路。

地处北非的古埃及，几乎是现在世界史学者公认的最早进入帝国制的国家之一，但非常遗憾的是，埃及文字对于埃及史前文化记述的并不是很多。而且与埃及同时并进的西亚美索不达米亚文化，对苏美尔王国以前的历史记述也都不多。但是，尼罗河与底格里斯河、幼发拉底河给了埃及和西亚种植农作物的天然优势，使得尼罗河流域和两河流域的人民很早以前便穿上了亚麻纤维织成的衣裳。

按目前出土文物情况看，早在新石器时代，埃及就已经出现了最初的染织工

艺。佛尤姆出土的亚麻布便是当时服装面料纺织工艺的典型遗物。进入早期王朝以后，纺织工艺更有了较大发展，从许多墓葬中都发现了质量较好的亚麻布。其中最为突出的是一块包裹着塞尔王木乃伊的亚麻布，$6.45cm^2$（$1in^2$）内经丝达160根，纬丝达120根，织工已相当精致。布的幅宽为$1.525m$（$60in$），说明当时的工匠已能熟练地使用较大的织机。另外，珍藏在大英博物馆和开罗埃及博物馆某些早期王朝的亚麻布，不但经过防腐处理，而且还用茜草染成红色。就在出土亚麻布的佛尤姆遗址中，尚有发掘出的亚麻种子和亚麻织物残片。据鉴定，是公元前4500年前后的实物。

早期王朝的埃及人的服装，大都是亚麻制作的，少数也用草席和皮革来补充亚麻的不足。羊毛服装是后来才出现的。早期的埃及人同希伯来人一样，大概认为羊毛很脏，不卫生。

开罗博物馆展出的一件紧身衣，布料幅宽$1.525m$。另外一件实物展品，在纹理交织的布面上有若干组皱褶图案。最精彩的一块布面，横竖褶纹都以间隔一段距离的形式相互交替出现。波士顿博物馆内一件埃及第六王朝时期的紧身衣，上面是十字形交叉褶纹。亚麻成为织物中的主要品种。当然，亚麻的种植区域是十分广泛的，并不仅限于埃及和美索不达米亚。考古学家于1854年在瑞士湖底发现了1万年前的亚麻布残片，迄今为止被认为是世界上最为古老的亚麻织物。

另外，在美国俄勒冈州的夫奥特·罗克洞里，发现了一双用山艾蒿的皮织成布以后做成的凉鞋，通过放射性碳14测定，确认这双凉鞋已有9000年的历史。

在纤维纺织服装出现时，早期服装款式已经显现特征。从目前所发现的新石器时代晚期和金属时代早期形象资料看，可以确定主要是裙。只不过当时的裙并不同于今日裙的概念。当时的裙造型十分简单，然而种类多样：

一类是以兽皮或一小块编织物围在腰间，垂在腹、臀部，这从古代岩画和现存原始部落中可以找到很多实例。这种裙式一直传承到今天。苏格兰男人的花格裙、巴布亚新几内亚的草裙等，都属于这一类（图1-11、图1-12）。

再一类是从上身沿着身体一裹，好像是披在身上，长及臀下，腰间用带子一系，下面俨然是个裙子，只不过连同上面的部分，很像是今日的连衣裙（图1-13）。上半身有袖或无袖，束腰，腰下渐阔，长及膝盖。这种裙装由于至今在边远少数民族甚至大都市中仍有穿着者，所以款式来源或者说成衣方法可以得到确切的答案。从法国南部克鲁马努岩洞壁画和西班牙东部崖壁画的剪影式人物着装形象上也可以找到这种裙装的基本形。

图1-11　约公元前5世纪瓶画上表现的编织型铠甲，下身着短裙　　图1-12　公元前4世纪穿铠甲战神雕塑，下身着短裙　　图1-13　上为短袖，长衣系带的古希腊神庙礼拜者

　　第三类裙是胯裙。据目前可以见到的早期胯裙形状，是古埃及王国第三王朝至第六王朝（前2700～前2200年）的艺术品上的形象描绘。为什么要在服装款式内容中，这样举出古埃及第三王朝至第六王朝时期的款式，而纤维纺织衣服出现一节中本不应涉及古埃及这一时期。这需要做一些说明：按照本书的体系，这一时代相当于人类历史的新石器时代。古埃及第三王朝至第六王朝时已经成立帝制多年，生产力也已达到金属时代水平。但是，在涉及服装款式时，公元前3000年以后的千余年中，埃及的胯裙虽说存在，但多为劳动者穿用。在当时遗留下来的艺术品图像中，可以看到从事农业、狩猎、捕鱼、放牧、洗衣、酿酒以及其他金属手工艺劳动的人大都穿着胯裙，因此，我们完全可以将其视为是对这一历史阶段款式的继承与延续，也就是相当于现在所论述的纤维纺织衣服出现时的典型款式。从全人类服装沿革情况看，劳动阶层的服装演变速度总是缓慢而且变化总是微弱的。有时候，一种服装款式可以历经数千年几乎没有改变，这是社会底层人民服装演化比较稳定的特点。在这里，我们恰恰利用了这种缓慢，以弥补早期服装资料的不足，而且还可以将胯裙这一早期服装的典型款式放到最适合的位置上。

　　在美国人布兰奇·佩尼著的《世界服装史》中，作者用了大量篇幅描述胯裙的款式、穿着方法以及所系饰带等。书中说这种胯裙有几种形式，最简单的是以窄小的束带系在腰间，结系腹前，端头从胯下穿向身后；有的向上卷起，再掖在腰带上。穿用这种简单胯裙的人往往是船夫、渔人和水上作业的人。当然，在纤维纺织服装出现时，不分职业，适用于所有人（图1-14）。

稍微复杂一点的胯裙，实际上是较前宽些的束带，它往往在腹前再系成一个略宽的垂饰。同这种胯裙外形相似的，是一块正菱形布块，在穿用时大概形成三角形，使其底边围在腰部，三角的顶点下垂于双腿之间，再用另外两角围腰系紧。这是在整个古埃及帝国时期一直沿用的服式（图1-15）。

埃及曾出土一件赤裸上身、仅穿较长胯裙的人物雕像，据传是塞克·伊勒·拜利德雕像。因为出土时有人说，多像我们的老村长啊，后来就以"村长像"相称。其实这是世界上最古老的一件无花果木雕，人物穿着十分典型的胯裙（图1-16）。其胯裙式样很像是以一块布沿腰围起，其端头撩到上边再掖进腰际，使胯裙成为向前打卷的样子。从当时留下的大量着胯裙的人物形象看，胯裙无论仅到臀下，还是长到小腿肚处，其中很多在系扎后都呈现出金字塔形，下端明显呈扩张开的趋势，裙子边缘也基本上是直线形。裙子上有横条纹和方格纹，很清楚地表明是纤维织物做成的裙子。不知是布料纤维僵硬挺直的自然效果，还是因为别的什么原因，它也如同中国辛店彩陶上着裙人物图形中的裙式一样，完全是直线边缘。笔者基本倾向于布料自身板硬的缘故。因为经典的胯裙是将布压褶，压出的折叠棱线平直利落，凹凸分明，假如不是布料本身板硬的话，除非进行有意浆制，否则是不容易做出这种折褶效果的。即使压褶，最后完成效果也会是呈现柔软、轻盈的感觉。

图1-14　古埃及的胯裙初出现时的款式

图1-15　古埃及胯裙逐渐走向多样

图1-16　古埃及穿胯裙的《老村长像》

几乎所有涂抹颜色的人物雕像，一律表现出金色折叠式下摆贴边。服装研究人员认为，这是金丝线同亚麻一类纤维混纺到一起的表现，因为当时埃及金属工艺已很发达，而金丝、金片确实能使服装更加绚丽多彩。与此同时，方形的编织束带和胯裙围绕后而出现的末端的突起垂片，也为着装形象增加了装饰性。

埃及，被美国当代埃及史学家莱昂内尔·卡森形象地描述过。卡森说："埃及可以说是古国之中的古国。在克里特岛上的米诺人于诺萨斯建造宫殿之前1000年，在以色列人追随摩西摆脱奴隶身份之前900年，它已经是一个大国。当意大利半岛的部落民族还在台伯河畔结草为庐的时候，埃及已经繁荣昌盛。2000年前的希腊人和罗马人看埃及，就有点像现代人凭吊希腊和罗马的废墟了。"

据《非洲和美洲工艺美术》一书中提供的资料看，古埃及原始人类，由于受到巫术思想的支配而盛行佩戴具有护身符意义的装饰品（图1-17～图1-20）。尼罗河流域的巴大里人无论男女老幼都在颈、臂、腰、腿上挂着由珠子和贝壳所做的项链或带子。法雍人也佩戴着从地中海和红海捡来的贝亮，以及从撒哈拉沙漠采来的天河石所做的珠子。当天然贝壳不便取得的时候，同时又随着对自然物加工手段的提高，便有在金、银、宝石等原料上巧施技艺的佩饰品了。

从第一王朝（前3200～前2850）开始，埃及人就开始用黄金和宝石制成佩饰品。已出土的首饰，有金珠项链、胸饰、耳环和戒指（图1-21），以及模仿石扣的金纽扣等。有一串螺旋形的贝壳项链，似乎是在自然贝壳上贴以金箔制成，已显示出明确的装饰性和较高的工艺水平（图1-22）。这些不仅显示了埃及人杰出

图1-17　戴兀鹫头饰的古埃及王后

图1-18　画像上的古埃及佛雷特利王后冠饰与衣装

图1-19　埃及晚期圣甲虫护身符

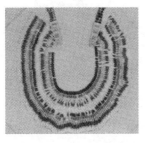

图1-20　古埃及串珠项饰

图1-21　约公元前1250～公元前1100年埃及新王朝的金戒指

图1-22　约公元前2055～公元前1985年埃及十一王朝的项饰

的艺术才能，也反映了他们早已在王朝以前就已掌握了较为复杂的金工技艺。到统一王朝建立以后的早期，金质或宝石佩饰更趋完美（图1-23）。1901年，英国考古学家彼达尼在第一王朝的王室墓葬中，发现了4只手镯，据推测可能是赛尔王后的首饰。4只手镯均以黄金、蓝宝石、紫晶和青金石制成，其中对硬度较高的宝石能够施以如此精细的加工，显示了高

图1-23　古埃及法老王公主用372颗宝石缀饰的项链坠

水平的工艺手段。尤其是4只手镯的金片、金珠或宝石的形状都不相同，但其串联排列的方法又都考虑到对称与和谐的因素。无论是以金片和宝石间隔组连的鹰形片手镯，还是以金珠和宝石珠相连的螺旋状手镯，均体现了早期王朝时贵金属宝石工艺的制作特点和装饰风格。这4只手镯历来被看作是埃及最古老的王族佩饰品。

纵观这一时期的服装资料，仍可认为这时期以服装来有意区分、标定身份等级的做法还很少，或者可以说没有。世界上除了埃及进入早期王朝以外，其他大部分地区仍处在新石器时代。服装史的早期，是人类从直接利用自然，到有意识地对自然加工、修饰以装饰完善自我服饰形象的探索中，迈出了意义重大而且深远的一步。自此以后，人类利用自然材质做成符合己意的服装的手段越来越复杂，越来越高明，服装史也愈益增添了光彩的篇章。

延展阅读：服装文化故事与相关视觉资料

1. 古埃及人喜爱蛇形头饰

古埃及人认为，由于蛇在生长过程中有蜕皮的现象，因而象征着重生（图1-24）。所以古埃及帝王常戴眼镜王蛇形的头饰，以表明帝王的王权和吉祥。古希腊克里特岛上的人，也认为蛇是永远的祥瑞。

2. 人类早期防晒霜

古埃及和美索不达米亚都讲究以油清洁身体，史记斯奇提亚人就是把柏树、杉树、

图1-24　埃及托勒密早期的蛇形金戒指

乳音木在一块粗石上捣碎，再和上水，然后涂抹在身上，有一种植物油脂的芬芳。第二天，当除去这一层油脂时，皮肤就特别清洁而且有光泽了。传说，建造金字塔的人们曾因"防晒油"供应不上还罢工呢！

课后练习题

一、名词解释

1. 草裙

2. 树叶裙

3. 兽皮坎肩

4. 兽皮裙

二、简答题

1. 直接利用植物和动物做衣服是什么经济的反映？

2. 用自然纤维纺织说明了什么？

第二讲　服装分类造型

第一节　时代与风格简述

　　服装史的进程是不平衡的，越早显得越缓慢。多少年来，人们就在捕猎、宰杀野兽、剥取兽皮而后洗净、晾干、鞣软（非化学性的）、裁割，再以兽骨针穿孔，用兽筋或皮条将其连缀起来。日复一日、年复一年，缓缓地有所发现、有所发明并有所改进。

　　当人类将葛分离为纤维；将麻浸在水中以使其剥离、柔软（初期不脱胶，成片使用），然后将其劈成麻丝；将兽毛分拣、捋顺；将蚕茧水煮、缫丝；将棉花抽出纤维；人类又用自己独到的构思，灵巧的双手，将植物纤维、动物纤维纺成线，织成布，最后裁制成衣裳。这一进程要比以前短得多，大约只用了五六千年。其间，衣服与佩饰进入了需考虑分类和有意进行设计造型的阶段了。这一发展的必然结果，标志着服装原有的简单的缠裹与披挂形式宣告结束；佩饰那原有的简单的钻孔与磨光也已瞠乎其后。衣服与佩饰被有意并有能力分类造型，将服装史向前推进了一大步。

　　在服装史中，这一时期是一个短暂的阶段，它几乎相当于新石器时代晚期和金属时代早期。由于全人类生产水平发展的不平衡性，这一阶段包括了公元前3500～公元前1000年，也就是等于尼罗河流域的埃及王国第三王朝至第二十王朝之间；美索不达米亚的苏美尔人统治到巴比伦第一王朝之间。不到2500年的时间比起已经消逝的走向文明的开拓期不算长，但是古老文明区人民创造的服装出现分类造型，意义却是非凡的。它直接为以后的服装形制和着装制度的确立，乃至人类生活的逐步完善，奠定了坚实的基础。

　　应该说首先是趋于实用的，是简朴的。即使有刻意出现的装饰性，那也主要是出于符合功能和实际应用的需求的，再便是带有炫耀性的，或表现勇猛，或表现权力，这都仍带有动物性，其中不乏炫耀性别魅力的。其装饰的初期目的，显而易见是为了占有异性并繁衍成功，而尚未有将服装纳入到政治制度之中的意识。当然，当时政治制度也尚未正式建立。

第二节　服装形态的产生

服装由无形到有形，当然不是在一朝一夕突然实现的。可是无论其雏形期经过了多么漫长、多么艰苦的历程，当它已经具备雏形以后，就显得迅速、从容得多了。尤其当具备了一种特定形式以后，宛如躁动良久、喷薄而出的红日一样，富有朝气，势不可挡。

服装分类造型，仍然属于服装发展的早期阶段，但已不是最初的探索，而是经过一段艰苦探索之后的结果了。以下分装的形式为例，早期探索中有以兽皮披在上身，连同遮盖腹、臀的；也有只在腰间垂下，不顾及上身的；还有的干脆只以一条带子系在腰际，然后由一端打结，无论从前至后，还是从后至前，都是穿过胯下，再系回到腰间……诸如此类探索之后，至服装分类造型时期，已基本上有了上下分装的形式。那就是上衣护住胸背，不管有袖还是无袖，但都有一个圆洞形的敞领，有了肩，同时有了开襟的形式。这种开襟可以从胸前正中开，也可以在一侧腋下开，还可以斜着使前襟成三角形，以一角向后裹去。总之，类同今日概念的上衣形态出现了。而腰下以一块布横裹护住腹、臀部的服装，也基本上有了一个比较恰当、适用而且通用的长度，那就是最短也要垂至耻骨以下，再长可到膝上、齐膝、膝下、踝骨甚至更长。这种被称作裙子的下装，也由单纯缠裹过渡到筒状，必须是从头上或脚下才能穿起来的式样，当然，还可以用一块布裹成裙子，只不过开始注重整体形态了。应该说从这个时候起，开始有了可以称得上有意设计造型的衣裳了。当把这两者合为一体时，就被人们以最形象和最通俗的称谓去予以认同。这个关于上下分装的例子，只是万千服装有意造型例中的一个，可以从它的过程中体会一下服装造型产生的普遍规律。

初期，男女服装性别差异甚微，这从埃及的胯裙、地中海一带的围巾式缠绕长衣和项饰来看，确实差异极小：上衣下裳，其式样也几乎分不出男性和女性有多少不同。这说明，在人类文化尚未全面展开的时候，以服装形象来区别男女的意识，还未在人类头脑中建立。人们只是本能地感觉到性别的差异，而未从文化意识上去主观要求形成性别之间的服装差异。实际上，人们感觉到的，只是生物的人。这里显现出人类初始阶段的自然属性的比重，同时意味着人类服装起源中"性差别"需要，但例证还不充分。

当然，早期服装中确实存在过性别差异的表现，那只是适应人类对异性的吸引，而不是显示体貌形象的差异。因此也就不必、也不可能以服装的特定形式去区分男女。不仅这样，还可以从中发现一个问题，那就是服装刚开始有意造型时，人们还未想去欣赏异性的整体着装形象，即未进步到纯审美的层次上，而只是停留在对异性性征的关注上，它直接被人的生存和繁衍的本能驱使着。从服装有意造型初期男女服装性别几乎无差异一点上，又一次证实了本书在服装成因中所提到的观点。

服装这一时期的特点，还表现在年龄特别是身份上的差异也不明显。这比较好理解，当然不外乎社会文化的进程低，直接决定了服装在整个群体内部的无差异性。为什么我们将此归结为文化，而不归结为工艺呢？因为我们已经看到，公元前2459～公元前2289年苏美尔人的宝石饰品，就已经是精巧细致、巧夺天工了。美国宾夕法尼亚大学收藏了这一地区这一时期的许多宝石饰品，说明那些以水晶石、青金石、红玛瑙以及其他黄金制作的饰品，在环形之上还有精美的动物形象；引人注目的漂亮的大耳环，每一只都是用两个空心的大娥眉月形合成的。举此例旨在说明，当时人们制作服装的工艺水平虽然不如后代先进，但是以那样的实力，足以使男女性别、身份、地位以及年龄的差别用着装形象区分开来。然而，他们没有那样做。关键不是早期服装一定简单，而是人们并不需要这样做。

服装发展到有意设计造型并使之分类，即符合身体各部位的需求，这使得服装本身确实走向成熟了，服装本身的社会地位也提高了。它所蕴涵的文化成分越来越多，以至发展至今的人类社会根本离不开服装。虽然说"民以食为天"，但那是从人的自然属性来认识，若说社会的人，尽管"开门七件事，柴米油盐酱醋茶"，可是开门之前肯定是要穿好衣服的。所以说，服装分类造型即意味着人类文明的发展与进步。

第三节　服装分类

服装分类造型初期，显现出几种最有代表性的服装造型、分类形式和着装构成。主服中一是贯口式，二是大围巾式，再一则是上下分装、上下配套穿着的固定式等，再是首服类的有帽子、头巾和足服类的袜子与鞋子等。

一、主服之一：贯口式服装

这种以一块相当于两个衣身、同时幅宽足够使人体活动的衣料，中间挖洞，将头从洞中伸出的服式，在世界各地着装历程中都曾经出现过，一般认为距今3000年左右。可是，在意大利瓦尔卡莫尼卡的岩刻画中，有一个造战车者，从他那躯干部位呈现长方块形的形象来看，很像是穿着贯口装，如果这一看法可以成立的话，那么人类在公元前5000年时就已经开始穿着贯口装了。

公元前1580～公元前1090年时，正值埃及帝国第十八王朝至第二十王朝时期。当时的贯口式服装已经成形。除去衣长、折叠、挖洞以外，还要在挖洞时讲究领形，即不满足只是挖出一个能够将头穿过的洞了，而是按穿用者颈项的围长，裁出一个相等的、规则的圆洞。再由这孔洞正面的下沿开始，直到胸前下方的中央部位，剪开一道缝隙。这标志着领形的确立（图2-1）。这种贯口式服装，应该说仍然是对于动物表皮的模仿，它穿起来四周宽松，长可前后曳地。两臂之下已经被缝合起来，这无疑等于确立了整体服装的形象基础。同时避免了前后衣料周边的自然卷曲和随意敞开。其最终形象还要依靠一条扎在腰间可以固定服式的腰带来完成。而在前述意大利瓦尔卡莫尼卡发现的贯口装形，还未系扎腰带。

埃及王朝时期贯口服装加上所佩的腰带，有时很像旧式的胯裙。沿腰部缠绕一周，然后勒紧固定，两端垂吊在身前。较长的腰带绕身两周，两端最后由身后下拖到脚踝（图2-2）。有一种腰带又宽又长，在腰间系紧之后，于下面形成一个很大的椭圆形扇面，下垂到两膝。腰带两端仍然可见，短的一端在左侧，长的一端掖在扇面内里，看上去像是一个硬结。这种贯口式服装一般不拖地，宽大的腰带折下来宛如双层下装。

贯口式服装由于套在上身，即使没有腰带也可以固定在肩，不致脱落。前后衣边可以部分地重叠，后片底边系在腰间以上，然后再做成几英寸长的若干小饰花，以此再打成小结，这样就可以将衣服牢固地穿着在身上了。贯口式服装自成形以来，一直被作为一种简易式衣服样式而保留着，应用着，直至如今的圆领汗衫、睡衣、T恤衫等，实际上仍然是贯口式服装的基本形的发展。这也说明，这种制式是人类根据自身需求自然而然地制作出来的。

图2-1 原南斯拉夫瓦切哈尔斯塔特时期贯口式服装

图2-2 克里特人早年的胯裙

二、主服之二：大围巾式服装

大围巾式服装，意指以一块很长的布料，将身体缠裹起来。其布料形似大围巾，而前缠后绕以后竟会出现一个完整的着装形象。其最后成立的整体着装形象，直接与固定缠绕效果的金属饰件有关。这种服装自成形以来，延续时间也很长。自古埃及开始，经由苏美尔、亚述，直至古希腊、古罗马，始终保持着基本形，今日印度女子的纱丽和男子的多蒂仍属于这种大围巾式服装一类。

大围巾式服装，最初也许只是起源于将一块布缠裹在身上，但是到了有意造型时期，却是由两件衣服构成一套：一件紧身裙衣和一条大围巾。整理好的服装带有护臂的衣袖，这是贯口式服装所没有的，即使因布料幅宽形成两个短袖，那么覆盖双臂部位的长度和宽度也是相等的。而经过整理的服装，有一种右臂和前胸上端是袒露的，或说是不对称的。

大围巾式服装的缠裹方式不一样，有的很简单，用"布"也节省；有的则较为复杂，但成形后式样很优美。一般来说，简单的大围巾式服装是从右侧乳房开始，"布料"缠身一周，通过右臂下方以后再缠一周，使布料在后背形成朝上的夹角，之后由左肩绕到身前，最后斜缠而下，与布料的开始一端打成扣结固定下来。这样，布料覆盖了左肩和左臂，使右臂及右侧上胸部袒露在外（图2-3）。

图2-3　古希腊人的大围巾式服装

复杂的大围巾式服装，则在复杂的缠绕之中，体现了一定的艺术性。这种式样的缠绕方式大致是这样的：一块布料仍然从右侧乳房开始向后缠绕，由左臂下方折回，使布料两端在胸前中央结合，同印度的裹布装束一样，上端边缘结成紧凑的一组皱褶，再用饰针或者不易看见的小皮带系牢。这时，布料仍在左臂下方，沿后背缠绕身体一周，接着拉紧向右肩，至此，打成时髦的褶纹而固定下来。在腰部下方，将布料再翻倒起来，让其饰边露在外面，贴近胸前，然后将衣服装边绕过颈项，再通过左肩，与开始的一端接合。这两端同时系紧在胸前左侧（图2-4）。

图2-4　公元前1世纪的雕像细致地刻画了复杂的大围巾式服装

公元前3000年起，人们将底格里斯河与幼发拉底河河流冲积而成的"肥沃的月牙洲"称为苏美尔。当时的定居者就被称之为苏美尔人。苏美尔人的早期服装同埃及人的一样，也是这种大围巾式服装。有的缠一周，有的缠几周，其端头较宽，由腰部垂下掩饰臀部。

到了公元前2130年时，新苏美尔人的领袖——拉格什城的古底亚被工匠雕成立体像保存下来。从雕像上的服装结构看，他同样穿着一件大围巾式服装。这时，围巾的一角由左肩吊于前方，空出右肩和右臂，围巾大部分都缠在右腋下部的躯干上。再从左肩绕过来，缠在右肩之下。右胸前整理好的线条，说明围巾的另一角掖在颈项附近的某个部位。

图2-5 安东尼王朝雕像上显示的更为成熟的大围巾式服装

在众多的大围巾式服装式样中，也有对称式的，即不像以上所涉及的那样露出一侧肩、臂。例如被专家们鉴定后认可的古底亚妻子的雕像，其服装就是遮盖两肩的。法国考古学家希沃兹对这座雕像的雕刻线条是这样解释的：围巾中央部分贴近前胸上方；然后将布料从两臂下方拉向后背中央，两角在此交叉后分别绕过左右双肩而伸向前面，从而在身前形成两个垂直交叉形状。经过实际操作验证，用这样的围巾缠在身上，必须要有相应的固定饰件或其他恰当手段。直至古巴比伦第一王朝，这种服装还被沿用着。当时画面中所绘的国王，也是身穿白色短式胯裙，左肩有白色的折叠"围巾"，交叉于背后，再从右臂上来，最后固定于左上臂（图2-5）。

从大围巾式服装的缠绕方法来看，这种衣服式样已经初步定型，不但呈现出一种特有的优雅姿态，而且有了一套有规律的缠绕程序和模式。

三、主服之三：上下配套式服装

着装形式中的上下配套式服装，意味着一身衣服要由上、下两件衣服构成。这就等于说，上衣造型的基础要符合人的上半身的形体和动态的需要；下装造型的基础是要符合人的腰以下肢体的特征和动态的需要。这些决定了服装能伸出头部、分开四肢。因此，上衣最少要有领、肩、袖等部位，至少要有袖口。下装则要能固定在腰间，无论是将两腿合为一体（裙），还是分而置之（裤）。

1. 上衣

在服装有意分类造型期间，上衣的造型趋向不是单一的，较之下装要丰富一些。有三种典型上衣造型。

第一种典型上衣造型，有肩、袖，大敞领、对襟，窄身。成于埃及王国第三至第六王朝。从当时的雕刻，包括圆雕和浮雕，还有绘画作品上的艺术形象看，这种在当时或许只限于非重体力劳动妇女穿用。可以想象，在古埃及那种燥热的气候条件下，劳动时还是穿无袖上衣更为便利，因而那种有袖的上衣，实际上就是妇女的盛装了。第四王朝时，王子拉赫特普和诺夫勒特夫妇的着色石灰岩雕像，妻子诺夫勒特身穿一身白衣裙（图2-6）。其上衣长袖，直到手腕，领子开得很大，而且很低，不但露出胸沟，而且露出两个乳房的内侧。布料很薄，两个乳头的高度透过上衣显露出来。与此服式几乎相同的，是坐姿也与此几乎相同的女性雕像，如第十一王朝和第十二王朝的立体雕刻作品中就有清晰的这种服式的勾画。

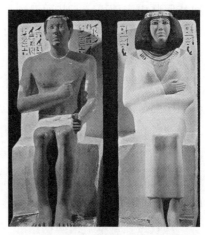

图2-6　着色石灰岩雕像王子拉赫特普和诺夫勒特夫妇的服饰形象

第二种典型上衣造型，是大围巾式长衣和贯口式长衣的缩短成形。埃及帝国时期服装的特点之一，就是上衣和下装的结合。除了以上提到的有肩、袖，开襟式上衣外，长于胯裙的贯口式上衣，呈横褶波纹，也是十分流行的。有时，这些上衣呈半透明，如同前述诺夫勒特身穿的衣料一样，轻盈、细腻。那些下身穿直筒长裙的妇女，仅以一条宽大的围巾在上身作简单的整饰，也形成了一种实际上的上衣。

第三种典型上衣造型，有肩、袖、交领、掩襟，宽身。区别于前两种，相比之下，呈现出封闭的趋势，总是将身体包裹得很严，这种形式在东方国家出现得较多。

2. 下装

下装主要为裙，其次为裤。裙形也可分为三种。

第一种下装裙形，即是我们在第一章中论述到的胯裙。它短而下敞，一般裙长在胯下至膝中，少数在膝下，裙外形轮廓呈正三角形。再予以重点说明的是，讲究的胯裙两端呈圆形，身前有稍微的重叠部分，所以束带上突起垂片清晰可见，成为服装整体的一部分，和谐匀称，融为一体，颇具浮雕艺术效果。胯裙的裙形延续时间很长，尽管后代或其他国家已经不完全遵循这种裙式的造型，衣料、缝合也屡屡变化，但是这种裙形却至今仍然盛行，只不过在童装和部分少数民族服装中应用更多一些而已。

第二种下装裙形在埃及早期王国时期也已形成，这种裙身紧紧贴在人体之上，最上边缘都在腰部以上，大多以一条或两条宽形挎带挎在肩上，不在腰间固定。从腰缘到下摆呈直角状，直至膝下小腿肚中部或至踝骨处才收边。其主要特点是长而窄瘦，紧裹躯体，裙腰边缘上至腋下或腰上胸部，裙下摆边缘到踝骨或略上。

这种在埃及王国时期成形的裙式，至苏美尔人统治美索不达米亚时又有所发展，如使裙料上端在后背左侧相交叉，然后再由3～5个扣结固定下来。有的裙衣上则出现了穗状垂片，虽然表面上看类似装饰，实际上当这种垂片又宽又长时，超过裙衣的一半以上，就构成裙形的一部分了。

从收藏在哥本哈根博物馆的一座雕像的服装样式上可以看出，这些垂片是缝合于裙衣底边的，它可能很长，又可以上下调节，身前的穗状垂片有时还可以横掖在腰带上。垂片的出现，不仅直接影响了裙形，而且还似乎与以后出现的考

图2-7 颇有争议的雕像上的疑似考纳吉斯服（传为马尔尼纳像局部）

纳吉斯服存在着渊源关系。考纳吉斯服是在美索不达米亚于公元前2459～公元前2289年时出现的带有层层流苏的长裙装（图2-7）。考纳吉斯服的优美的浮雕效果曾引起了后代人的兴趣。人们普遍认为，这是用一两块羊皮做成的。或许是在质地光滑而平整的底衬上，附上层层流苏式的饰边。这种饰边直接影响到裙装的外形，因为它会突然由裙衣上端成为螺旋形，经过前胸再越过左肩。这意味着它类同于埃及人的直角长裙，包括裙以上的结构。

第三种下装裙形，是以柔软的布料，做成宽大的外形。裙长一般拖地，也有的只是到踝骨处。这种裙形的肥瘦程度以及长度成为典型的古典裙装，东方和欧洲的古代裙型中有不少属于这一种。它的主要特点是肥且大，下摆外敞至脚底。裙腰大多固定在腰间。

除了裙子以外，下装还有将两条腿分开的裤子。从人类服装的自然发展情况来看，这是合乎常规的。因为最初以树叶或兽皮缠裹时，最便当的就是将腰下至两腿处都裹在一起，而当开始考虑到两腿需要分开活动，这样更有利于迈步时，下装的外形就走向复杂与成熟了。

裤子造型起源于何时，历来说法不一。有一种说法认为史前文化期间，俄罗斯人在寒冷的冬季，就曾穿着皮裤，但因为年代过于久远，下装外形难辨，并

不足以证实裤子发明的确切年代。在布兰奇·佩尼的《世界服装史》中，认为历史上出现得最早的完整的分腿裤子，而且裤管刚好拖至平底鞋上方的裤形，是波斯人对服装所做的历史贡献。布兰奇·佩尼认为，产生裤形的主要原因，是由于波斯人居住在崎岖不平的山乡，习惯于骑马狩猎，他们最先用动物毛皮做服装，这就必须将皮衣弄成适合遮体的形状，这样适于保护双腿并便利打猎等活动的裤形便出现了。佩尼在讲到这些以后，接着说："将这些贡献归功于一个民族，也许未免有些过分。因为受波斯人驱使的许多部落人之中，他们的裤子比波斯人的更肥大，常常覆盖到靴筒和小腿肚部位……列队进行的亚美尼亚人同样穿着与上衣分开的裤子。从沙卡·梯格拉索达出土的几个男人形象，头戴高高的尖顶头盔，手中捧着上衣和裤子，看来是作为供品去奉献用的"（图2-8）。佩尼是根据当时的艺术形象做出这样一番论述的，所指时间是公元前600～公元前300年。当然，这不会是裤子出现的上限年代。

图2-8 公元前600～公元前300年的裤装形象（沙卡·梯格拉索达出土）

这样看来，虽然可以说裤形比裙形出现晚，但其造型基于成熟期是基本一致的。有了这种下装形并被人穿用，既说明了是有意分类造型之前的探索，更重要的是它从此作为一种服装的出现，直至如今。无论现代裤形裙和裙形裤如何时髦，其实都是在原来造型上稍做改进而已。下装迄今也未脱离开裙和裤的基本形。

四、首服与足服

首服最初成形之时，一种是戴在头上的帽子，另一种是裹在头上的缠头布。帽子再软，也是以一种固定形式出现的，否则就戴不住；而缠头布再硬，仍属于软包装，随意性很大。因为当一顶帽子做成后，首先必须是能够套在头的上部，不能太小，当然也不能过大，这就决定了它的形式的不可变性。一顶帽子只能做成符合头部的式样，虽然翻上拉下可以稍微改变一下造型，但最初仍是这一种帽子，而不是其他式样的帽子。缠头布就不同了。自古各时期各国都有一定阶段内的缠头样式，无论是古埃及妇女的头巾，还是世界各地男性的头巾。即使这样，当他们力求每次都缠成一个样式时，其实还是有差别的，这是缠头布本身形式特征所决定的。首服样式五花八门，其形成期在各地也参差不齐。不过可以这样说，服装分类造型期的这一历史阶段中，首服也已进入成形阶段。

相对于首服来说，人类穿着服装的前期，还未顾及到脚。古埃及人直到帝国时期才把穿用鞋袜看得重要。但是，尽管在有关雕像上发现了埃及在公元前2000年的拖鞋，实际上远未达到普及的程度，因为大多数人，包括王室贵族，基本都是赤脚出现在众人面前的。

据推断，最原始的鞋是用雪松树皮或棕榈树皮做成的"拖鞋"，有时也用柔软的山羊皮做鞋。后来才出现向上翘起的尖头，这大概是受到来自东部地中海区域的影响。埃及人足服创制的不完善，主要和他们所居住的环境有关，足服在他们的生活中显得并不那么重要。因为在服装分类造型期这一历史阶段中，古老中国的足服已经成熟。尽管足服

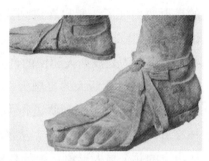

图2-9　古罗马人的鞋形

的形成在世界上不一致，但可以这样认为，足服在寒冷区域中出现的较早，在炎热潮湿的地带出现较晚。还可以初步认定，足服之初，鞋与袜是一体的。古罗马人就是在袜子下绑上皮子（图2-9）。鞋成形以后，袜子也独立成形了。

五、假发、佩饰与化妆

古埃及王国时期，假发已成为服装形象中相当重要的一部分。由于当时的埃及人早已养成讲究清洁卫生的习惯，并有了衡量清洁与否的完美标准，所以讲究剃须修面，男女皆剃去头发，有时男子剃光，女子剃短。但剃去头发后并不总是裸露着，为了在室外时防晒和在室内时保持尊严，埃及人普遍戴上了假发。这些假发的质料，并非都是人的头发，有些是用羊毛，有些则是用棕榈的纤维制作的，然后再用网衬加以固定。

假发之形是多种多样的，可是假发的大致设想、结构、形式直至服装分类造型期以后，一直保留着早期的基本特征并延续至今。只是，早年的假发，无论披散、垂落在双肩，还是高高地盘成发髻，都多浓密、平顺、光洁，至巴比伦与亚述，才出现初期的卷烫。至于颜色，大多讲究乌黑，但埃及在这一阶段中也讲究过蓝色假发且形成时尚（图2-10、图2-11）。

很早以前，埃及人就同项圈等佩饰有密切关系。在王国早期墓葬出土物中，有一串串小贝壳，亮晶晶的带色小念珠（串珠），水晶石、玛瑙和紫石英等，都雕琢成圆形或长方形。项圈的外形，可以说是整个古埃及历史上的

典型标志，大多呈圆环形并由几圈递增的圈层组成，外圈再垂下排列有序的小念珠。那些年轻姑娘们的项圈更宽大，有的上面有5行管状念珠。少女们还常常戴宽松的念珠手镯和脚镯。第三王朝时期妇女的对称手镯大约有12cm宽，看上去好像是密纹螺旋式金属饰箍。头饰也完全以金属和宝石制作，一件爱希斯女神像的头饰就显得十分华丽，上面镶嵌着红色玛瑙以及五光十色的各样宝石，使它成了纽约大都会博物馆收藏的古埃及文物之中的稀世珍宝（图2-12～图2-14）。

图2-10　古埃及中期国王的王冠（现藏于大都会博物馆）

图2-11　创作于公元90年的肖像上的精美假发（传为罗马皇帝蒂图斯的女儿茱莉娅）

图2-12　王冠上的装饰与大耳环（传为苏巴德王后雕像，现藏美国宾夕法尼亚大学博物馆）

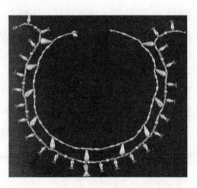

图2-13　约公元前1330年埃及第十八王朝时期的项链

图2-14　约公元前1275年埃及第十九王朝的塔形胸饰

在爱希斯女神像上，还可以看到项链中饰有一个平衡饰件，以使那由多股球体念珠构成的沉重的项链，在人体活动时，仍能保持应有的垂直和平衡。法国圣赛尔南新石器时代遗址中，出土了一个女性巨石像，现今收藏在圣日耳曼昂莱国家古代博物馆。女石像上除了以阳纹线表示了围巾和披发以外，胸前正中就有一条阳纹线显露出项饰，并有一长形悬挂物。这是不是也在起保持项链重心平衡的作用呢？虽然答案不能肯定，但是绝对可以作为认识当时实物资料的参考。另外，女性巨石像上有明显的线纹表示腰带，可以说明其腰带久远的史实。现实生活中，与胯裙相配的腰带，大多是编织束带。这种束带有时在身后打结，腰带两端自由下落；有时又打成方形扣结，显得格外雅观；有的腰带，上面打有一个活扣结，突出于束带之外。腰带上常有纹饰，后期又有宝石镶嵌，因而既有实用价值，同时也是重要的佩饰品。

当古埃及人在美容上有一套基本的化妆品和化妆程序时，世界大部分地区还未开化。这时那种不仅要求服装整洁雅致，同时追求自身卫生及芳香的风俗习惯，在埃及已被公认为是必须遵循的准则。当时，阿拉伯地区出产各种树脂香料，还有荷莲子油和素馨子油等，这些都被埃及人充分利用以进行美容。

很多壁画上的形象已经表明，当时女性格外重视化妆，如用铅矿石、锑和孔雀石一起研磨制成"眼圈黑"，以涂抹眉毛、眼圈和睫毛。其起源不仅是为了美，而且认为涂了能吉祥、辟邪。约在公元前3500年，古埃及和美索不达米亚的妇女都用指甲花染抹手指甲和脚趾甲。另外，还用洋红色膏脂涂嘴唇，以白色和红色涂脸颊。当时人们制作了许多漂亮的小瓶等容器以装染眼睫毛的黑墨，同时盛装香脂软膏。这类容器实物已在墓葬出土文物中有所展示。

据说埃及尼罗河谷一带的牧民和猎户，在公元前7500年时，就已懂得用蓖麻子油涂抹皮肤，以防烈日灼伤。到了这一时期，使用香脂油膏，已成为埃及人

不可缺少的美容化妆品。以至于每逢节日庆典时，所有出席的宾客们头上都饰有一个圆锥形花球，里面装满膏状香料。既能在众人面前显示自己的服装形象，又能给环境带来芬芳气息。随着庆祝活动的进行，融化了的香料徐徐溢出，流过额头，渐渐扩散到皮肤表面，散发出浓郁的香气。此时，每个人的整体形象都闪闪发光，表现出埃及人在化妆上的早期探索（图2-15）。

有一点应引起我们注意，服装在有意分类造型之后，依据什么去发展呢？显而易见的道理是，它不可能在完全封闭的形势下只按照基本形的状态去发展。这一时期及其以后，其形状与形式的确定，在很大程度上与自然条件等密切相关，同时受到当地人审美等文化意识的影响。如埃及服装主要以亚麻为织物，色彩以白色为主，由于该区域内气温较高，人们也不必总穿长过脚面的服装。这时，

图2-15 疑似头顶香料油膏（传为图蒂夫人像）

服装面料的皱褶，就以立体浮雕式的艺术效果丰富了服装的外形。同时，繁多的有规律的皱褶所形成的立体层次和明暗效果，也等于使服装在人体活动时，有了更大的伸缩余地。在亚麻布上固定这种皱褶的方法是，先将布料浸水、上浆、折叠、压紧后晾干，再根据需要裁剪缝制。总之，服装有意分类造型的意义在于，它在总结前期探索之后，为后代服装提供了一个可以再行变化的模式。

延展阅读：服装文化故事与相关视觉资料

1. 紧急时刻能散发

在四千多年前的美索不达米亚，无论苏美尔人还是亚述人，女子都不能以散发示人。可是，传说在巴比伦古城内有一座雕像，是亚述女王赛弥拉弥斯。她的头发一边编着发辫而另一边却散落着。为什么呢？即因为有一天女王正编着发辫时，敌军来侵，女王就那样散着一半头发披甲前去应战，并率领大军收复了巴比伦城。

2.《埃及艳后》的真正服饰史实

当代人因为电影《埃及艳后》，了解了克娄巴特拉女王。也了解她征服罗马两位伟大执政官恺撒和安东尼的传奇故事。其实，传说她并非容貌美丽，而是绝顶聪明，善于利用服饰形象，再加上举止高雅，才流芳百世。至于她穿戴着怎样的精美服饰，把自己打扮成爱神维纳斯的，后人只能通过仅有的一点资料去想象了。

3. 护身符、帝王整体形象、项饰及手镯（图2-16~图2-21）

图2-16　约公元前1300年埃及第十八王朝后期的护身符

图2-17　埃及第十九王朝彩色琉璃护身符

图2-18　埃及第二十王朝拉美西斯四世泥岩雕像显示的服饰形象

图2-19　约公元前2600～公元前2000年美索不达米亚金叶项饰

图2-20　约公元前1460～公元前1250年的苏塞克斯环手镯

图2-21　约公元前千余年的苏塞克斯环手镯

课后练习题

一、名词解释

1．贯口式服装

2．大围巾式服装

3．上下配套式服装

二、简答题

1．说说首服与足服的作用是什么？

2．假发与佩饰是怎样形成的？

第三讲　服装惯制初现

第一节　时代与风格简述

　　服装惯制是指人们在经过服装创作摸索一段时期以后达到服装有意分类造型，在此之后，又逐渐形成一套在各区域、各层次约定俗成的服装穿戴习惯，其中不仅包括已成固定模式的上下装，也包括上下装的搭配方法，同时包括衣服与佩饰的配套穿着。形成惯制的服装和配套远比前一时期服装的搭配增强了文化或社会秩序的比例。

　　服装制度是指服装被纳入国家政治制度以后，其自身的发展受到一定制约，从此，服装的形制在某一阶层中被规范化，甚至形成被政令明文规定的衣冠文物制度，诸如西方国家的"节约法令"以及在世界很多国家中被列入等级制度的着装规范。

　　从服装发展史角度看，服装惯制的形成和服装在社会制度中具有重要位置的时间，这一阶段相当于公元前11世纪到公元3世纪。这时期的美索不达米亚、亚述王国的版图已由波斯湾延伸到地中海，再向南伸向埃及，处于势力强大期，而后由波斯人取得亚述一大片国土的统治。在欧洲，从丹麦青铜器时代、克里特岛文明鼎盛期、古希腊艺术繁荣期到罗马皇帝君士坦丁将首都东迁以前。在此期间，文化比较发达的国家，服装已自下（底层人民）而上成为惯制，或被列入国家制度之中，以致形成该区域或文化圈内的服装传统，成为后来多少代人继承的模式。

　　服装史从这时开始显示出人类在积极地赋予服装全方位的文化表征，而不再单纯地作为穿戴在身上的衣服、佩饰，也不仅仅是人的实用品和精神代用品。服装已经意味着与国家制度、社会文化紧密联系在一起。从此，服装与国家的政治、经济、宗教、文化、艺术息息相关。服装的含义逐渐丰富、深厚。

　　服装惯制初现，主要与公元前11世纪到公元3世纪这一历史阶段相对应，但实际在引证论据时，会有适度的伸缩性。在需要的时候不得不上下延伸，只有这样，才可能充分反映各区域服装在这一阶段发展的不平衡性和复杂性。

第二节　服装惯制的产生

服装有意分类造型以后，经过一段时期的广泛检验，由于优胜劣汰，自然筛选出一些符合着装者意愿和实际生产、生活需要的服装。有些服装相对稳定地传承下来，便产生了服装的惯制，即形成了固定风范，以致在以后的较长时间里都产生着深远的影响。

服装惯制与服装制度不同，它没有服装制度那样具体，可又比服装制度坚韧绵长。它不像服装制度那样出自于政令，而是由一个地区在一定时期内对前代服装的总结而在最广泛的民众中形成。上衣下裳、上衣下裤、整合式长衣和围裹式长衣等，都是服装自然产生并被公认的最典型的服装款式，连同佩饰及配套穿着方式，就被作为服装惯制而肯定下来，决定着服装的基本风格的确立与演化。

一、上衣下裳

上衣下裳不同于上下分装的概念。只能说，它隶属于上下分装范畴。上身为衣，下身为裙，是服装惯制形成后一种不可分的着装组构，是形成惯制初现的典型服式。

上衣下裳不限于男女，也不只限于某一个国家。因为古代人穿着习惯中，无论埃及人、希腊人，还是中国人，都在事实上穿着上衣下裳。相比之下，希腊的裙装更具"现代感"，就是说，其上衣下裳的穿着效果与欧洲典型的夸张胸部和臀部而束紧腰部的裙装整体风格极为一致。从克里特岛米诺第三代王朝中期（前1700～前1550年）出土的陶俑来看，当时的持蛇女神与她的崇拜者所穿着的裙装基本上是欧洲女裙的固定型（图3-1）。甚至可以说，这种裙形在以后多少年来几乎未变。米诺裙装比现代着装更显大胆的是，女性的双乳完全显露在上衣前襟之外。还有克里特壁画上，贵妇所着的袒领服等，这些形象可以充分说明当时的袒领是十分彻底的。

除此之外，普遍存在于各地的上衣下裳形式很多，巴黎卢浮宫收藏的雅典式双耳细颈罐

图3-1　穿着典型西方女裙的3000年前的女神俑（希腊克里特出土）

上"荡秋千的女人"就穿着两种花色布料做成的上衣下裙。这些足以说明上衣下裳是服装惯制中的典型形式，并一直被沿用着。

二、上衣下裤

上衣下裤，也是自古延续至今的一种着装形式，它作为服装惯制中的典型，自确立以来，不断改进，变幻出多种款式、色彩，但是千变万化不离其宗。在服装惯制初期，上衣下裤确实已成为一种固定的模式。罗马人很早以前曾抵制过所有将两腿分开的服装，因为他们认为裤子是野蛮的象征，甚至传说起源于他们不共戴天的仇敌高鲁人。然而，由于罗马人在北方严寒地区连年征战，所以骑兵和步兵不得不穿上防寒性能好且又行动方便的裤子。一时，帝王和军官也都纷纷穿上了裤子。罗马帝国中一位叫特拉吉安的大帝，在他征战之时，就穿着带有裤腿的服装，并将其称为费米纳利亚服。罗马人出于实用需要，出于对裤子形式的肯定，他们原先对裤子这种服式的世俗偏见，就完全消除在这一时期中。

可以这样说，裤子形式之所以成为惯制中的典型，主要是因为它确实比裙子更适于大幅度动作。裤子起源几乎无一例外的是处于游牧地区，而它得到迅速推广，又无不在多战的年代。很多原来以裙子为下装的地区和人民，往往是出于实战需要而穿上了裤子。裤子更利于马上民族的活动，由于下肢能分开骑在马背上，无疑是十分便利的。

三、整合式长衣

所谓整合式长衣，可泛指所有披挂在双肩，然后以类似筒状形式垂及下肢部位的长衣。它以符合人体形状的造型，构成整体合成式衣装，基本上适体。这种服装成为固定模式后，也成为惯制中的典型，一直沿用至今（图3-2）。

整合式长衣，既区别于上衣下裳或上衣下裤，又区别于一条长布围裹身体的缠绕式。再具体些说，整合式长衣也有两种不完全相同的款式：一种是基本上与开襟上衣款式相同，即有肩、有袖、有领、开襟，只是比一般上衣要长；再一种是基本上与贯口形式相似，无论以超出贯口式多长、多宽的布料做成，然后再如何

图3-2　穿着整合式长衣的希腊雕像

以腰带和饰件固定成何种式样，但都有一个十分明显的特点，就是大致上适体（图3-3、图3-4）。

一种整合式长衣为开襟式，如斗篷、袍服等，它们除斗篷无袖外，基本上大同小异，都保持着开襟式整合长衣的特点。斗篷是开襟式整合长衣中制作起来最方便的，因为轮廓线简单，不必裁缝衣袖。尽管这样，它仍然是基本符合人体形的一种，它不等于一块披在身上的大方布。日德兰半岛的青铜器时代墓葬中，保留下很多完好的服装，其中的羊毛织物斗篷制作得非常精致。有一套服装出土于姆尔德勃格，就包括斗篷和紧身衣以及帽子、布袜等。斗篷打开后几乎呈半圆形，领子翻卷，前襟下摆基本上是呈弧形的。斗篷上所镶的饰件端端正正。右侧一角加上一条皮革，延伸过右肩，用铜扣固定在紧身衣的上端。

在此以后的希腊服装中，曾出现过短式斗篷外衣，那些斗篷尽管样式美观、线条鲜明、图案错综复杂，但大多属于方巾式，所以不包括在整合式长衣范畴之内。而罗马人的诸多斗篷之中，有一种旅行斗篷是属于开襟式整合长衣的（图3-5）。

图3-3 体现古希腊整合式长衣的建筑人形柱（中世纪时期卡尔特大教堂）　　图3-4 古希腊雕像《特尔菲的驭者》上体现的整合式长衣　　图3-5 身披小斗篷的古希腊猎手

袍服的形制至今仍在沿用着，其涵盖面几乎囊括了有人居住的大部分地区。在波斯古城波利斯的阿帕达纳宫殿台阶过道的浮雕上，有非常典型的袍服形象。

那是一个波斯人，他身上穿着一件宛如今日毛料大衣式的袍服，有领、有肩、有袖、前开襟，衣长直至踝骨。由于穿袍服的人是侧面形象，而这件袍服作为外衣，又在肩上披着，所以袍服外形非常完整。

另一种整合式长衣为不开襟式，这在古希腊服式中保留了无比美丽优雅的形象。古希腊民族，是一个性格豪放、开朗且又浪漫的民族。爱琴海赋予了它与众不同的优美，同时使这些优美高雅的艺术流传到全世界。当人们一想到希腊人时，就会想到他们那完全赤裸的完美的人体形象，或是着装的潇洒迷人的天使般的风采。可以说，希腊人创造了希腊风格的服装，但在某种程度上，确实应该说，希腊服装所特有的飘逸给希腊人形象注入了不同寻常的活力。我想，这种说法并不是虚妄的（图3-6～图3-8）。

图3-6　古希腊长衣在建筑女像柱上显示得尤为精彩
（伊瑞克提翁神庙）

希腊人的特色服装整体被称作"基同"。因为不同民族的基同与穿着方法有所差异，所以又分为多利亚式和爱奥尼亚式。

多利亚式就是用一整块布料构成，其长度往往多于着装者一倍的长度，宽度则是着装者两臂向两侧平伸时左右两手指尖之间的长度。与贯口式不同的是，希腊人没有在布料的中央挖洞，而是更加发挥了别针的固定作用。同时将对折线放在一侧；另一侧就任凭它敞开着，有微风时会将它轻轻地吹起。

用以固定服装的金属别针很大，式样多，而且精工细作，装饰性极强，本身就是一件绝好的饰品。当别针将布料以各种形式别在双肩上时，那种看似随意的式样就如同是一件自然主义的艺

图3-7　古希腊身披
　　　及膝长衣、
　　　右肩搭短披
　　　风的女子

图3-8　希腊雅典式双耳细颈罐
　　　女子服饰形象

术品。再加上腰间经腰带的巧妙系扎，又会呈现出种种的效果，上身处向外的一个大翻折，有时会出现一件短衣的感觉。一侧开缝处不属开襟，因为服装整体无领无袖，根本谈不上开襟，况且那条开缝可以敞开着，也可以缝合起来。

爱奥尼亚式的上身（上半部，不是上衣）没有向外大的翻折，只是用腰带把宽松的长衣随意系扎一下即可。两肩系结处不止一个别针，而是多少不等，形成自然的袖状。也有的将多利亚式和爱奥尼亚式两者的穿着方式结合起来：可以露出腰带，显示健美的体形；也可以系扎两条腰带，一条系在乳下或腰间，另一条系在胯部，使两条腰带之间的布料蓬松，出现各种意想不到的变化；或尽量使衣服向上提，缩短衣服的长度，便于活动；另有一些男性穿基同时，将布料斜在胸部系扎，也就是一端在肩上，一端在另一臂的腋下，这样更显出几分英武与洒脱。

这种希腊服装的基本特点是潇洒、飘逸，由于衣身系扎而布料较宽，所以形成无数条竖直的线条。这些线条的凹凸感觉增加了服装的立体效果，本身就宛如一件雕塑。由于线条大多是竖向的，其中有些变化使之平添了灵气，但上下左右回绕的结果还是向下倾泻，因此悬垂感极强。希腊人的不开襟整合式长衣是对贯口式衣衫的发展，同时又是对后代长裙的奠基。它在服装史上有着自己的位置，那就是希腊人的创造，希腊人的形象与风采。

需要说明的是，它虽然区别于开襟式整合长衣的分裁与缝制，但它仍然是以人的双肩为垂挂点的，这种固定于双肩的整合长衣，与围裹式长衣有着形式上的根本区别。

四、围裹式长衣

自大围巾式服装成形以来，经过各区域着装者的不断探索，逐渐地呈现出多姿多彩的着装艺术效果。但是，围裹这种形式没有变，当它融入无数人的服装创作（穿着）巧思之后，至罗马人时已经成为服装惯制中的典型服式了。

公元前7世纪和公元前6世纪的希腊，曾经流行过两种外衣，其中一种就是围裹式长衣，当时称为披身长外衣。这种服装是将长布料的一端先由左肩下来，拖至左侧腰间，再向左肩提起，从背后朝右侧绕过右手臂拉向身前，然后向上第二次提到左肩上。当然，也可以先覆盖于右肩，缠裹右手臂，或者使端头覆盖于右前臂。其缠绕的方式，与早先大围巾式服装有一定的渊源关系，只是布料的幅宽较前宽。想当年，古希腊的哲学家、演说家、政治家以及雄辩家很多都是穿着这种衣服去从事活动的，头发与胡须卷曲着，双足赤裸，或脚上穿着拖鞋，群星荟萃，那是何等的排场与壮观啊！当时人的服装虽然很难见到具体资料，但从公元前350年希腊大理石圆雕苏格拉底立像（罗马人复制，现藏英国大不列颠博物馆）看，就身着围裹式长衣。苏格拉底生于公元前469年，卒于公元前399年，此雕像制作于他死后50年，被认为是可靠的形象资料，并能够呈现这一时期服装的典型形象（图3-9、图3-10）。

罗马艺术品中有一个《演说者》雕像，还有一个被认定是奥古斯特的雕像，他们都穿着围裹式长衣。衣长至踝骨上或直至拖地，奥古斯特的服装甚至连头部上端都一同围裹起来。罗马人的围裹式长衣，成为罗马文明的象征。欧洲服装史论家对《演说者》雕像进行研究分析，雕像出自公元前3世纪末到公元前2世纪初的伊特拉斯坎人之手。雕像穿的罗马宽松外衣，其服装式样是长时期多民族服装艺术融合的结果。从外观上看，这件长衣呈半圆形，有着弯曲的底沿，底边略宽，这是围裹式长衣成熟期的突出特征，其围裹形式一直沿用于罗马人的全部历史，只是到了后期才有所改变。长衣首先从左脚踝上方开始，直边朝向衣身中央，宽幅面的布料提向左肩，再由右臂下来，通过前襟，再次覆盖左肩，最后绕过后背垂吊于脚踝（图3-11～图3-14）。

妇女身穿围裹式长衣，更在俏丽之余多了几分文雅。尤其是当一只圆润的胳膊袒露在外时，其服装的立体皱褶仿佛越加活跃，使围裹式长衣的整体着装形象显出十二分的雕塑感（图3-15）。

在服装惯制初现期，人类所创作的许多种衣服与饰品已经成为人们习惯中的基本模式。自那以后，至今在全世界被普遍应用的服装款式与穿着形式，依然没有脱离开这个模式圈（图3-16）。上衣下裳、上衣下裤、整合式长衣与围裹式长衣，宛如人类服装史大厦的基础一样，制约着服装发展的范畴与格式。两千多年来，人们将衣装加长又缩短，增肥又减瘦，这里出一个飘带，那里添一个饰件，但始终未超越出这几种服装惯制。

图3-9 古希腊红绘彩陶杯上着长衣、戴头巾的女子

图3-10 公元前350年罗马人复制的《苏格拉底像》

图3-11 古罗马雕塑《演说者》

图3-12 古罗马的围裹式长衣　　图3-13 《罗马皇帝考莫达斯像》最先出现长袖的古罗马服装　　图3-14 创作于公元前30年的《罗马贵族和他祖先的头像》

图3-15 古罗马围裹式长衣　　图3-16 古罗马公元2世纪酒神石雕上显示的常春藤"花冠"与长衣形象

第三节　地中海一带的等级服装

环绕在地中海的国家的发展水平，曾在人类文明史上占据领先地位，其中尤以埃及国家的帝制成熟最早。因此，就服装来讲，作为等级区分的标志体现，依然首推埃及。埃及远在服装史的服装惯制初现以前大约2000年的时候，就已经有了象征权力的高冠。自此以后，古波斯的王冠和诸王后的饰件等，都体现了这种等级服装在各个国家政治生活中的重要性。它特别集中在这一历史时期中大量出现，证明了服装惯制是人类社会发展的必然结果，带有文化的必然性（图3-17）。

图3-17　埃及女王与贵族妇女

一、国王及重臣服装

《世界文明史》论述埃及上、下等级生活之间的鸿沟时说道："富裕的贵族……穿戴昂贵的衣料和奢侈的首饰"。这只是反映了等级服装的一种现象，而等级服装的集中表现，帝王装不仅象征着富有，更重要的是象征着至高无上的权力，这在埃及第一王朝、第二王朝时就已经显示出来。

据传，第一个统一上下埃及的人是纳尔莫，他有权享用两项王冠，那就是上埃及的白色高大的王冠，外形很像一个立柱；下埃及的红色平顶柳条编织的王冠，冠顶后侧向上突起，也呈细高的立柱形。

从被认定纳尔莫的画面服装形象来看，这个身居国王地位的人服装与百姓相差无几，也是以布料缠身，腰下部类似胯裙形式。但是他身上系扎的腰带却是带有明显的王服特征。腰带有4条念珠连缀的下垂装饰，每条垂饰上端有一个带角的人头，这是埃及女神海瑟的象征。纳尔莫腰后侧方还垂吊着一条雄狮的尾巴，一直拖到脚踝部。最初它显示着王者的杰出才能和本领，自纳尔莫以后历代王朝的君王，无不佩戴这种雄狮长尾，以作为最高级权力的特有标志。

纳尔莫由于佩戴两种王冠以出现完美结合形式，被称为"神灵的化身"。神圣的伏拉斯神安详地立在国王王冠的正前方，成为国王掌握生杀大权的象征，也是为国王自身驱邪除恶的守护神。当时的国王被看作是埃及霍鲁斯神的儿子，后来又被当作埃及太阳神大拉的儿子。因此，历代国王都被认为是诸神中的一位。只有国王才有特权佩戴诸神形象的装饰。在这些装饰中，有代表埃及神阿门的两根直竖的羽毛；有代表埃及主神奥希雷斯的卷曲了的鸵鸟羽毛；有代表科纳姆神的公羊角；有代表太阳神大拉的红色圆球面。所有装饰这些诸神形象的王冠，后来都被人们称为"诸神的桂冠"。

帝国时期的国王，有时穿着专门的蓝色铠甲临朝登殿，以向众人显示国王的威严和权势。蓝色的铠甲里面，穿着羽毛式胯裙或类同其他王室成员的较长裙衣。几条索带由前身衣襟中伸出来，在腰间缠上几周，最后牢牢地系在身前。这些索带光泽耀眼，装饰华丽，上面有打褶的皱纹，好像神圣的雄鹰极力张开双翼，在保佑国王天下无敌。不仅这样，国王整体着装形象中还有其他代表权力象征的随件，如曲柄手杖和梿枷则象征着他对耕田者的统辖。

公元前14世纪，亚述人在阿瑟·乌巴利特的率领下，宣布建立独立的政权，亚述王国就此诞生。到了公元前12世纪末叶，亚述国已经成为一个强大的政体，蒂格拉斯·皮利斯尔一世继承了王位。

图3-18　欧洲版画上的亚述王服饰形象

在留下的有当时国王着装形象的立体雕塑品和浮雕艺术品上可以看到，亚述国王的着装呈现尚武的精神特征（图3-18）。萨根国王二世给人的印象是：身着短袖紧身服，衣边有流苏，衣料的花纹图案为正方形。围巾缠绕身躯，各角均由双肩下垂悬在前胸，围巾的整体是一个蔷薇花图案。国王阿苏尔巴尼波尔乘坐在战车里，可惜由于画面安排的需要，国王的服装大部分被侍从的身影遮住了。我们能够看到的，只有高高的王冠。这是一种波斯王冠——权力和地位的绝对象征。高高的、无檐的、红色的王冠，上面有一排排长条花纹图案，每一条图案中间由空白带相隔。王冠顶上饰有一个锥形立体，使王冠更为高耸。其他艺术品中还可看到有几条飘带式的彩幅从头上飘于背后。非常粗笨的耳环、手镯以及结实的臂钏，再加上佩戴的宝剑、剑鞘共同构成了英武的形象。

在人们发现的克里特岛的壁画中，有一位被认定是国王的着装形象，格外引人注意。国王的彩虹色石英王冠上，插着三片羽毛，分别为红玫瑰色、紫色和蓝色。较大的一串项链镶有百合花式的花纹。红、白两色的腰带上方有一个很粗的蓝色卷套。他的胯裙很小，一部分呈切开状态，后侧则露出长长的一条饰带。他的着装形象最与众不同的地方是，右胯下方垂落一方形白色布块，布纹呈水平形，这表明胯裙的一部分是交叉编织的。

罗马人对国家法律和统一管辖等方面的贡献是巨大的。罗马人似乎一开始对权威和安定要比对自由或民主表现出更加强烈的关注。罗马人在早期共和国时期的道德修养，在史学家评论中是这样的："罗马人不祈求神使他飞黄腾达，而是祈求神使他造福于社会和他的家庭。道德是爱国主义和对权威与传统的尊崇问题。主要美德是勇敢、荣誉、自我克制、对神和自己祖先的虔诚以及对国家和家庭的义务感。忠于国家高于忠于其他的一切。"不能不承认，这种全国上下一致尊崇的国家地位，导致了罗马帝王着装形象的威严（图3-19）。

著名的历史人物，罗马的恺撒大帝，从他称帝为王开始，一直穿着一种款式的长袍。以致这种虽属人民大众普遍穿用的基本服装，却一度成为名副其实的帝王服装了。它满身都是宽褶，自然地产生出一行行很深的凹沟，腰间饰有一个被称为"安博"的荷包袋，双肩饰有层层叠起的凸露皱褶。

只有帝王才有权穿用这种紫色的宽松长袍。这种泰雅紫，不仅是最奢华的紫色颜料，同时也是各种艳丽色彩之首，因而无疑成为帝王服的主要色调。研究罗马服装的许多专家学者，从利利安·威尔逊有关这方面的详细论述中备受启发。威尔逊对当时衣料颜色研究的成果表明，以罗马人的观点分析，认为紫色这一颜色含有多种色素，实际上其中有些细微变化的颜色，已经被今天称为红色。总之，紫色或其他深颜色的宽松外袍只限于帝王和高级官员穿用，而且多用于庆典或追悼等庄重肃穆的场合。经过漂白了的宽松外袍，则作为纯洁的象征，用于参加竞选的官员们穿着。

图3-19　欧洲版画上的罗马皇帝服饰形象

帝王穿用的紫色宽松长袍，到底是采用什么纤维织成的布料呢？经欧洲服装史论家推断，是用最细腻、最轻软的羊毛制成，或是用羊毛和丝混纺的面料做成。人们认为后者的可能性较小。羊毛和丝在当时是很少在一起混合纺纱或混织的，因为这两种动物纤维的性质（长度、弹性、缩水率）并不容易一致。可信的是外袍表面布满了金丝刺绣，这在刺绣服装已经出现的当时当地，作为至尊至贵者外衣还是很自然的（图3-20）。

国王之外的王室或贵族的其他成员，可以穿用紫

图3-20　先为罗马元首后至埃及的屋大维戎装像

色镶边的白色外袍。如果普通人想穿着这种标志特殊身份等级的紫边白袍，除非要争做元老院的议员或其他高级官员，否则根本不能获得穿用的权力。而罗马的平民百姓只能穿白色外袍。后来白袍就成了罗马普通百姓的标志了。

罗马帝国的皇帝，大都有华丽的王冠，而且王冠上大都饰有金质的月桂树叶拼制的花环。尼禄大帝的王冠，是一顶金光闪闪的珠宝桂冠，庄重豪华。他认为只有这样，他的王冠才可以和太阳同放光芒，共发异彩，以此达到他可以和日月争辉的理想。海利欧格巴拉斯大帝是第一个佩戴珍珠王冠的人。他戴着一顶镶有3串珍珠的环形桂冠，每一串珍珠都由一块宝石连接固定于正前方。蒂欧克莱娄大帝的王冠，镶有一个宽宽的金箍，金箍上再镶上无数的珍珠宝石。这个王冠竟成为后来很多王冠的参照模式。

除了罗马帝国国王的首服——王冠以外，当时的一些佩饰品也成为等级服装的典型。如罗马执政官有权享有佩戴含金圆环的权利。这种圆环形饰件，就是固定服装的饰针造型之一。据说后来这种金属圆环开始转移到手上，再以后便成为戒指而成为大众普遍的手饰品了。

二、王后及贵妇服装

在埃及中期王国时，标志王后权威的头饰是一个兀鹫的形象。兀鹫被塑造得安详端庄，双翼展开垂下，紧紧地护卫着王后的头部，并一直贴到前胸。尾羽略短，平行略向上翘。相传，王后的兀鹫头饰是国王外出时对王后的神灵保佑，也是远离家门的丈夫赐给妻子的护身符。

芝加哥大学东方学院收藏的阿莫斯·诺佛雷特利王后的雕像，为研究西方服装史提供了资料。阿莫斯·诺佛雷特利是埃及第十八王朝的第一位王后。她的服装面料有鳞状图案，看上去很像层层叠叠的羽毛布料。是将羽毛贴附在布料之外呢，还是用布料做成的羽毛流苏效果？目前还难以做出准确的推断。尽管这样，王后着装形象还是能够震撼后人的，那腹部中央的母狮头像，圆圆的护肩和宽松的臂饰使得她异常绚丽多彩而又威武不凡。

历史上的伊特拉斯坎人，曾是意大利北部的定居者。他们从小亚细亚移居到意大利半岛的时间是公元前9世纪末期，他们继承了美索不达米亚、古埃及和克里特的文明，并将这多种文明传到了半岛地区。伊特拉斯坎人以他们的金属工艺享誉盛名，著称于世。因此在当时贵族妇女的服装上，留下了他们无言的追求和对艺术的酷爱，同时也说明，制作者与佩戴者并不一定是同一阶层的人。

有一幅壁画复制品再现了公元前4世纪的原作。画面上一位被认定是阿瑟·威尔卡的妻子威丽娅，表现出地地道道的贵族身份。她的红棕色头发以漂亮的发带系在脑后，头上的花冠饰有金黄色叶片。颈间戴着两串项链，较小的一串是金黄色念珠穿成的，另一串则镶有琥珀。当时的花冠实物经修补后，呈现出璀璨夺目的光彩，那些金色叶片做得精致之极（图3-21）。

图3-21　约公元前1300年埃及莎草纸画上显示的等级服饰

罗马帝国时期的王后和贵妇等级服装，主要不在衣服，而在佩饰。因为当时留下的艺术形象表明，几位大帝的妻子和贵族妇女们的着装几乎与民众没什么太大的区别，只不过贵族妇女的围裹衣装，有时在样式上有一种确定等级的作用。威尔逊在描写公元4世纪人物时，曾引用过诺尼乌斯的一段话，大意是：斗篷式的裹布衣，是尊贵的妇女穿用的外衣。在公众场合，所有的贵妇都要身穿源于希腊，又略做改进的裹布衣。

可是，罗马贵族妇女的佩饰，却是极尽奢华的。罗马人在征服了许多地区和民族以后，将掠夺来的财富大量投入到制作佩饰品上，特别是其中的一些珍贵金属和珠宝。这样一来，贵重首饰成了上层妇女的典型等级服饰品，无形中推动了珠宝饰品制作工艺和技巧的蓬勃发展。这时，孟加拉的宝石，近东（以欧洲为中心形成的说法，在世界上沿用至今）的珍珠成了人们爱不释手的饰品，其中尤以琥珀最为昂贵。贵族妇女常常佩戴琥珀饰品，用以显示自己的高贵身份。研究服装史的一位欧洲专家普利尼认为，37～41年，罗马大帝加利古拉的妻子波莉娜，在出席宫廷举办的最高级盛大宴会时，这位第一夫人的颈项、双臂、双手以及腰带上，佩戴或缀满了红绿宝石和珍珠玛瑙。哈德利安大帝的妻子萨比娜，头戴一顶希腊式王冠，上面的金银珠宝，不胜枚举，价值连城。如果按现代价格计算，那顶王冠高达一百多万美元（图3-22～图3-26）。

罗马帝国时期的佩饰工艺，至今看来还是高级而精湛的，那些杰出的佩饰艺术品，因标志贵族身份而做得精益求精，从而在服装史上熠熠生辉。

图3-22　古希腊贵族妇女服饰形象

图3-24　公元前11世纪的古罗马
　　　　蛇形手镯

图3-23　古希腊女贵族

图3-25　古罗马星形发带金饰

图3-26　公元前100～公元200年
　　　　的罗马镂空圆盘金项链

延展阅读：服装文化故事与相关视觉资料

1. 古希腊人披着外衣

古希腊时，讲究光着身子披上外衣——整幅布做的缠裹式衣服，以显示身体的强健，特别是肌体的壮美。至古罗马时，继承了这样的穿法，目的就为了随时可以向人炫耀战斗中留下的伤疤。

2. "桂冠"的由来

古希腊神话中，说太阳神阿波罗一次路过珀涅俄斯河，仙女达芙涅正在河中洗浴。爱神厄罗斯抓住这个机会，从阿波罗的心灵射去一支金箭，结果是顿时燃起了爱情的火焰。可是厄罗斯又取出一支冰箭射中了达芙涅，致使达芙涅坚决拒绝阿波罗的求爱。阿波罗紧紧追求，达芙涅却远远跑去，后来无法摆脱时，她变成了一棵桂树。阿波罗将桂树的枝叶摘下来，编成花冠给竞技胜利者戴在头上，这就是人们今日说的"桂冠"。

3. 拴住爱情的结

古希腊时期，有一个特殊的婚俗，就是新娘会在内衣上用羊毛带子打两个结，缠绕复杂很难解开。新郎要祈求大神宙斯之后赫拉保佑，希望爱情牢固，情意绵长。后来，这个结被称为赫拉克勒斯之结，同时象征着婚姻的和美。

4. 埃及典型整体服饰、护身符、常春藤花冠、戎装及首饰（图3-27～图3-45）

图3-28 埃及第二十六王朝"乌加特之眼"护身符

图3-27 约公元前945年埃及第二十二王朝木乃伊盖板上体现的服饰形象

图3-29 公元前450～公元400年希腊常春花花蕾项链

图3-30 约2世纪罗马戴着常春藤花冠的安提诺乌斯（仿酒神）

图3-31 公元前100～公元前50年的希腊饰有山猫和酒瓶的耳环

图3-32 公元前300～公元前200年的希腊饰有酒神女祭司头像的金耳环

图3-33 约公元前1世纪希腊饰蛇形的透雕戒指（据说来自埃及）

图3-34 公元前1世纪比利时黄金项圈

图3-35 拜占庭金饰件

图3-36 4世纪初金属饰针

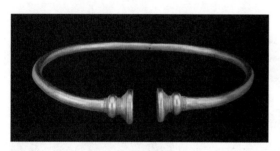

图3-37 公元前300～公元前45年出土于法国的高卢人金项圈

图3-38 约公元前4世纪马其顿腓力二世（亚历山大之父）墓中的镶金铁质胸甲

图3-39 欧洲画作中的罗马斗牛士服饰形象

图3-40 传世的北欧公元初年的头盔

图3-41 欧洲画作中的蛮族战士形象

图3-42 典型的蛮族头盔（出土于英国）

图3-43　原作于公元前
45年的戴头盔
雕塑人物

图3-44　古希腊的科林斯式
金属头盔（出土于
希腊奥林匹亚）

图3-45　约1世纪中叶罗马军团青铜头盔
（出土于英国）

课后练习题

一、名词解释

1. 整合式长衣

2. 围裹式长衣

二、简答题

1. 上下配套服装有什么优点？

2. 服装怎样体现等级？

第四讲 服装重大开拓

第一节 时代与风格简述

人类原始文化产生在各个不同的地域，并以独立的态势生存与发展着。在很长一段历史时期内，人类并未发生大规模、长距离的文化交流，各地域之间也谈不上服装文化的交流与吸收。但由于种种原因引起的部族兼并、民族迁徙、民族战争与民族接触，便产生了文化交流与融合现象。这使人的穿着也必然受到影响。外来民族与原住民对于彼此的优秀服装风格与风俗，都感到一种无法抗拒的诱惑，因此便不自觉地加以吸收。相邻民族之间（开始是边缘结合部）也互相吸收，再发展为适合本民族文化心理的服装。有一些民族是以征服者姿态进入某一民族区域的，因而往往以"易服色"做控制手段。但因文化的选择是依托于文化的生命力，而不以人的意志为转移，而且征服民族与原住民共处于同一居住环境（杂居），也就必然产生共同的选取最佳（美观便利）服装的心理趋向。这种重大开拓促进了服装文化的发展，也标志着人类服装繁荣的前奏与黎明。

这一时期服装互为影响，主要发生在欧亚大陆。其中首先是罗马帝国东迁，拜占庭帝国在土耳其古城伊斯坦布尔的定都，直接促进欧洲和西亚服装的互为影响；而中国汉初摸索打开的丝绸之路，横贯欧亚，更使东亚和西亚乃至欧洲的服装融合达到高潮。在此期间，亚洲的高丽、波斯、大秦、天竺诸国以及大国之内的各少数民族的服装融合和引进都活跃起来，这是世界文化史上的里程碑，也正是西方服装史上的重大开拓时期。

按历史年代划分，这一阶段可包括中国西汉至初唐、罗马帝王君士坦丁将首都东迁至希腊小城拜占庭至欧洲中世纪前期、印度孔雀王朝和日本的古坟时代。纪年从公元前3世纪到公元7世纪左右。在西方服装史中谈到亚洲，是因为服装重大开拓时期形成的风格有些是东西方结合的产物。

这是一个文化大流动的时代，反映在服装上，各种着装形象犹如历史上的匆匆过客，瞬间出现，很快又消失身影。

第二节　拜占庭与丝绸衣料

在希腊巴底侬神庙中有一座女神像（前438～前431年），即身穿透明的长衣，衣褶雅丽，质料柔软，曾经被考古学家认定是丝绸衣料（当不排除是极细亚麻）。另外，非常细薄、透明的服装形象很多，特别是克里米亚半岛库尔·奥巴出土的公元前3世纪希腊女神身上穿着的纤细衣料十分完美，透明的丝质罗纱将女神乳房、肚脐眼完全显露出来，从而被考古界认为这是用极细的纤维织成的。有人认为是亚麻，但更多的学者说，可以断定这种衣料只有中国才能制造，而且绝不是野蚕丝可能织成的。这就引出一个必要的话题，东西方服装的交流需要一个通畅的途径，拜占庭正是重要枢纽（图4-1）。

罗马帝国的君士坦丁大帝将首都向东迁到拜占庭，这是世界历史上一个重要的事件。因为从此罗马帝国的命运出现了巨大的变化。330年，这位大帝以自己的名字命名为拜占庭。395年，罗马帝国最终分

图4-1　约公元前14世纪的女神榭尔姬特像（发现于图坦哈门法老墓中）

裂以后，西部仍称为罗马帝国，而东部改为拜占庭帝国。476年，西罗马被野蛮地征服而彻底灭亡了。但是，拜占庭帝国却日益繁荣昌盛，一直延续到1453年，长达1000年之久。在这十多个世纪中，君士坦丁堡始终继承和发扬了希腊、罗马的文化传统和艺术风格，同时，又使其与东方的文化传统与艺术风格相汇合，最终形成了自己的带有明显东西方文化相结合特点的君士坦丁堡文化。历来史学家都一致承认，这一崭新的文化，在世界上产生了巨大而深远的影响。具体到服装史上，它与丝绸之路一样，带有典型的服装重大开拓期的特点。

可以这样说，中国丝织品的西运，不但使丝绸成为亚洲和欧洲各国向往羡慕的衣料，而且随着人们着装需要的不断增长，也导致了亚洲西部变成富强大国，特别是拜占庭养蚕和丝织技术的发展。尤应重视的是，在这一时期，中国的丝绸和养蚕缫丝纺织技术通过拜占庭，被广泛地传播到西方各国。

这时，进口中国丝绸最大的顾户是罗马。公元前64年，罗马人侵占叙利亚后，对中国纺织品的需求迅速增加，中国丝绸销路因此大开。据欧洲服装史学家认为，海利欧加巴拉斯是穿着纯丝绸服装的第一位罗马大帝。由于当时的进口丝绸极为有限，丝绸的价格相当昂贵，只有黄金才能和它相提并论。罗马共和国末

期，恺撒大帝曾穿着中国的丝绸长袍去看戏，致使全剧场的观众都争看这件特殊材料织成的华美的长袍。以后，罗马贵族男女都以能穿上绸衣为荣耀。罗马帝国初期，梯皮留斯大帝曾下令禁止男子穿绸衣，以遏制奢侈风，但是事实证明，此令丝毫也未能阻止人们对穿用丝绸衣料的热情。利凡特的提尔、西顿等城市的丝织业，都靠中国缣素运到之后，再重新加以拆散，将粗丝线变成细丝线，经过加工织成极薄的衣料，使之更适应地中海区域的温和气候，同时又适合那里的流行服装式样。这些薄而轻盈的衣料，有些是用纯丝织成的，有的是同其他纤维混合纺织成的。混纺织物很多，质地也各不相同，人们普遍认为，并非所有的人都能穿得起纯丝织成的衣服，只有皇帝才有资格。

公元后几个世纪中，罗马城内的托斯卡区开设了专售中国丝绢的市场。2世纪时，丝绸在罗马帝国极西的海岛伦敦，风行程度甚至已不下于中国的洛阳。到4世纪时，罗马史学家马赛里努斯宣称："过去我国仅贵族才能穿着丝绸，现在各阶层人民都普遍穿用，连搬运夫和公差都不例外"。在罗马帝国辖境埃及的卡乌、幼发拉底河中游罗马边境城市杜拉欧罗波，都曾发现4世纪左右由中国丝制成的织物。5世纪以后，罗马境内出土的利用中国丝在叙利亚和埃及织造的丝织物就更多了，杜拉欧罗波北面的哈来比以及西面的巴尔米拉都有大量的发现。

在这种狂热的对丝绸衣服的追求中，拜占庭起到了贯通中西的作用。先是波斯以中国丝绸业为楷模，率先发展起来，这对于一直需要进口大量丝绸的拜占庭产生了新的刺激，于是拜占庭也设法学会养蚕缫丝，以解决原料来源。在查士丁尼统治时期，中国的蚕种从新疆运到了拜占庭。拜占庭史学家普罗科庇斯的《哥特战纪》最早记过此事。说是在552年时，有几个僧侣从印度来到拜占庭，他们迎合查士丁尼不愿再从波斯人手中购买生丝的意愿，向查士丁尼自荐，说他们曾在印度北方的赛林达国居住多年，熟悉养蚕方法，可以将蚕子带到拜占庭来。查士丁尼允许以后，他们就回到赛林达国（这个赛林达国实际上位于中国的新疆境内），将蚕茧带到拜占庭，孵出幼虫，用桑叶喂养，从此拜占庭帝国也知道育蚕了。另据死于6世纪末的拜占庭史学家狄奥法尼斯所述，蚕种是由一个波斯人从赛林达国传入拜占庭的，他的办法是将蚕种放在竹筒内然后偷偷出境，将蚕种在拜占庭孵育成蚕的。总之，拜占庭继波斯、印度之后也能像中国人一样养蚕缫丝了。《北史》记载，大秦国（中国古代对罗马的习惯称谓）"其土宜五谷桑麻，人务蚕田。"当是拜占庭发展起蚕桑业以后的情景。拜占庭贵族所穿的斯卡尔曼琴长袍，就是依据从中国传去的织锦缎模仿而来。

拜占庭皇室成员在亲自把持和垄断丝织产品以后，就不再将上等丝绸衣料仅仅作为自己的服装衣料，而是当作外交礼品，赠送给远近各国的王室，以达到睦邻友好、相互往来的目的。因而使各国上层人士长期以来对丝绸的奢望也因此而得到满足。在罗马市圣·彼得大教堂圣器室内收藏的法衣中，有一件正是拜占庭帝王赠送给查理曼大帝的达理曼蒂大法衣。史学家根据其衣料的质地精良和服装的外观华丽来断定，这一定是拜占庭最高超、最完美的刺绣佳品之一（图4-2、图4-3）。

图4-2 查理曼大帝

通过赠送礼品的形式，拜占庭将东方中国的丝绸传给了西方诸国，从此更加激发起各国人民对东方的向往以及对丝绸服装的兴趣与需要，以致需求的数量在不断增加。同时，拜占庭帝国时期的服装款式、纹饰等也对西方各国产生了重要的影响。当然，所谓的拜占庭帝国的服装款式与纹饰，实际上已经是东西方服饰艺术结合的产物。

拜占庭丝绸面料的纹饰中，主要有几种图案形式：如两只对峙的动物，中间由一棵圣树将他们分开，树下分列动物，这是曾在希腊流行过的图案形式。通过拜占庭服饰图案的传播，中国汉、唐期间非常盛行对鸟纹；相对的动物或两只相背反首回顾的动物组成图案的一个单位，外面环绕联珠纹，在中国丝织品图案中频频出现，其中联珠纹是从波斯传来的；除了这种图案之外，还有骑马的猎手、武士与雄狮厮杀搏斗等。这种骑马猎手以及武士与雄狮搏斗的图案大量出现在中国的丝织品上。考古专家们认为，这些不同的图案，大都起源于美索不达

图4-3 达理曼蒂大法衣

米亚。后来，相继为埃及人、叙利亚人和君士坦丁堡人所模仿和复制；在某些流传至今的拜占庭纺织品图案中，人们还可以看到大型动物的单一形式，有狮子、雄鹰和大象等。

由此不难看出，拜占庭在东西方服装交会中是一个非常重要的角色。东方的丝绸通过拜占庭，为西方人所认识和采用；西方的一些图案又融会在地中海一带服装图案中，而由拜占庭的特殊位置使其大量地传到了东方，影响了东方服装风格的演变。丝织品在服装史中不是孤立存在的，它作为服装面料，成为西方服装重大开拓期不可或缺的因素（图4-4、图4-5）。

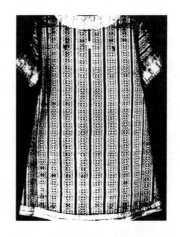

图4-4　拜占庭帝国君王服饰形象　　图4-5　拜占庭时期彼得大主教法衣

第三节　拜占庭的服装款式

拜占庭帝国时期的服装款式很多，可是如果从普通穿着的几种有代表性服装上看，很清楚地显现着罗马传统与东西方服装融会的结果。这些，在历史上都留下了典型的例子。

一、男服

拜占庭男子服装的主流中，有整合式长衣和围裹式长衣，这些是罗马传统的服式，另外，也穿用波斯式的带袖上衣。尽管后者在拜占庭帝国前期还不普遍，但是它已表现出一种趋势。拜占庭帝国的先人们，在几个世纪中，还曾习惯于护腿装束。而至4世纪，就有人根本放弃了罗马时期的这种服式，穿上一双紧贴腿部的高筒袜，下面穿一双矮帮鞋，前部为尖形，带有明显的东方风格。收藏在美国大都会博物馆内的系带靴子，结构鲜明，接缝清晰，这一类多为士兵穿用。民间则主要是矮帮鞋和布袜。这直接导致了欧洲矮帮鞋与长筒袜同时穿用的着装形式的流行（图4-6～图4-8）。

395年，凡达尔人斯提利乔出任东罗马军队的统帅，曾一度成为拜占庭的实际主宰者。从有关艺术形象上看，他穿的长衣基本上是一件长身斗篷，固定斗篷的扣针颇像典雅的罗马式扣针，衣料完全是带有花纹图案的丝绸。斗篷内穿着的紧身衣长到膝盖，腰带略略偏下，这些紧身衣和斗篷被称为衣锁服装，明显带有罗马服装特色。袖口边缘以及衣襟下摆，则是继承了前代传统同时又吸收了东西

图4-6 拜占庭时期伏蒂乌斯大　　图4-7 拜占庭时期西门教派大　　图4-8 矮帮鞋和长筒袜穿着
　　　主教法衣　　　　　　　　　　　　主教法衣　　　　　　　　　　　初始

方服装的特点。综合形象上明显有着希腊、罗马、波斯、印度和中国的服装风格（图4-9）。

　　在中国新疆境内有一些犍陀罗式艺术宝库，如库车附近克孜尔千佛洞，其中的画师洞就因洞中有一幅画师临壁绘图的自画像而得名。图中画师垂发披肩，身穿镶边骑士式短装，上衣敞口，翻领右袒，腰佩短剑，右手执中国式毛笔，左手持颜料杯。铭文中的题名米特拉旦达，是个纯粹的希腊名字。希腊名字和拜占庭服式显示出画师是拜占庭人。中国《通典》记述大秦人"人皆髦头而衣文绣"。《旧唐书·拂菻（拜占庭——今注）传》记："风俗男子剪发，披帔而内袒"，考古学家根据拜占庭政府颁布严禁长发披衣令的时间和《查士丁尼秘使》等古籍记载推断，画师可能是5世纪或6世纪的拜占庭人，而且很可能是在波斯战争中流落到中亚的。中国杜环在《经行记》中追述拂菻人"或有俘在诸国，死守不改乡风"的记载。尽管这样，整体着装形象已经是融合东西传统为一体了（图4-10）。而且这种上衣敞口和翻领的服装式样直接影响了中国中原的服式，致使翻领衣在西方服装重大开拓期之后，几乎遍布了欧亚大陆。

图4-9 罗马统帅奥里略雕像

图4-10 拜占庭士兵服饰形象

二、女服

拜占庭帝国的女服几乎继承了前代所有的服装式样。昔日的罗马斗篷，到了拜占庭帝国时仍被拜占庭妇女所穿用。其中有爱奥尼亚式服装，也有曾经流行过后来又有所改动的紧身衣。

斯提利乔的妻子瑟莉娜的服装形象显示：她穿的爱奥尼亚式服装已经略加改进，罗马式斗篷倒是保留着较纯正的传统风格，脚上一双尖头鞋则明显受到东方服装式样的影响。具有典型拜占庭特点的是那有特色的帽子，两只耳环和由两股合成的一条嵌宝石金项链。

从相当于6世纪的两位皇后着装看，她们的服装都融会了东西方服装艺术特色，同时又向两个方向延伸传播。阿丽娅妮皇后在长式斗篷（即开襟式整合长衣）的周边饰有两排珍珠（图4-11）。其他服装垂片周围也镶有许多大小不等的珍珠。所戴的冠帽正面，也有数颗珍珠加以装点，两侧还悬吊着长长的宝石项链。另一

图4-11 阿丽娅妮皇后服装珠饰

图4-12 6世纪伦巴第公主的皇冠，代表了日耳曼人的艺术风格与工艺水平

位西奥多拉皇后，曾穿着镶满黄金的白色上衣，外套紫色长斗篷上布满了各种题材的图案，其中衣身下方的一个画面上，直接表现了古代波斯王国的僧侣前来朝拜进贡的情景。西奥多拉皇后最亲密的朋友——大将军勃利沙雷斯的妻子安东尼娜，曾穿着紫色的上衣，外面罩以宽大的以红、白、绿三种颜色的绒线刺绣而成的围裹式服装，显示出不同的花纹图案。欧洲服装史学家在总结拜占庭女服的特点时说："一件衣服要表现出多种颜色的结合，这是拜占庭时期女式服装的特点之一。比如，当时有一种白色女式上衣，绣有蓝色花纹；闪闪发光的金色斗篷配上红、绿两色的饰边；绿色上衣又与橘黄色和大红色的斗篷同时穿用；深红色鞋子，用灰色图案加以点缀"。

另外，从这一时期拜占庭女服佩戴珍珠为垂饰的做法来看，在很大成分上不能排除受波斯联珠纹的艺术风格的影响，因为这些珍珠饰件的构成形式大都是类似的模式，只不过珠饰已成立体，而大小相等的珠形相连却是一致的。如果将其纳入到联珠纹中的话，那么这种取之于波斯，又行之于中国的联珠纹，是服装面料交会中的典型产物了（图4-12）。

第四节　波斯铠甲的东传

在各国服装融会之前的交流阶段中，总有一方是较为主动，其流向也是有一个主流的。如中国中原与中亚西亚服装的互为影响，主要是东服西渐，因为丝绸面料已经起到了一个决定性的作用，这种西传的趋势是不可阻挡的。而拜占庭在服装重大开拓时所充当的角色，是向东西方分别吐纳的。由于它本属西欧，迁都到西亚，这就占有一个重要的地理位置，使得它在继承欧洲原有的服装传统时，有足够的影响力和便利的渠道，广泛吸取东方的服装艺术精华。拜占庭人在消化之后，又自然而然地影响了西欧，同时影响东亚。相比之下，波斯国的军服铠甲的对外影响，明显地呈现出东传的趋势。

首先，波斯是很早使用铠甲的国家。公元前480年，波斯皇帝泽尔士的军队已装备了铁甲片编造的鱼鳞甲。在幼发拉底河畔杜拉·欧罗波发现的安息艺术中，已有头戴兜鍪身披铠甲的骑士，战马也披有鳞形马铠。这些马具装连同波斯特有的锁子甲和开胸铁甲，先后经过中亚东传到中国中原。

早在公元前325~公元前299年（中国赵武灵王时），波斯的铁甲和铠环就曾代替了中原笨重的犀兕皮甲。随之，用于革带上的金属带钩也进入了中原地区。铠甲先在军队中形成影响，后传入民间，其中带钩更成为中原人民的时髦装饰。

波斯的锁子甲，或称环锁铠，3世纪时已传入中国。魏武帝曹操之子曹植在《先帝赐臣铠表》中提到过，这种环锁铠极为名贵。382年，大将吕光率大军75000人征伐西域时，就在龟兹看到西域（现中国新疆）诸军的铠甲是"铠如连锁，射不可入"。以后它逐步向中原传入。至唐时，中国人已掌握制造这种铠甲的技术，并在军队中普遍装备。《唐六典》甲制中，将锁子甲列为第12位。

波斯萨珊王朝的开胸铠甲，东传到中国的年代较之锁子甲要晚。从中亚康居卡施肯特城遗址出土的身披这种铠甲的骑士作战壁画、波斯萨珊国王狩猎图中国王的铠甲以及中国新疆石窟艺术中着开胸铠甲武士形象来看，这种铠甲有左右分开的高立领，铠甲一般前有护胸，下摆垂长及膝，外展如裙。它最早当在6世纪或7世纪时传到中国，在新疆军队中流传时间最长。当时东传至中国是毋庸置疑的（图4-13、图4-14）。

西方服装重大开拓期，只是表现

图4-13　萨珊王朝重装骑兵的波斯铠甲

出几个大国和其他诸多小国及民族之间的服装接触情景。从此以后，人类服装摆脱了以往相对闭锁的状况，开始趋向于活跃的流动。而由此交流的活跃，必然决定了服装艺术的更加繁荣。西方服装史自然因东西方文化交流而呈现出新的局面（图4-15）。

服装开拓交流，意味着服装大吸收、大融合的前奏，同时又标志着服装互进的辉煌灿烂即将到来。可以说，它为后代各国各民族服装的大同趋向打开了无数条宽广的路。

图4-14 萨珊王朝步兵的波斯铠甲

图4-15 7~9世纪德国地区的服饰形象

延展阅读：服装文化故事与相关视觉形象

1. 敢在阵前穿红袍的大帝

公元前52年，在阿莱西亚有一场战争正酣，是罗马军团和反抗罗马入侵的高卢人在作战。正打得难解难分之时，突然从罗马军队的山坡上冲下一匹战马，马上的人身披一件非常醒目的红色罩袍。一下子，高卢人不知所措，罗马人精神大振，一举征服了高卢。这个敢于在两军阵前穿大红罩袍的统帅，就是西方历史上赫赫有名的恺撒大帝。

2. 丝绸制的军旗

公元前53年，罗马人还不知道中国的丝绸，而毗邻罗马的安息由于地处丝绸之路上，所以军旗都用丝绸制作。这一年，古罗马执政官率军征战安息，两军激战至正午，突然安息国军队中出现耀眼的军旗。罗马人感到在阳光照射下这些军旗特别绚烂，不知是什么新兵器，一下子阵脚大乱，最终在这场著名的卡尔莱战役中以惨败而告终。

3. 拜占庭君王以丝袍炫耀

拜占庭在中西文化交流中起到非常重要的作用，但是中国的丝绸首先进入拜占庭再进入欧洲，也使拜占庭帝国有了许多可炫耀的优势。有一次，帝王接见外国使者。他先是穿着华丽的丝绸袍子坐在宝座上，后当使臣叩拜之时，他竟又换了一件丝绸袍子，以使外国使节眼花缭乱，更加不敢冒犯拜占庭。

4. 丝绸与黄金等价

中国丝绸之路使罗马人认识了中国的丝绸。尽管当时是源源不断地运抵罗马，但还是满足不了罗马贵族的需求。丝绸价格等同于黄金，罗马要用大量的资金进口丝绸，一下子出现了富足国家的财政赤字。于是，元老院发布了禁令。未想到，首先出来抗议的贵夫人们，结果禁令被迫废除，人们越发地购买中国丝绸了。

5. 古罗马以紫服为贵

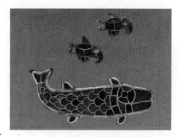

古罗马时以紫色为贵。据说，地中海有一个古国南海岸上一种贝壳，叫"姆利克斯"，能分泌白色的奶油状的液体。如果将其涂在布上，就会变成紫蓝色、紫色或紫红色。9世纪时，迦南被希腊人称"腓尼基"。腓尼基即意为紫红之国。罗马帝国时代，紫色曾为专用于帝王之家。

图4-16　6世纪阿内贡达王后的肩带饰牌

6. 饰牌与饰针形象留存（图4-16~图4-19）

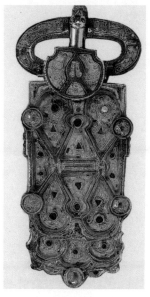

图4-17　阿内贡王后的肩带饰牌　　图4-18　6世纪蛮族长饰针　　图4-19　6世纪蛮族有柄饰针

课后练习题

一、名词解释

1. 拜占庭服装

2. 波斯铠甲

二、简答题

1. 拜占庭在丝绸西传中的作用是什么？

2. 波斯铠甲东传的依据是什么？

第五讲　服装融合互进

第一节　时代与风格简述

　　7～11世纪，丝绸之路贯通欧亚大陆，并结出硕果。与此同时，在现今欧洲界内进行着民族之间的长时间的战争。其中早先侵入不列颠的凯尔特人（高鲁人）被以后侵入的凯尔特人追赶到不列颠诸岛的穷乡僻壤或是逃往今天的爱尔兰和苏格兰的边远地区，成为后来的威尔士人。不断向易北河、莱茵河流域进发，曾一度越过波罗的海，沿维斯瓦河谷由北向南而下，后再次向东进发的日耳曼人，在这一时期以前就到达了黑海一带。在这种混乱局面中，西亚的匈奴人也以其慓悍的性格和武装实力向东欧挺进，击溃了一些日耳曼人，最后又被几个民族的联合军队所击败，匈奴人中的一部分从此混居在欧洲各民族中。在加速罗马帝国灭亡的战争中举足轻重的条顿人，陆续于4～6世纪重新定居在欧洲大陆的大部分地区。东进到达黑海地区的一股，就是闻名于世的哥特人。一部分哥特人占领了今天的意大利的大部分国土；另一部分哥特人则在阿拉利克的率领下，威逼和攻打了君士坦丁堡。在征服西班牙以后，他们便开始在这大片土地上享有主宰者的最高权力，一直到伊斯兰人征服他们为止。向西流动的法兰克人在莱茵河以西成立西法兰克王国；阿利马尼亚人和撒克逊人成为当时德国一带的主要民族。在这连续几个世纪的战争与迁徙之中，欧洲和北非一些地区被条顿人占领，如其中的汪达尔人占领了意大利北部，而不列颠的占领者是盎格鲁—撒克逊人和米特人。

　　服装的融合就在这些混乱中进行，但它实际上也标志着服装史上一个波澜壮阔的时代。在此前期，近千年并跨越欧亚大陆的丝绸之路曾给人类服装发展带来了意料不到的辉煌。而各国之间你进我退、我进你退的战争局势也促使服装演化基本上呈持续前进又相对稳定的状态。但是，进入这一时期的后期，一件跨越欧亚的长达200年的大事件，却是以血雨腥风伴随着服装的相互促进的，那就是中世纪宗教战争。战争本意是残酷的，可是当那些将士在领略了异地的自然风光与民俗之后，不自觉地将视线转移到服装上。这些尽管在历史书上被认为微不足道，可在人类文化和西方服装史上却是件大事。

当时的教堂建筑也别具一格，带有强烈的宗教意味，被人们称其为"哥特式"建筑，并为历代人所认可。无论是出于偶然，还是必然，任何人都无法否认哥特式建筑艺术与那一时代服装艺术的亲缘关系。服装史上的融合体现，正值拜占庭文明中期和欧洲中世纪，相当于7～14世纪。在这一历史时期内，世界上大部分地区，发生了翻天覆地的变化，其中发生的重要事件很多。与此相关的是，服装发展也突飞猛进。由于各国各民族之间的交往活跃，致使服装款式、色彩、纹饰所构成的整体形象日益丰富、新颖、瞬息万变；服装制作工艺水平也大幅度提高。

服装连着朝代的兴亡明灭，裹挟着历史风云，在服装发展的这一时期，交流、融合与促进，颇有历史意义的在服装演变史上创造着新局面。

第二节　拜占庭与西欧的战服时尚

这一时期，战火仍频，因而许多服装都与战争有关。不管是百姓日常的着装，还是帝王临朝听政，一袭战服是司空见惯的。这里所谈到的战服，是指服装风格。就是说，在这一历史时期内，由于常年战乱，人们的常服在很大程度上受到战服影响。加之罗马人一贯英勇善战，帝国所征服的很多地区，都自然地吸收了罗马的服装风格。罗马的服装即使非战士所服，也是利于作战的，这一点决定了当时欧洲以及地中海一带战服的普及。

一、紧身衣与斗篷

紧身衣，曾被作为罗马帝国时期充分体现英武之气的服式出现。6世纪时，罗马皇帝加斯蒂尼安的紧身衣，已是全身上下布满了黄金装饰，力求在不失勇士风范的同时，又显示富有和权威。到了11世纪时，拜占庭帝国皇帝奈斯佛雷斯·波塔尼亚特，身着更为庄重典雅的紧身衣。它由最别致的紫色布料制作而成，周身用金银珠宝排成图案，使帝王在威严之中显露出高贵，而在奢侈之中又未丢掉其英武之气。

拜占庭帝国的服装，在相当程度上保留着英勇善战的风貌。尽管他们后来已经移居西亚，但其服装传统仍然保留了欧洲服装尚武的风格。拜占庭服装中，除了典型的紧身衣在这一时期向高水平发展之外，其他如斗篷、披肩等也有程度不同的提高。在罗马帝国对外国强制推行罗马文明进程中，紧身衣与斗篷几乎遍布了西欧（图5-1）。

英格兰至北部偏僻地区居住着不列颠人。据一位古代著作家贺罗迪亚努斯记载，早期的"不列颠人全然不懂得穿衣服的重要性，他们唯一的服装就是腰间和脖颈部位佩戴的铁链，与其说铁链是装饰品，不如说它是富有高贵的象征；他们在裸露的身体上，涂上一层杂色相配的种种画面，表现出各种野生动物的形象。因而，身着衣装自然显得无关紧要，结果这些活泼可爱、栩栩如生的动物形象永远露在外面"。就在罗马企图吞并不列颠岛的长达200年的战争中，人们已将紧身衣作为战服甚或常服。罗马一位历史学家凯希斯·迪

图5-1　5～10世纪，东罗马帝国的士兵

欧在描述英格兰不列颠岛反击罗马的女英雄时，曾写道："就其本人，勃迪希亚身材高大结实，强壮有力，两眼炯炯有神；她的言辞尖锐有力，颇具说服力，很有煽动性。她棕色的浓密长发垂落于腰部以下，颈部佩戴金光闪闪的大项链，身着五光十色的紧身衣，显得英姿飒爽，飘逸俊秀，最外层是一件厚厚的短式斗篷，以饰针固定。"

罗马人征服英格兰以后，罗马历史学家斯特拉斯对人们的服装曾加以新的描述："在正式场合，国王、大臣和贵族成员通常要穿衣长至脚踝的宽松外衣，外面再披上一件斗篷，用饰针将斗篷固定于双肩或前胸。服装的下部和周边饰有金质镶边，或者是五颜六色的大花图案……士兵和普通百姓穿的是紧身套头衣，长至双膝。一件斗篷披于左肩，但固定于右肩；斗篷的周边也同样镶有金边。平时，国王和贵族成员的衣着装束与平民百姓的很相近，只是在装饰方面略有增添，稍微讲究一些。从外形看，这种衣服很像裙衣，要从头部套下来。但是，底边的装饰随着历史的演变而有所不同，较为富有的人，在衣着装饰上比较讲究，常以珍珠和红绿宝石装点自己的服装"。

随着日耳曼人陆续占领西欧，罗马人在西欧大陆上传播罗马文化逐渐衰落下去。但是，紧身衣和斗篷的着装形象，仍然被西欧人所保持着。以至中世纪初期，男女服装主要是由内紧身衣和外紧身衣构成，尽管衣身的长短随着装者身份和场合而定。在紧身衣外面，再罩上一种长方形或圆形的斗篷，然后将其固定在一肩或系牢在胸前（图5-2）。

大英博物馆收藏的一部手稿，里面有劳瑟雷皇帝的画像，他身穿短式紧身衣，外套一件锁紧衣口的罩衣，最外面是一种镶金饰银的斗篷，上面不仅有刺绣花纹，

图5-2 法兰克国王查理的服饰
形象

图5-3 劳瑟雷皇帝在画像上的
服饰形象

而且还装饰着一些红蓝宝石。固定斗篷的那枚饰针，格外漂亮别致，恰好与皇冠上的涂金以及珍珠宝石交相辉映（图5-3）。在这部手稿的同一页上，还有一幅画面，是一位身带乐器的男人形象。他上身是深绿色紧身衣，衣袖很细，紧紧地贴着双臂，臂肘以下表面呈现皱褶。镶嵌金银的红色斗篷，以金质纽扣固定在左肩，比劳瑟雷皇帝的斗篷要略长一些。在表现下层人物形象的插图中，有一位牧羊人，他身着长袖紧身衣，腰间系着带子，外面披着粗毛呢料的斗篷，固定于右肩。另一幅画上是两个男人，身穿长过膝盖的紧身衣，一个人衣袖较短，另一个人的衣袖却很长。这两件紧身衣都是圆形紧式的领口，衣襟缝位于身前中央部位。这几幅画面上处于同一时期但属于不同阶层的人物形象，说明了当时服装款式差异不大，只是以上面的佩饰质料以及服装面料的高低来区分等级。

盎格鲁—撒克逊人，生存于460～1066年，恰恰是服装史上的服装互进期。从这个民族的服装风格上，可以明显看出战争对于服装风格的确立和变异，都是十分重要的。撒克逊人原是日耳曼民族的一部分，入侵英格兰后得名撒克逊人。他们对战争极感兴趣，战争就是他们终生的信仰。撒克逊人有一个奇特的观念，认为一个人如果寿终正寝或者因病夭折在家乡，那将是极不光彩的事。而对那些智勇双全、顽强果敢、不怕牺牲走上战场的人，才表现出高度的尊敬和无限的钦佩（图5-4、图5-5）。

图5-4 9～11世纪德国地区的服饰形象

图5-5 11～12世纪德国地区的服饰形象

在内维尔·杜鲁门撰写的《欧洲服装史》中，引用了一位名叫沃尔特·斯科特作家的描述："盎格鲁—撒克逊人的贵族有着长长的黄发，并将头发均分为二，垂到眉毛部位，往下梳落到双肩上。他们穿森林绿色的束腰紧身长衣，在领子和袖口处整齐地镶上白毛皮或松鼠皮。这件紧身衣没有纽扣，穿在一件深红色的贴身衣服以外。并穿着骑马裤，裤长不低于大腿的底部，允许膝盖外露。脚上穿着与农民鞋式相同的鞋子，但使用较精良的材料。鞋前面用金质扣子扣紧，臂上带有金镯，脖子上戴有贵重金属的宽项圈……身后披着一个紫红色的斗篷并镶以毛皮，戴一顶同样华丽的刺绣帽子（图5-6）。"

图5-6 《两位爱侣故事》中男女服饰（作于15世纪的佛罗伦萨木刻印刷插图）

从取自撒克逊人的一部手稿中，能够看到11世纪的男子着装形象。带袖紧身衣的上半部，在裁剪与缝合技巧上，更加趋向于适中合体。下方则趋向宽松，腰以下部位好似裙衣。领口饰有刺绣丝带，裙衣部位除了刺绣饰带以外，还有整朵的花纹。

作为王室成员的一种庄严象征，一些上层社会的男士继续穿着长长的紧身衣，长衣之外，再披上一件大斗篷，并饰以金饰扣将斗篷固定于右肩。紧身衣与斗篷共同构成配套服饰，是带有尚

图5-7 当年王公服饰形象

武精神的服装。它早期为上阵的勇士所服，后来则遍及于各阶层人士之间。后来装饰得更加富丽堂皇，但紧身衣所显示的尚武精神不变（图5-7）。

二、腿部装束

无论是裹腿，还是裤子、长筒袜，欧洲男人总是将腿裹得紧紧的，显得一副骁勇的劲头儿。而且，这种显露下肢肌体结构的装束，为欧洲男性着装形象的特征之一，与东方着装形象形成根本区别。

早在1～3世纪时，欧洲人的裤型已经表现出较其他地区更为先进的趋势。现收藏在荷兰霍尔斯特博物馆中的一套男式服装，分为衬衣和裤子。这套发现于德国境内的托尔斯堡沼泽地区的服装，引起世界有关人士的瞩目。因在面料上的

菱形条纹十分新颖，服装的裁剪方法也独具匠心。其中裤子立裆部位的适体程度十分惊人。裤腰部位的新型裤带打上一个活结，大大方便了每天的穿脱。而裤管的末端另接出一段，以至将脚背完全覆盖。这说明不仅仅是裤子，而是十分适体的裤子出现在欧洲，是较早的具有一定发展基础的服装款式。

盎格鲁—撒克逊人的男子，日常生活中双腿裸露。装束打扮时，即习惯于腿上缠布或系上一副挺实坚固的护腿，覆盖于两膝之上（这是古代战服的遗痕）。

8～11世纪，欧洲男子的腿部装束，流行三种不同的服装，即裤子、长筒袜或短袜、裹腿布。

裤子分衬裤和外裤。衬裤的布料由亚麻纤维织成，为上层社会成员所专用。其裤管长至膝盖部位，有的略上，有的则略下。外裤的历史实际上很久远，只不过到中世纪初期时，仍被人们沿用下来，但在款式上有些变化，如长大而腿部有开缝的痕迹。上层社会男子多用羊毛或亚麻布为质料，普通百姓则主要是用羊毛粗纺的布料。这一时期的男式袜子有长、有短，但是，袜筒一般总要达到膝盖下方。长筒袜则更长，由于着装者上身为紧身衣，因而有时长裤和长筒袜的实际效果近似，一时难以分辨。从有关形象资料上观察，袜筒的面料一定很挺括，有的上部边缘可以翻卷或紧束，有的则镶或直接绣上花纹。短筒袜高至小腿部位。还有一种更短的袜子，略高于鞋帮。穿着时，裤子与长筒袜或短筒袜可同时并用。裹腿布作为战服的一部分，仍在这一时期保留着。裹腿布的宽窄不同，但是缠绕的情况以及上端部位的扣结表明，每条腿是用两条裹腿布绑裹。这些裹腿布大多用羊毛或亚麻织物，也有的是用整幅皮革制成。一般来说，在野外从事重体力劳动的人，特别是骑马的人，只在腿上包一块长形布，以使腿部免受伤害，而王室成员的裹腿布，则要以狭窄的布条在缠裹上做出折叠效果，以显示尊贵。不管是哪一阶层的人都用裹腿布，本身即说明了战服在这一时期中仍被人们喜爱，并在一般常服中占有重要位置（图5-8）。

从几幅8世纪的大型壁画上看，前述劳瑟雷皇帝的紧身衣与斗篷之下，就穿着深红色的长筒袜，然后再以金黄色的裹腿布由脚踝一直裹到膝下，再下是一双金色的鞋子。同时期的人有的穿着朱红色裤子，裤管直覆盖到双脚；牧羊人则是橄榄绿的袜子、黑色鞋子；或是浅红色筒袜配灰色鞋子。仅此几例便可看出红色腿部装曾流行过一段时间。

圣盖勒大修道院的一位修道士，有机会记载了查理麦尼时期的法兰克人的

图5-8　14世纪法国男式腿部装束

衣着装束。他在描写其腿部装束时，也特意提到了红色长筒袜，这也是由亚麻纤维织成的。穿时用长带束紧，外面是一双靴子，也用红带牢牢系紧。

查理麦尼的孙子查理斯·巴尔德，是843～877年的法国国王。他当年的长筒袜也是深红色的，由很窄的金丝带交叉系牢，再向上覆盖到双膝。当然，这种金丝袜带只有王室成员和牧师才可以享用。侍奉查理斯的仆人们，也是穿着合体的裤子和长筒袜，最外面套上一双短筒靴子，靴筒上缘翻卷过来，恰好位于小腿肚。

10世纪时的盎格鲁—撒克逊人喜欢穿白色的长筒袜，配棕色鞋子。有幅画上描绘了10世纪时的一位英国国王，一条长长的亚麻布或者羊皮做成的裹腿布，由下往上紧紧地缠到膝盖部位。

11世纪的意大利人，在许多方面深受拜占庭帝国的影响，服装式样也自然效仿拜占庭。那不勒斯附近的圣安基罗大教堂内有一幅大壁画，画面上的所罗门国王，不仅穿着紧身衣，而且两腿满是大花图案，看上去可能是长筒袜，脚穿一双高勒皮靴。

德国的国王亨利二世，在金黄色紧身衣外，披着蓝色斗篷，下身也是大花图案的长筒袜。同时，从很多画面上的人物形象来看，紫色大花长筒袜，其袜带以交叉形式对称系牢在袜筒上，然后再配上镶满金箔的鞋，这几乎是当时流行的上层人士腿部装束。这些装束无论何等富丽，如镶满宝石、珍珠等，但其紧裹这一形式本身，却是完全具有战服特色的。一则裹住下肢，是急装的必要形式；二则裤、袜以至靴形适体，也体现出战士的英姿（图5-9）。

图5-9 德国国王亨利二世的服饰形象

三、佩挂武器

在威严的战服配套中，帝王们总要以手执或肩佩武器来显示勇武，这一点明显区别于东亚各国。因为东亚文武官职的着装形象是有其明显区分标志的，除武官外，文职官员有时佩剑，但帝王一般是不佩任何武器的。

欧洲帝王手执或肩佩武器相当普遍，以至形成风格。如大英博物馆藏品中的劳瑟雷皇帝的画像，其身前斜佩一只宝剑，剑柄在右肩，剑鞘插向左下方。剑身的中间一段被掩在斗篷里，剑柄是三叉形的，剑鞘上则镶嵌着宝石等饰物。劳瑟雷皇帝不仅左手握住剑鞘的中下段，而且右手握着一根权杖。权杖挂在地上，君王的威严英武之气通过紧身衣、斗篷、裹腿和武器等一系列服装显示出来。看上去，地位显赫，有着武士所具备的气势。

曾有一位名叫爱因哈德的作者，他在描写他的主人——法兰克人领袖查理麦尼时说："以前，查理麦尼通常喜欢身着本民族服装，也就是说，法兰克式服装：贴身的是亚麻布衬衣、亚麻布裤子，外面是紧身衣，用穗状丝绒镶边；袜筒由带子系紧，下端将脚面和鞋子完全覆盖。冬季到来的时候，他经常穿一件水獭皮或貂皮上衣以御寒。最外面，他总是披上一件斗篷，腰间佩戴一把金柄或银柄宝剑，以此显示自己的权势和威严。"这里也谈到了佩挂和手握的武器。还有人佩戴着匕首，都有皮制的刀鞘，上面同样镶满红、蓝宝石。

第三节　华丽倾向与北欧服装

在整个服装融合互进期内，拜占庭和欧洲的战事虽然没有停歇过，但这丝毫也不影响上层人士着装上的奢侈倾向。尤其是上层社会的妇女们，正是在战乱引起的迁徙和错居中，得以了解和模仿新奇的服装，从而将自己的服装制作得异常华丽。

国王和王后的王冠，常以珍珠和红、蓝宝石镶嵌图纹，这自不待言。在拜占庭时期，即使是没有勋爵的富翁阶层的常服，也以镶珍珠、玛瑙、金银和宝石为时尚。在大英博物馆里，至今展有7世纪银镀金、金丝和石榴石的带扣（图5-10）。

9世纪，欧洲几个地区的妇女都以内穿紧身衣，外穿宽松长袍，再在外侧披一件斗篷为常服配套方式。这一时期的女式斗篷，已习惯从头顶披下来。有一幅画描绘了宫廷中贵妇的常服：身穿一种衣边饰金的长衣，衣缝周边和袖口边缘，是金丝刺绣并镶有珍珠、宝石的窄长的带子。在色彩上，上层妇女的服装，通常都是几种颜色相配在一起的，异常鲜艳而又和谐。其中有白色镶金的斗篷，里边衬着红色镶金的长袍；玫瑰色的长衣之外披着一件浅绿色斗篷。斗篷由于是从头顶遮下来，所以头饰难以看清，但是长垂至肩的耳环，还是从斗篷里露了出来，是那种由四个圆环相交连接起来的耳环，下端还镶嵌着垂饰物。其所戴的金镯，看上去显得沉甸甸

图5-10　约7世纪的英格兰带扣

的。另外，尖头鞋的鞋面镶嵌着宝石等珍贵饰品。这些宫廷与贵族妇女的打扮，表明这是服装朝着装饰化的方向大步前进，从而推动了服装的美化与奢侈追求（图5-11）。

10世纪的女式斗篷，绝大部分是一种无袖外衣的样子。穿用时一般要从头部套下去，穿着后的效果，有如帐篷一样，从头到脚。待将面部露出来时，头前、胸前的衣服就那样拥着，胳膊也需要找到一定的开口处，才可能伸出来。有时，妇女的头发由一块细长而轻盈的纱巾覆盖，纱巾的两个端头下垂于背后，甚至一直拖到脚部。

11世纪的男子服装，常常是缝缀着大小宝石，更不用说贵族妇女了。当年日耳曼王国的卡妮干达皇后，是亨利二世的妻子。她曾身穿紫色外衣，外衣的底襟延至小腿中部，两只衣袖自臂肘以下突然变得宽大起来。外衣的周缘缝着金丝刺绣花边，上面满是亮晶晶的宝石，光泽耀眼。腰间的束带是金黄色的，面纱是红色的，镶满宝石的王冠和贴着金箔的鞋子，使她仿佛笼罩在一团金光之中。

在一幅描绘日耳曼一位皇后的画像上，皇后穿着玫瑰色的内衣，外衣袖从腋窝开始异常宽松肥大。她穿的斗篷很可能是一种流行式样，即绿色长斗篷周边饰有毛皮。这充分说明，妇女也同男人一样，欣赏和偏爱柔软光洁美丽的兽皮饰边。

当年妇女着装，比较喜爱蓝色长衣，而且蓝色衣料上还有红色圆环的花纹，花纹的周边再镶绣金色的花边。有的以毛皮衬里的斗篷则是鲜红色或绿色的。日耳曼人长袍上喜欢刺绣拜占庭式的精美图案，相比之下，英格兰人自那时起就讲究服装风格的庄重典雅、朴素大方，不一定像日耳曼人那样华丽。总之，各种钻石和宝石被大量地在上层社会服装上使用，而拜占庭金属首饰的工艺水平尤其高超，包括权杖装饰在内的饰品，如戒指、耳环、手镯、别针、皮带扣等设计和制作得相当别致。这些连同战服时尚都对北欧、东欧产生了影响（图5-12）。

北欧人，主要指当年的挪威人、瑞典人和丹麦人等，从8世纪开始向外扩张侵略，有些往往从事海盗式的袭击、抢掠活动。他们依靠过硬的航海技术，加之无所顾忌、顽强战胜艰难险阻的精神，使得其殖民地愈益扩大。9世纪末，他们将发现的冰岛也列为自己

图5-11　约9世纪中期盎格鲁—撒克逊王后的戒指

图5-12　约13世纪早期法国珐琅彩权杖头

图5-13 北欧人服饰形象

的殖民地。瑞典的冒险家们乘坐木船，沿着欧洲大陆的几条内陆河流向东挺进，穿过今天俄罗斯的大片国土，最后到达黑海和君士坦丁堡。还有一部分北欧人，到11世纪中期，彻底征服了南部意大利；11世纪末，又将西西里岛归入了自己的统辖范围。

北欧人到达东方以后，积极鼓励并发展丝织业。到了11世纪末，这里出产的大量丝绸，以金丝花纹图案为主的纺织品以及多种多样的服装设计，都融合或体现了各国的长处。这些都对后世产生了重要的影响（图5-13）。

北欧人的基本服式仍是紧身衣，衣长直至膝部。通过采用装饰花边，并使用黄金装饰，使单调的服装有所变化。而披着的大斗篷增加了装饰，然后用一个结实的、常常是精心设计的胸针系紧。胸针可以是贵重金属，也可以用一般材料，因阶层而异。衣服镶着的皮条或衬着的衣里，可以由貂皮、松鼠皮和兔皮等制成。

由于北欧人原居住地气候寒冷，他们喜欢留长发。女性的长发有时编成辫子，有时就在身后飘拂着。挪威的吉尔人喜好红发，为此常把头发染成红色。从出土遗物中发现，人们当时已用颜色鲜艳的兽毛（鬃）或丝作为假发。

另外，俄罗斯等东欧国家的服装，在11世纪和12世纪时也已经具有独特的民族风格。这些地区的服装基本上与欧洲的服装发展是同步的，只是其衣、帽、靴上的刺绣花纹，在民间始终保持着装饰性的特色。

第四节 中世纪宗教战争对服装的影响

11世纪，宗教复兴和对近东贸易的开辟，使欧洲人对去地中海乃至西亚产生了浓厚的兴趣。

战争是残酷的，但是，军士们所到之处那些异邦的文明，特别是地中海一带的古老文明，使将士们受到了极大的启发。各国人民穿着的服装，给欧洲人留下了深刻、形象的感受。那些精美的纺织面料、珍珠宝石以及刺绣艺术和服装款式，对后来西欧服装的演变和革新产生了巨大而深远的影响。

由于这场持续战争的主力是骑士，因而骑士装也曾在欧洲中世纪时流行。它既给予各国非骑士阶层以模仿的形式，同时在吸引各国服装风格的过程中，也因逐渐变化而显得更为丰富多彩了。

一、骑士制度与骑士装

骑士，虽然在古罗马时曾以骑兵队——转以放债、包税、经商为业而成为一个阶层。但是，古罗马的骑士是要以拥有40万塞斯太提乌财产才可以取得资格的。它不同于中世纪的骑士。

11世纪时，骑士制度产生。中世纪宗教战争开始以后，骑士教育被严格执行。一般来说，统治阶层内的最低阶层的孩子可以在7岁时送到上层统治者家中做夫人的侍童，14岁时充当其最高主人的侍童，21岁时，通过典礼可以被授予"骑士"称号。教育内容为道德、礼节和"武士七技"（骑马、游泳、投枪、击剑、打猎、下棋、吟诗），并进行宗教教育。经过特殊教育之后，骑士们变得温文尔雅，体现出中世纪的最高理想和它的一切美德。这些准则的根源主要来自日耳曼和基督教的影响，在骑士的发展过程中，撒克逊的影响也起了一定的作用。骑士制度规定：一个理想的骑士，不但需要勇敢、忠诚，而且要慷慨、诚实、彬彬有礼，仁慈地对待穷困和无依无靠的人们，并鄙视一切不义之财。而且，一个无懈可击的骑士，可能首先是一个无懈可击的情人。骑士的理想是把对妇女的崇高的爱情变成一种带有种种礼节的真正的偶像崇拜，血气方刚的青年贵族们必须小心翼翼地遵守这些礼节。骑士制度还要求骑士负起随时为保卫崇高的事业而作战的义务；特别是作为教会的战士，必须有用剑和矛为教会的利益而战斗的义务。

骑士制度盛行于11～14世纪，后来因欧洲封建制度解体和射击武器的广泛使用而渐趋没落。

一提到骑士和骑士装，人们就容易联想到西班牙作家米盖尔·德·塞万提斯笔下的堂·吉诃德。当然，堂·吉诃德仅是一个读骑士小说着迷的人，一心想用骑士行侠的方式来锄强扶弱。堂·吉诃德的形象，是具有讽刺性的，是中世纪风靡一时的社会思潮走向衰亡的化身。堂·吉诃德从地窖里找出的那套曾祖父曾穿过的真正骑士头盔铠甲，有着典型形象的意义。书中写道："他头一件事就是去擦洗他曾祖父传下的一套盔甲。可是发现一个大缺陷，这里面没有掩护整个头脸的全盔，光有一只不带面甲的顶盔。他巧出心裁，设法弥补，用硬纸做成个面甲，装在顶盔上。就仿佛是一只完整的头盔。"作者所勾画出的一个滑稽的骑士服饰形象，给人们留下了很深的印象。

有必要提一下堂·吉诃德的原因在于，塞万提斯小说写于1605年，也就是骑士制度行将衰落阶段。因此，堂·吉诃德的服装虽说可以作为参考，但堂·吉诃德式的沉溺于幻想、失去理性的整体形象是作者有意讽刺某些企图维护骑士制度的人和当时社会。讽刺就难免有所丑化。在骑士制度兴盛时期的骑士风度与此不同，那是颇为风流倜傥的。伴随着骑士的是忠诚、冒险、奇遇和浪漫，伴随着骑士装的则是锃亮坚硬的铠甲和纹饰华丽的刺绣。

骑士们的战时服装，头上是一个能把头部套进去，以保护头颅和鼻子的金属头盔；一副由铁网或铁片制成的从肩部直至足踝的分段金属铠甲，并分胸甲和背甲。

图5-14　全套骑士装

图5-15　典型的骑士铠甲的衬垫

有时候，在胸外再套上一件有刺绣花纹的织物背心，所绣图案和盾牌上的徽章图案相同，并有军衔标志，以显示身份。这种背心被称为柯达。另外，骑士要每人佩一只剑，并手握一支长枪和一个长尖形的盾。《堂·吉诃德》书中描写一心模仿骑士的堂·吉诃德就是"浑身披挂，骑上驽骍难得，戴上拼凑的头盔，挎上盾牌，拿起长枪……"除此以外，正式的骑士还要配备一名仆人（堂·吉诃德就永远带着仆人桑丘）。因为这些装备一般只有在作战时才穿戴起来，所以平时交给仆人背负。骑士的坐骑上也披挂着与服装同样图案的刺绣织物。这些绣或绘的图案，只是起到炫耀身份和标明军衔的作用，而绣绘上图案的衣服和器物，其实用性还是相当强的。盾牌是防御武器自然不用说，坐骑上的织物也是为了避免服装和马鞍的过度摩擦，垫上后可以使骑者感到舒适。至于说那件套在铠甲外的织物背心，则可保护铠甲不受雨淋，从而防止生锈，同时还可以避免阳光直接照射到金属铠甲上迅速传热，或发出刺目的闪光而有碍视力；或因走路发生金属与金属摩擦、撞击而发出的刺耳的噪音（图5-14）。

骑士装的铠甲内也要有衬垫。它不能是轻而薄的，它必须以多层布重叠缝纳、制成布甲式的衣服，才可能使身体在承受金属铠甲和武器时略感到轻松、舒适一些，并适当起到防护刀枪的杀伤以及防止寒风侵袭。这种衬垫不仅包住肩部和胸部，它几乎是一件上衣，一件纳缝起来的厚厚的上衣（图5-15）。骑士铠甲中的衬垫，也可以在不穿铠甲时单独使用，这就导致了以后男子紧身纳衣的流行。

当年的艺术作品中，曾留下英国骑士受封晋爵时的场面，当然其服装也就为今日的研究提供了形象的资料。在那庄严隆重的时刻，骑士们穿用的大体是一件长及踝骨的紧身衣。领口有胸花一类饰物，有的是扎一条长方形领带。腰间束上一条腰带，并佩戴一只宝剑，这是国王恩赐的最珍贵的礼物，是晋升的荣誉象征。为骑士们驾驭坐骑的便利，骑士的靴子上还配备有一对刺马针。发式则是13世纪欧洲男子的典型式样：长短适中，除两侧头发之外，其余全部梳向脑后，直至后领部位，头发的末端一律做成水平的发卷，贴在头部周围。此外，有些骑士还精心梳理起漂亮的胡须（图5-16、图5-17）。

图5-16　13世纪骑士头盔

图5-17　14世纪骑士头盔

二、骑士装引起常服效仿

到14世纪，骑士的铠甲材料已经完全变成了薄板式金属。这一变化当然要求对铠甲内外的服装加以调整，以使其能够适应新的铠甲。金属板铠甲比较贴身，并且清楚地显露出各处的接缝和边缘。于是，衬在铠甲里面的紧身纳衣，需要剪裁合理以求贴身适体。由于两腿也是分段的金属铠甲，所以长筒袜更加显示出其功能的合理性与外观的健美性。以后，当骑士们不再穿铠甲的时候，紧身衣和长筒袜越发显得潇洒自如，灵活而又大方，一时成了男装的标准样式。

现存一件最精巧美观的紧身纳衣，是1367年查理斯·布罗伊穿用的。收藏于法国里昂的一家历史博物馆内。根据实物在参考文字可以概括出，这种服装大多用天鹅绒做面料，有的也采用洁白丝线织出的锦缎。衣服表面一般都有华美精致的刺绣花纹，如金光闪闪的雄狮图案或雄鹰图案，图案周围圈以八角形的外环。有的则织绣出着装者家族的徽章（族徽）。衣服里面的衣料一般为亚麻布，夹层中用棉花、羊毛或碎麻来填充。填充之后为了使胸部挺起，并为了防止填充料下滑移位，所以仍需要通体纳缝。纳缝的纹路以符合人体结构和适于活动为标准（图5-18）。

服装各部位越是合身适体，越紧贴躯干和两臂，越

图5-18　影响到民间的紧身纳衣

是适于人体活动。由于衣服紧瘦又要穿脱容易，并便于大幅度活动，所以衣身的开襟处和袖子的肘部到袖口处，出现了密密麻麻的扣子。前襟的扣子一般为30～40个，袖子上的扣子多的达二十余个。贵族的衣扣多用金质或银质，以显示豪华与尊贵。

与此配套服装的是紧裹双腿的裤袜。为了将长筒袜系牢，可以在上衣的里面缝缀细带或饰针。穿着长筒袜时，用上衣的细带或饰针将长筒袜上端连接系牢。

从这种紧身纳衣演变来的服装款式，是用更多的填充物使肩、胸的造型变得更加突起。有时为了使肩到上臂的袖子上部更加膨大，要在这个部位重点填充，而腰部则以革带使腰身收紧，以此来强调男性的宽厚的肩部、胸部和窄俏的臀部的壮美。不仅面料考究，有的衣服上还用毛皮装饰，使着装者更显得高贵气派（图5-19）。

在这种服式兴盛以后，又出现了一系列与此相关却又独出心裁的服装款式。如14世纪中期，一些追求时髦、讲究穿戴的男性，要在紧身纳衣外再穿上一件比早先传统紧身衣更为短小的紧身衣，而且紧身衣在胯以下展现出裙子的动势，

图5-19　影响到民间的填充式服装

图5-20　德国16世纪前士兵的紧身纳衣

其整体造型类同于现代时装中女性的连衣百褶超短裙。在更为时髦讲究的人中间，开始流行一种更为短小的紧紧贴身的紧身纳衣。衣袖取齐于臂肘，而臂肘以下却是几条长长的围巾垂落到双膝。由于衣身越来越短小，因而下肢的长筒袜必须越来越长。于是，一条系在臀部或胯间的带子应运而生。由于带子可以很宽且露在外面，所以一时成为人们在全身装束中最费钱的佩饰。发展到极端时，人们为了佩上高贵奢华醒目的饰带，不惜花上一大笔财产，甚至牺牲掉家里的房屋、田产和牲畜，用复杂的刺绣和贵重的宝石来装饰这种带子。

当然，紧身纳衣的发展趋向也不仅限于更加紧身，同时有些向宽松厚大发展的趋势。填充物更为夸张的结果，使服装整体形象具有一种立体的美感（图5-20）。由于衣身宽大，所以纽扣没有必要再像以前那么多，袖口的形式也逐渐消失了。在此之后，上衣演变为长衣，袖子更加宽松，以至出现了大喇叭袖，袖长有时可以曳地，袖口处还做成规则的长短不齐的花边。

再有一点，由于骑士们以手套掷地表示对仇敌的轻蔑和挑战，而对方拾起手套则表示应战。一时，意大利、西班牙和法国等国的手套业都兴旺起来。在此基础上，手套的种类与样式层出不穷，最高级的是各种羊皮手套，上面还缀上宝石或刺绣花卉。除了手套以外，骑士的短剑和短刀，也都成为时髦男性服饰形象中的重要佩件。

三、东西方服装的必然融合

这场宗教战争中，将士们有必要规定出某种标志，以便于在战斗中分清敌我。于是，一种佩戴在胸前的徽章，成了流行的佩饰。这种本来属于军队的装饰，后来流行至民间的现象，应该说在古今都有明显的例证。

当年欧洲将士们喜欢在腰带上佩一个小荷包。欧洲的服装史学家分析，可能有两个原因：一个是朝圣的人每次前往圣地时，那里的有关人士总要赠给他们一些朝圣纪念品，小荷包是常见的纪念品，它象征着朝圣者的终生虔诚；再一个原因是朝圣者来自四面八方，在往返的路上，非常需要一种既方便又灵活的小布袋，用以存放和携带可以到处流通的金银、珍珠、宝石、玛瑙等贵重物品，小荷包恰恰是最为合适的容具。而这种适用性和装饰性都很强的小荷包，成为人们在朝圣时期也用来加以装饰自己的佩件了。

欧洲将士中普遍流行一种圆饼形头饰，最初是用来保护帽盔免受风吹雨淋，同时又可以保护眼睛不受阳光刺激。以后逐渐演变，出现许多样式的圆饼装饰，到了13世纪和14世纪，成为民众们外表装束的重要组成部分了。

可以这样说，由这场宗教战争所产生的东西服装融合的趋势，不是迅速形成的。而是在漫长的岁月中，在成千上万的欧洲人亲眼目睹了地中海一带古老文明和璀璨的文化以后，东方那些精美豪华的纺织衣料、宝石、珍珠以及刺绣艺术和服装设计，都吸引了他们，以致对后来西欧服装的演变和革新产生了巨大而重要的影响。这种接触和联系所促成的一系列连锁反应，在以后的岁月中，都明显体现在服装上。最能说明事物发展的一点，就是这场战争使得欧洲对于东方丝绸和刺绣品的需求成倍地增长。当战争彻底结束时，由东方运往西方的商品，比以前增加了10倍，其中有很多处于先进地位的东方生产技术和优质产品，如丝绸和珍宝饰件等。这一方面刺激了意大利等地的纺织业和首饰业，另一方面促进了欧洲服装和亚洲服装的互通。其中在欧洲的影响，延伸到文艺复兴时期，即15世纪和16世纪，并且非常充分地显示出来。

第五节　哥特式风格在服装上的体现

所谓哥特式风格，最初用来概括欧洲中世纪，特别是12~15世纪的建筑、雕刻、绘画和工艺美术。

中世纪，也称为"中世"或"中古"，历史学上通常用来指欧洲封建时代。"中世纪"一词出现于欧洲文艺复兴时期，意指古典（希腊、罗马）文化期与古典文化复兴期之间的时代；从4~5世纪到15世纪。这种说法后来被普遍采用。现代史学界将古代奴隶制与近代资本主义之间的时代称为中世纪，一般从476年西罗马帝国灭亡至1640年英国工业革命，作为欧洲中世纪的时限。

哥特，本是北欧一个游牧民族部落——斯堪的纳维亚的游牧部落。在欧洲中世纪时期，正是这些哥特人建立了几个国家并创造了以建筑为首的带有独特风格的艺术。所以这种艺术风格基本上可以概括为"哥特式"艺术风格。"哥特"是文艺复兴时期的意大利人文主义者借用来作为"野蛮"的同义词，并用以表达反对封建神权，倡导复兴罗马古文化的意图。

哥特式艺术风格的产生与宗教密切相关，因为首先表现在沙特尔、亚眠和其他市镇的大教堂的建筑风格上，后来迅速推广开来。哥特式艺术风格遍布绘画、雕刻和工艺美术品上，所以它对同时期服装艺术风格的影响，也是不言而喻的。

一、哥特式的宗教艺术

中世纪的哥特式建筑风格，体现在反罗马式厚重阴暗的半圆形拱门的教堂式样，而广泛地运用线条轻快的尖拱券，造型挺秀的小尖塔，轻盈通透的飞扶壁，修长的立柱或簇柱，以及彩色玻璃镶嵌的花窗，极易为祈祷者营造一种向上升华、天国无限神秘的幻觉。代表性建筑有法国的巴黎圣母院、亚眠大教堂、英国的坎特伯雷大教堂、林肯大教堂、威尔士教堂、威斯敏斯特大教堂、德国的科隆大教堂、意大利的米兰教堂等。这种影响的广泛性不容低估。教堂的艺术风格在人们当时服装创作中所追求的风格上，必然有所反映（图5-21、图5-22）。

图5-21　巴黎圣母院全景

西方服装史（第3版）

试想，在当年的巴黎圣母院，每逢星期天，朝霞初升，教堂里传出了悠扬的钟声，回荡在塞纳河畔的上空，无数善男信女们缓缓走进这座圣殿，里面蜡烛高烧，徐缓的圣诗乐音盈耳，殿内金碧辉煌，使人感到已身临神界。那种精美华丽的建筑雕饰，玲珑剔透的塔尖与钟楼，五光十色的彩色镶嵌玻璃窗，以及墙面各部位千姿百态的雕像，不会不将人们引人极强的灵境，并产生深刻的艺术感受（图5-23）。

图5-22　德国科隆大教堂　　　图5-23　哥特式教堂的彩色玻璃窗

由于屋顶部位的框架是垂直向上而聚成的一束，所有大大小小的矢状尖塔与券肋，像一个个飞向天空的箭头，直线升起。内壁的扶壁与矢拱，给人以轻盈、灵巧和宽敞的感觉。这一点恰恰与哥特式之前的拜占庭式教堂建筑结构相反。拜占庭式教堂容易给人以阴暗和沉重感，使人的精神受到压抑。而哥特式建筑却使人立定殿内，举目仰望，产生与建筑本身一同向上的升腾感。特别是当阳光透过两侧那些红、蓝、紫、黄等彩色玻璃，顿时玻璃窗上宗教内容的形象仿佛产生了巨大的神力，室内光影交错，气氛更显得虚无缥缈，变幻莫测。

教堂的哥特式艺术在给人以宗教感染的同时，更多的则是对其他艺术的潜移默化的影响。

宗教艺术的哥特式，不仅表现在教堂整体设计以及附属的哥特式绘画，还包括玻璃画、挂图、壁画和镶板画。由于哥特式教堂与前代拜占庭式教堂的区别，所以壁画被缩减到最小的限度，代之而起的就是玻璃画。玻璃画以不同形状、不同色彩的玻璃片镶嵌而成，往往以蓝色为背景，以墨绿色、金黄色为主调，以紫罗兰色为补色，以褐色和桃红色表现人物。

与此同时，16世纪以佛朗哥、克鲁斯等人的音乐而命名的，即今泛称圣母院乐派，也以神秘主义的象征性和独特的韵律构成而形成哥特式音乐。它们与建筑、绘画等融为一体，共同属于那一个时代与宗教有关的哥特式。

二、哥特式的服装形象

在服装形象上，能塑造出哥特式教堂建筑般的风格吗？答案是肯定的。

从头上看起，这一时期的首服多种多样，有的男子以饰布在头顶上缠来缠去，堆成了鸡冠样的造型，另一头则长长地垂下来；或是从胸前绕过，搭向另一边的肩后，被称为漂亮的鸡冠头巾帽。另外还有各种各样的毡帽，像倒扣的花盆状，帽顶有尖有圆，有高有低，有时插上一根长长的羽毛为装饰。而最有哥特艺术风格的是女帽中的安妮帽（有时译为海宁帽、亨妮帽），这是由一名叫安妮的贵妇自行设计并首先戴起来的（图5-24）。

安妮帽的帽形是高耸的，上面有一个尖顶。在这种帽子的尖顶上，罩着纱巾，薄薄的烟雾一般的轻纱从尖顶上垂下来。有时向帽子后边垂下，有时把整个帽子罩起来并直遮到脸上。帽子的尖顶高低不等，有时还有双尖顶的造型。无论是早年农村未婚女子戴头巾为了表示圣洁，还是后来宗教仪式也要求女子进教堂前覆盖头巾，那纱巾之虚和帽子尖顶之实，确是与高耸入云的哥特式教堂建筑有异曲同工之妙。假若没有薄纱罩住的话，尖顶帽子只有高耸之势，而无入云之致。

男子不戴这种尖顶帽，但所戴的罩帽披肩，头上造型也是尖顶的。人们发现当时牧羊人的罩帽披肩，就是上端为尖状，下端与小披肩相连，同围裹式衣服有某些相似之处。更长一些的有些像斗篷。这种罩帽披肩在12世纪的后半期非常流行（图5-25）。

图5-24　哥特式女帽

图5-25　12世纪着罩帽披肩的男子

13世纪时，贵族男子身穿名为柯达第亚上衣下裤形式的服装，其面料、色彩和局部装饰都非常考究华丽。衣服表面一般要织出或绣出着装者的族徽或爵徽，以示身份、地位。头肩部位披戴着一种新式的罩帽披肩，帽后有长长的柔软的帽尖款款垂下，恰好与脚上的尖鞋相映成趣。

尖头鞋，是哥特式服装的一种典型。在12～14世纪，尖头鞋或直接在袜底缝上皮革的长筒袜，都是将鞋尖处做得尖尖的。待到15世纪时，其鞋头之尖状的程度，已经令人瞠目。现在服装史研究人士都认为这种尖头鞋起源于东欧地区的波兰。早先被称作波兰式尖头鞋。据说是通过英国国王理查德二世同波希米亚的安妮公主的婚礼仪式传入西欧的。当时的波兰是波希米亚王国的一个组成部分，尖头鞋曾是一种常见样式，在西欧流行后，竟发展到鞋长是脚长的两倍半。有时在膝盖下方的袜带上悬吊一块垂片，袜子的尖头刚好可以与这块垂片相连。在欧洲一本《服装百科全书》中说，原始的袜尖就有15.24cm之长。多余的部位只能填充一些苔藓类的东西（图5-26）。

再一种说法是，这种以软皮革做成的尖头鞋，越长越高贵。据说王族的尖头长度为脚的两倍半，爵爷的为两倍，骑士的为一倍半，牧人为一倍。庶民的鞋尖，是其脚长的二分之一。如果不将鞋头系在膝盖上的话，也有将尖端安上金银锁链，另一头系在鞋帮上的。可以说，尖尖的靴鞋、尖而长的胡须和尖而高的安妮帽，都是哥特式艺术风格在服装上的反映。它们的形成看起来是那样的漫长和那样的漫不经心，但实属必然，是人们在那种宗教艺术氛围下所萌生的审美趣味和审美标准（图5-27、图5-28）。

在服装色彩上，有些做法也不免让人联想到哥特式教堂内色彩的运用。男子的衣身，两侧垂袖和下肢的裤袜，常用左右不对称的颜色搭配方法。女子那柯达第亚式连衣裙，上身贴

图5-26 德国扑克牌上显示的尖头鞋

图5-27 流行至15世纪的尖头鞋，其鞋后跟至鞋尖长达32.5cm，鞋带系于一侧（收藏于维多利亚—阿尔勃特博物馆）

图5-28 鞋头系在腿上示意图

图5-29 取自于哥特式教堂色彩风格的不对称裤装

体，下裙呈喇叭形，后裙裾有时在地上拖得很长，走路时需人拽起；它也常用不同颜色的衣料做成。上下左右在图案和色彩上呈现不对称形式，似乎也在模仿或寻求哥特式教堂里彩色玻璃窗的奇异韵味。最低限度讲，它们是同一时期，受同一种审美思潮推动而形成的，无论是否与宗教有关，都可以肯定与哥特式有关（图5-29）。

或许哥特式建筑或绘画确实影响了人们当时的穿着，当年所呈现的服装形象因而也成了画师勾画圣经人物服装的参考资料。所以，壁画或玻璃画上的装饰不一定是基督降生时的款式，倒可能是营造教堂时代的服装。艺术主题未变，但人物服装却在不断发生变化，这不仅仅表现在圣经人物大卫身上，同时也表现在中国佛教艺术中居士维摩诘身上。艺术离不开时代，离不开姊妹艺术之间的沟通与互进。这在服装互进上毫无例外。

延展阅读：服装文化故事

1. 长发也可遮体

11世纪时，英国的考文垂的统治者是利奥弗里克伯爵。伯爵冷酷无情，而妻子戈黛丽却容貌秀丽又心地善良。戈黛丽不满丈夫对民众狂征杂税，但丈夫却提出一个不合情理的要求，若戈黛丽裸体游城即可减免民众税务。于是，戈黛丽以满头长发遮体，骑白马绕城一周，解救了民众的疾苦。这种以发代衣，以发代命的做法中外皆有。

2. 骑士决斗时的手套礼仪

中世纪骑士制度盛行时，有许多礼仪随之产生，如手套礼仪。骑士决斗时，总是先有一骑士将自己的一只手套扔在地上，以示挑战，对方如果捡起手套则表示应战。如果有一个在场的贵族少女看上了某骑士，就会把丝织的玲珑手套扔给这位骑士，骑士若有意，就会把手套别在头盔中以表示尊重与爱怜。

3. 骑士的铠甲

关于骑士铠甲的描述，在中世纪前后的文学作品中都出现过。早如古希腊的《荷马史诗》，内中有特洛伊之战时，希腊联军统帅阿伽门农的铠甲，由10块黑铁片，12块金片，20块锡片构成。当时制造铠甲的是匠神，与此相配的长矛和盾牌也非常有特点，如特洛伊战争中的阿喀琉斯，就在盾牌上刻有天、地、海、太阳和月亮以及布满天空的所有星座。后来"阿喀琉斯之盾"成为尽善尽美的代称。

4. 有寓意的骑士戒指

骑士的戒指上一般会刻有骑士的姓名。英国玛丽·德·弗朗斯的《梅隆叙事诗》中，说一位骑士与一位仰慕他的少女相爱并生育一个男孩。骑士将戒指留给孩子外出。二十余年后，在一次比武会上，儿子打败了父亲，当这位老骑士询问年轻骑士时，他出示了那枚签名戒指，结果父子相认。

课后练习题

一、名词解释

1. 战服时尚

2. 紧身衣

3. 腿部装束

二、简答题

1. 拜占庭对西欧战服有哪些影响？

2. 骑士装是如何成为服装史上的一个亮点？

第六讲 服装与文艺复兴

第一节 时代与风格简述

在那漫长而又激动人心的几乎遍及全球的服装交流与融合过程中，世界上大部分国家和民族的服装水平都得到了不同程度的提高。这种规模势必导致服装发展史上的一个跃进，迎来服装文化的崭新风貌。

服装文化的全方位更新，并不等同于服装或穿着方式的更新。后者始终伴随着人类历史生活而演进，而前者却是对前一度文化（诸如交流、改革等）过程的总结。欧洲文艺复兴，就是对前一度文化过程的总结，它包括了继承、恢复、革新以至抗争等各种动机与行动，最终焕发出一种虽说是"复兴"，实则是前所未有的全新的文化。

这一辉煌的时代，标志着服装向丰富、完美阶段又迈进了一步。这一阶段正值15世纪和16世纪，也就是说正相当于欧洲文艺复兴时期。

这一时期，突出表现为服装向文化靠近与倾斜。与前不同的是，服装虽然历来都是作为文化的凝合物与外显形式存在，但此前的服装，一般是文化的衍化物，如欧洲中世纪宗教战争造成的骑士装为时髦服装等。文艺复兴时期的服装本身就在努力体现文化性，强调文化性的冲击力。英、意、法各国人士着装上的标新立异，即说明创造服装和整体服装形象的人，已经开始了更为主动的着装思维。虽然表面上看，这一时期和之前的服装在文化性上没有什么区别，实际上，这种看法是不全面的，是被服装的表面形式和人的着装现象所迷惑，故而混淆了两者的差异。还有什么比文艺复兴运动中高举的人文主义旗帜更有说服力呢？着装的人，也是在这个历史阶段上，开始了对于服装文化性的主动探求。这种人文意识在服装上的明确体现，显然超过了前代那种朦胧的对服装的求新、求美的意识。

笔者在以前撰写的专著中，曾将盛唐与文艺复兴相提并论，尽管它们各居东西半球，相隔六七个世纪，但是笔者曾认为它们之间有那么多的相似之处，尤其是对人性大胆的张扬。不错，至今笔者仍承认它们的相同或相近之处，但是，需要补充的是，虽然盛唐与文艺复兴有很多相似之处，可是不容否认的是，中国盛唐之后，又进入"存天理灭人欲"的理学时代，而欧洲文艺复兴时期之后，紧接着一场轰轰烈烈的工业革命，这种近现代人对文化或具体为服装的认识，更加体现出现代的自觉性。

第二节　文化的复兴与服装的全新

一、文化意义上的复兴

从14世纪初，欧洲中世纪典范性的制度和理想已开始衰微。骑士制度、教皇统治的普遍权威等都开始衰落。哥特式大教堂的黄金时代也已经过去，经院哲学受到嘲笑和轻视，用宗教和道德来解释人生无疑已经逐步丧失了它们的垄断地位。

西方服装史这一阶段之前，西班牙和葡萄牙的探险家们，为寻找黄金和传说中的东方财宝，进行了创世纪般的海上远航。虽然哥伦布历尽千辛万苦，并未找到他要到达的目的地——印度，可是发现了美洲大陆。这一发现为欧洲人开辟了增加财富的新来源，特别是西班牙，财富剧增更为明显。由于找到了新的航线，欧洲人与世界各国的贸易往来得到不断加强并有逐渐扩大的势头，这就等于在促发经商热的同时，也刺激了各行业的发展。葡萄牙人在哥伦布之前首先发现了非洲海岸，他们沿这一海岸南行绕过好望角，到达今天的加尔各答。这样一系列的成果，使世界性的通商贸易的主动权自然转向欧洲。

很多史书在分析文艺复兴的起因时，总会谈到中世纪宗教战争和印刷术的发明，认为这是促进文艺复兴运动兴起的两大因素，但是爱德华·麦克诺尔·伯恩斯却不同意这种观点，他认为这两者对于文艺复兴的发起无足轻重。

不容否认的是，在1453年拜占庭被土耳其攻陷，大批希腊学者带着抢救出来的古希腊和罗马的文史遗稿，逃到欧洲，并将其翻译介绍给欧洲。再加上欧洲考古学家们不断地在古希腊废墟上挖掘出公元前5世纪那些美得令人震惊的大多是裸体的雕像。这在直接触及文艺复兴运动风起云涌的过程中，起到了导火索的作用。

在这种形势下，中世纪禁欲主义的基督教神学思想开始动摇，代之而起的是对人的本性和人的自然纯洁的躯体的赞美。所谓文艺复兴，就是人们认为这是古希腊、古罗马艺术的复兴，借以向中世纪的神学挑战。对于"复兴"一词，史学界和美术界人士虽提出很多异议，但是已经相沿成为那一时代的代表名词，因此在服装史中可以加以沿用。

复兴是口号，觉醒是事实，创作上的大胆带来文化艺术乃至科学的繁荣是千真万确的。因为很轻易地可以看到，新成就的基础虽说有些是古典文化，但是它们很快就超越了希腊、罗马影响的范畴。在其间起最主要作用的是人文主义。人文主义者不接受研究神学和逻辑学的经院哲学。他们追求一种流畅而优美的风格，这种风格能更多地吸引人性中的美感，而不是人性中的理智。可以这样说，提出这种口号，取得这些成就的是俗人，而不是僧侣和教士。因而，被描绘、被歌颂、被塑造的也是这些占多数的俗人。也许，正因为人们发现了人世间丰富多彩的乐趣，苦行主义作为一种理想才失去它的诱惑力。

意大利文艺复兴之父——佛朗切斯科·彼得拉尔卡写给心爱的劳拉的14行诗，意大利文艺复兴文学的第二个巨子——乔瓦尼·薄伽丘的《十日谈》，最伟大的文艺复兴时期画家——莱奥纳尔多·达·芬奇优秀的艺术名作，16世纪另一个绘画巨匠——米开朗琪罗史诗般惊人的壁画，还有那将圣母也画成是美丽温柔的乡间少妇的拉斐尔的一系列代表作，都标志着文艺复兴的真正的、文化上的进步（图6-1~图6-4）。

由于文艺复兴运动自意大利发起而传遍欧洲好多国家，因此在各个国家中又分别表现出自己的特征，出现了哥白尼、哥伦布、麦哲伦、伽利略、莎士比亚等在不同领域中做出不朽贡献的巨人。

在文艺复兴时期的美学思想中，认为对

图6-1　米开朗基罗的《大卫》

图6-2　佛罗伦萨圣母之花大教堂

图6-3　达·芬奇现存最早画作《吉内夫拉·德·本奇》

直观的美的向往是人的天性，无法加以遏制。人文主义者是按照美的客观性和艺术规律的客观性观点来解决艺术同现实的关系这一美学基本问题的。而且认为，美是各个组成部分各在其位的和谐与协调，它存在于事物本性之中。除了当时美术界巨人米开朗琪罗作品的恢弘气魄、拉斐尔作品的秀美典雅风格以外，威尼斯画派的四大家中，乔尔乔涅的富于诗意，提香的健美风韵，丁托莱托的浩大灵活，韦罗内塞的富丽豪华，都从不同角度奏出了新的乐章，充分地体现出人文主义的理想（图6-5、图6-6）。

图6-4　法国国王弗朗西斯一世像　　图6-5　拉斐尔作于1516年《披纱巾的少女》　　图6-6　画作中银行家和他夫人的日常着装

文艺复兴，无论其性质是不是对古典文化的复兴，它都是继承希腊、罗马之后欧洲文化艺术的又一高峰。

服装作为文化的一种表现形式，它必然受到当时文化大背景的影响，只是它毕竟不同于绘画、雕塑等纯美术作品，而具有实用性与广泛的群众性，因此，文艺复兴期间的服装是以一种有异于前代服装，又区别于近代美术的风格和面貌出现的。

二、服装意义上的全新

不管从整个人类文化，还是微观到服装的发展演变，15世纪和16世纪都是一个伟大而光辉的历史时期。尤其是对于欧洲人来说，那简直是一个充满幻想，刻意求新，并能随时实现个人愿望的时代。服装，空前地受到人们的关注，而且着装者也大有将个人理想在服装上变为现实的气魄。于是，服装款式上屡屡更易，色彩、面料上极度考究，纹饰图案和立体装饰极尽奢华与富丽，这就形成文艺复兴时期的服装特色。值得今人研究服装史时注意的是，人文主义的旗帜使着装者摆脱了教会经学的桎梏和掩盖形体美的服装模式，可以在服装设计中充分展

图6-7　穿着紧身束腰衣裙的漫画
（作于19世纪）

图6-8　约15世纪爱尔兰圣铃圣物箱

图6-9　圣物箱局部，质材为青铜、
　　　银、水晶石

示人本来的自然美。这种反宗教的设计思想，应该说起始是积极的，有利于服装的正常发展和人性的自然显露。但是，当奢华和时髦的趋势愈演愈烈，以至无法收拾的地步时，服装反而又禁锢了形体。如紧身束腰的金属衣，它的原本出现或许是为了强调人的形体美，用以反对宗教的禁欲，殊不知过分强调人的形体美，以致用人力去改变形体时，已经又从另一端束缚了人的本身和本性（图6-7）。

文艺复兴时期服装的全新，不可能脱离事物的一般规律，就好像美得无与伦比的孔雀开屏，也不是从每一个角度观看都那么美一样。当然，白玉微瑕，更是符合客观的，文艺复兴时期服装发展中的矛盾性，丝毫也遮挡不住15世纪和16世纪服装文化四射的光彩。

欧洲的服装史学家对于文艺复兴盛期的服装给予极高的赞誉，认为除了拜占庭时期以外，这一时期欧洲各国宫廷所展示的金银珠宝如此丰富多彩，可以说达到有史以来空前壮观的程度。丝绸织品的设计者和制作者，以及加工珠宝、金银的工匠，都曾有幸得到艺术大师的热情鼓励和多方指导。他们不仅对服装的发展做出了应有的贡献，而且还创造出镶有宝石的随件，如盛物箱等（图6-8、图6-9）。

在制作和发展这一时期华丽的服装方面，纺织工匠和首饰工匠所做出的不朽贡献确实是不应埋没的。纺织品和刺绣作品早已达到相当完美的地步，手工艺人的技巧十分娴熟，他们生产出色彩绚丽的上等纺织布料，为贵族成员及富有商人提供了多种选择的机会。就服装的面料而言，海上新航道的开通和新大陆的发现，使东方古国那些令人眼花缭乱的织锦和印花棉布等高级面料源源不断地输入欧洲，而欧洲本土的毛料和天鹅绒等纺织品的织造水平也越来越得到提高。

当时的王室成员和贵族们十分注意完善自我服饰形象上所佩戴的饰品，常在高级的天鹅绒衣上镶缀各类晶莹的宝石与珍珠，而且以贵重的山猫皮、黑貂皮、水獭皮等装饰在衣服上，以作为富有的标志。当这些还不能满足着装者寻求奢华服装的心理时，刺绣花边和金银花边被大量应用，与此同时，专门织制的花纹系带与高超技艺制作的透雕刺绣相得益彰。那些被精心绣制的透孔网眼以及五彩斑斓的花纹系带，将服装的装饰性进一步推向高峰。这种工艺的制作和使用一直沿用到16世纪以后，竟成为欧洲服装的特色之一。

第三节　文艺复兴早期的服装

　　文艺复兴早期的服装，就是在14世纪服装风格上发展起来的，甚至可以说，15世纪初叶的服装，基本上沿用着14世纪的服装款式。在此之后逐渐改变、发展，有些是在原有款式上又加强了，有些则被摒弃或糅进其他样式而变成了新的风格。

　　由于这一时期欧洲几个处于文艺复兴运动漩涡中的国家发展不尽平衡，因而在服装上的表现也不完全一样。

一、意大利服装

　　意大利，是文艺复兴的发祥地，很多文艺复兴时期的艺术巨匠都诞生或活动在意大利。当那些绘画大师们笔下描绘出光彩夺目的衣服，特别是饰件时，无疑是对世间服装的肯定与赞美。绘画大师们倾注自己的无比爱心于服装，又从艺术角度上激发了人们对服装美的热情。因此，意大利的服装和意大利的美术一样，成为文艺复兴时期的艺术代表。

　　意大利服装的辉煌成就需要从服装面料说起，当年的卢卡、威尼斯、热那亚和佛罗伦萨等地，有着先进的纺织生产技术，因而可以保证有大批量色泽艳丽的上等服装面料——天鹅绒和锦缎供应服装的需求。以意大利的佛罗伦萨为例，当时城市的最高管理机构是长老会议，议员是由大行会选举产生。大行会共有7个：羊毛商、丝绸商、呢绒厂主、毛皮商、银钱商、律师及医生行会，称为"肥人"，每个大行会选代表1人。其他如铁匠、泥瓦匠、鞋匠等组成的14个小行会，称为"瘦人"，共选派代表2人。由此看来，服装面料的生产与经营行业在那一个时期十分重要并兴旺。更何况人们在各种鲜丽的面料，如锦缎和天鹅绒上还要织进闪闪发光的金银线，而且这些闪亮的豪华服装在威尼斯画家笔下又得到形象夸张与强调，更加刺激了当年的意大利人。

图6-10　法国弗朗希斯一世和他的大臣们，系带长衣的形象，正是从意大利首先兴起

宽松系带外衣，是一种长及小腿肚的服式，早期袖口肥大，袖筒像个袋子，衣领略低（图6-10）。意大利中部古城锡耶纳一家慈善济贫院的一幅巴托罗大壁画上，提供了15世纪的前50年所流行的宽松系带长衣的形象资料。看上去，那是白色丝绸做成的衣服，上面饰有绿色的花纹，外衣周边和系带都镶有毛皮。颜色对称的长筒袜上还有象征官职的图案。

这种宽松系带长衣到15世纪中叶以后，衣身不再那么宽松，衣袖也不像以前那样肥大。不仅衣身缩短，袖子也有缩短的趋势。再改进，则几乎找不到原有宽松系带长衣的外形了。

服装总是那么周而复始地流行着，越是在服装考究的时代，这种周期就越短。在15世纪末叶的意大利，传统紧身长衣又一度流行，并在年轻人那里将衣身逐步缩短，有些简直与裤子几乎成相接的趋势。这时，裤子由于暴露在外，于是装饰明显增加。在威尼斯大画家乔治尼所绘的《圣童摩西经受烈火考验》的大型画面中，两位年轻人的长裤，一个是在裤腿表面饰有竖直的切割形条纹，下端以水平方向的宽带缝合。另一个则在两个裤腿表面缀上几条穗状布条，每一布条的端头都打成小小的扣结，而且每条之间距离相等，位置对称。

与对主服的兴趣相比，意大利人对首服的要求不太严格，除了官员（如威尼斯总督）那种绣满精细图案，漂亮典雅的头冠和年轻时髦人歪戴着小型高筒帽，再插上几根羽毛以外，一般人对首服都持有保守态度。

意大利的妇女不仅讲究豪华，而且讲究高雅。当时的意大利著名画家法比亚诺创作了一幅祭坛画，画中即描绘了15世纪初的一位穿着时髦的贵妇人。这位贵妇人的服饰形象：衣体宽松肥大，衣身部分垂地，衣后则在地上拖有很长的一截。衣内衬有毛皮里子。头上则是一个圆圆的大头罩。

从当时众多贵族妇女的形象来看，这种大而圆的头罩可能在里面有填充物。也许正是这种造型的头罩，才使其与宽松长衣一起取得和谐的效果。贵妇们总不会疏忽对于衣服的装饰，那一件件深颜色的长外衣上，镶缀着数不清的金银饰物（图6-11）。如领口下方有双排镶金的彩饰圆扣，而且还嵌在一片片金牌上，点缀着考究的领口。腰间也是闪耀着光泽的金色系带，整体服装熠熠生辉。

这一时期女服中的长衣形式，没有像男服那样逐渐缩短，相反，却是越来越长。在当时画作《萨巴女王礼拜图》上，一群妇女大多穿着拖地的长衣，宽大的腰带系得偏上，身后的拖地部分就那样从容地随着主人的走动而移动着。从意大利女服的历史发展情况来看，这时的长衣拖地趋势是独有的。拖在地上的长衣阻碍了向前走路时的抬脚和落足，因此，必须用手将裙前身轻轻提起。提起的高度必须恰到好处，既不致踩住裙子，又不能露出鞋。这个分寸标志着一个人的教养程度。这种贵族妇女所特有的优雅举止，对其他国家以及对后代都产生了深刻的影响。

与此同时，贵族妇女出门时总要戴上透明的面纱。轻柔细薄的面纱，周边再镶缀上颗颗珍珠，真是精致至极，不同的质地之美完全融合在一起，使人不由得赞叹当年的服装设计与制衣水平。除了面纱上的珍珠以外，衣着奢华的贵妇几乎无处不装饰着珍宝。

图6-11 提香画作中体现的意大利女服

皇族妇女比安卡·玛丽亚·斯佛尔扎（奥地利马克西姆利安国王一世的第二个妻子）肖像画上的着装，被认为是当时意大利最为富丽豪华的服装样式。当然，这仅是从画面上看到的。画面上的比安卡，头戴一顶金丝网状扁平帽，上面镶满珍珠和宝石；她的左耳上方是一串串珊瑚坠下垂于耳边；头上扎两条黑色缎带并于前额处交叉，这是当时女子的习惯装束。比安卡的头发垂落于背后，再用布包起来，做成一个螺旋体，最后系上一条宝石彩带。珍珠项链上挂着一件相当别致雅观、价值连城的坠饰。所有这一切，似乎还不足以显示她的富有和高贵，于是又系上一条宽大腰带，上面镶满了宝石、珍珠。当然，这些只是象征地显示一下她的财富，据说她个人拥有的珠宝如果折合成金钱，足可以装备一支像样的军队。在当年意大利贵族妇女的着装形象上，珍珠、宝石镶嵌是相当普遍的（图6-12）。

图6-12 作于1544年的《托莱多母子》上显示的意大利女服

二、法国服装

在法国，宽松系带长衣流行了将近50年。从当时绘画作品中的绅士着装外形上看，衣身很长，而且相当肥大，几乎拖至地面；两只衬有毛皮里子的刺绣衣袖同衣身一同下垂，形成均匀的管状皱褶。同一画面所表现的大公着装，身上一件蓝色宽松长衣，衣领宽大，衣面上镶满了金饰件。头上一顶高筒帽，帽口卷出一周毛皮。画面中的男子有的穿着较短的系带长衣，腰带系得偏下，一只宝剑和一个钱夹悬吊于腰带上，一条银丝带以对角线方向由右肩斜向左侧臀部，上面系着几个小铃铛。这种铃状佩饰在画中频繁出现，不过大多是系项链上的。

图6-13 法国使臣衣服

法国的宽身系带长衣的变化是双肩部位更加宽大，内装填充物，双肩至腰部都是呈斜向的皱褶。不难看出，虽然法国男装的演变与欧洲其他国家有相近的地方，但是它仍然有自己的一些特点。例如，紧身上衣的变化就与意大利不同。意大利的紧身上衣在与裤子连成一个整体外形以后，袖子依然是紧瘦的。而在法国，衣袖却从腰部开始就已形成，然后逐渐收缩，直至紧贴在手腕上（图6-13）。

法国妇女的主服款式，在领型上曾有一些改动，如鸡心领和方领的扩大而后又回收等，基本上与意大利妇女的款式无大差异。

这一时期法国女服中最引人注目的是头饰。不论其设计样式还是它的轮廓，都给人以新奇独特的印象，可以说达到了离奇古怪的程度。

最普通的头饰可能要数发网。发网的质料和装饰不同，借以区分出着装者的身份和富有程度。法国国王查理斯六世的妻子伊萨贝拉王后的头冠即被发网罩住。这种高级发网通常是用金丝编成，发网上还可以装点排列有序的宝石、珍珠。贵妇的头冠有的是做成心形，即鬓处斜立起两个卵形的突起状物，整体看来有些像心脏形，用中国人的语言来形容，也许更像元宝。再一种是从两鬓立起两个尖锐的直角，整体看来很像是动物头上向前上方竖起的犄角。还有的是以头冠为支撑架，再放上一条漂亮的大围巾，并系牢于头部，成为参加盛大集会时最华丽壮观礼帽的一部分。

贵妇头冠样式奇特而且多种多样，同一时期除了以上几种以外，还有的是将头冠做得方方正正，以相当于四个头部大小的立体放在头顶上；有的则是在卵形装饰上，由镶嵌宝石、珍珠的发网所覆盖，上面还有一条条鼓起的布卷伸向前额，布卷端头下落成弯曲形状，右侧还附上一条长围巾。再有的是以一圆锥形的头冠直竖在头上，其高度相当于两个头长，然后再在尖顶上罩一层纱巾；纱巾可以很长，直披到下肢部位，穿着时用一只胳膊揽过来；也可以很短，将一小块纱巾折成蝴蝶状插到头冠的顶端，这种圆锥形头冠曾一度被大围巾完全罩住，围巾质料用天鹅绒、锦缎、纱罗或是金丝布。这些颜色丰富的、装饰着大花图案的高级围巾，再配上璀璨夺目的珍珠、宝石，成了文艺复兴早期至中期法国妇女着装形象最有特色的一种。它对后世的影响极其深远。在中欧的民间，直至第二次世界大战期间才慢慢消失。捷克和斯洛伐克的妇女，在很长一段时间里，都保留着这种风格的头饰和配套装饰（图6-14）。

有趣的是，法国妇女却没有长期沿用这种形式的头冠。1477年以后，法国王后布列塔尼·安尼被誉为改进多种服装的革新大师。她所佩戴的布帽，确实是对以往头冠的一种大幅度的改变。这种布帽一扫过去那种高大笨重的外形，而成为紧紧贴在头上的白色布帽。这种布帽的前檐周边做成横条筒状并排的皱褶。后来竟成为女天主教徒的专用服式。安尼戴这种布帽时，外面再罩一顶扁帽，前檐边缘饰有宽大的彩带。当时，对于富有的妇女来说，扁帽周边所要镶缀的珠宝是不可少的。多彩闪光的

图6-14 法国女贵族的羊角头饰

缎带配上亮晶晶的珍珠、宝石，一起镶缀在天鹅绒或锦缎的布帽上，布边的皱褶簇拥着这些美丽的装饰物，成为一件精美贵重的工艺品。

三、勃艮第公国与佛兰德公国服装

勃艮第公国与佛兰德公国都和法国有着密切的关系。1350～1364年在位的法国国王约翰二世有四个王子。其中最小的王子鲍尔德·菲利普受父王的分封为勃艮第公国的大公。后来由于他的侄子查理斯六世登基时年龄尚小，于是代为摄政。待查理斯六世逐渐成年时，又不幸得了癫狂症，仍无法亲自治理朝政，这就使菲利普重新拥有了摄政王的重要地位。随后不久，野心越来越大的菲利普同佛兰德公国最后一位伯爵女儿玛格雷特——也是伯爵的唯一继承人结为夫妇，这一婚配自然使佛兰德公国落到勃艮第公国的统辖之下。勃艮第公国日益强大起来，而且又陆续控制了阿托伊斯（今法国阿拉斯）、布拉奔特（今比利时的布鲁塞尔地区）、卢森堡、荷兰、丹麦的哥本哈根等地。

勃艮第人和佛兰德人由于交往频繁，所以服装风格十分接近。而和法国人的

服装相比区别相对大一些。

对于文艺复兴时期的服装，有一种这样的说法：15世纪欧洲各国宫廷中最为奢侈豪华的服装，要算勃艮第大公的了。他们不仅拥有巨大的财富，而且又酷爱并追求服装的华丽壮观，极力显示自己的权威、尊严和阔绰。

据说，鲍尔德·菲利普对服装有着奇特的痴爱，他的服装设计式样经常成为当时欧洲服装的榜样。他在欢迎兰卡斯特大公的盛大宴会上，身着两套迎宾礼服，一套是黑色的宽松系带长衣，拖至脚面，其左衣袖饰有多枝头的金质玫瑰花，共有22朵，以红蓝宝石和珍珠镶嵌于花朵之间。另一套服装为鲜红的短式天鹅绒上衣，衣服外表有刺绣的北极熊图案，金色衣领上布满了光彩照人的晶莹宝石，真是雍容华贵至极。在今天能够看到的当时勃艮第大公的服装实物中，有一顶高筒王冠。颜色金黄的天鹅绒为王冠的主体，上面镶有金色花冠，几枚特大的珍珠和各色宝石，还有6条用小珍珠连成的饰带，以棒状扣针钉牢，而这枚扣针上也同样镶满了宝石和珍珠。最后，王冠上又装点一片红白两色的鸵鸟羽毛。

勃艮第人的尖头鞋是以其鞋尖长度惊人而闻名于世的。它源于14世纪末叶那种尖头鞋，但是更尖长一些，至15世纪70年代时，尖头鞋的尖长达到了令人瞠目的程度。收藏于维多利亚—阿尔勃特博物馆内的一只15世纪尖头鞋，从鞋后跟到鞋尖长达38.1cm。这种尖头鞋皮质柔软容易弯曲，因此给穿着者走路带来了一定的困难，以致每向前迈出一步，就不得不做出向前轻轻一踢的动作，使鞋尖部分展开，以防因脚踏在鞋尖上面自己摔倒。如果碰上雨天泥泞，道路凹凸不平，这种笨拙的鞋尖就很容易被折损而变形了。于是，人们又制作一种木底的尖头鞋，并配上金属和系鞋的宽带（图6-15）。比14世纪尖头鞋又加长不少的鞋子，紧紧贴在身上的长筒袜，上衣有意加宽的肩部和有意收紧的腰围，头上再戴一顶高高的塔糖帽，并插上两根鸟羽，这就是勃艮第公国最时髦的男性装束了。

图6-15 配有腿甲的尖头鞋在行走中姿态

由于勃艮第几任大公酷爱服装和大肆挥霍，还曾导致了一种新式服装的出现，这在人类服装史上也可谓一段别有情趣的故事。公元1477年，勃艮第大军在南希这一地区对瑞士军队发动了一次进攻。其结果以勃艮第人全军覆灭而告终。勃艮第最后一位大公也不幸阵亡。大公在历次征战中有一个习惯，就是在帐篷里堆满了华美精致的各种挂毯和新奇珍贵的彩色纺织品，而且还要准备各式华丽的服装和金银珠宝佩饰等。所以，这次战争失利以后，久经战乱的瑞士官兵不禁为取得伟大胜利而欣喜若狂。于是，他们把获得的纺织品和服装撕成一块一块的碎头，然后用它填补和充塞自身破烂不堪战服上的孔洞。最后，瑞士官兵就是穿着这样光怪陆离的服装返回家园的。而瑞士国内的人们对凯旋的英雄官兵无比钦佩和羡慕，以至盲目模仿这些军人奇怪的服装，把自己的衣服故意撕成裂缝，再塞进多种颜色的碎布，使那周身布满皱褶，全身颜色混杂的服装成为一度最时髦的装束。

这种服装从瑞士向全欧洲流行开来，致使男女都盛行穿戴有切口的服装和鞋帽。具体做法就是把外面一层衣服切开，即剪成一条条有秩序排列的口子。有的平行切割，有的切成各种图案。人们穿着时，由于处在不同部位的切口连续不断地裂开，所以不规则地露出内衣或这件衣服的内衬。这样，就使得两种或多种不同质地、光泽和色彩的面料交相辉映，互为映衬，并且忽隐忽现，因此产生出前所未有的装饰效果。虽然，对于这种在上衣、裙、裤甚至于套和鞋帽上大量出现切口的起因，也有不同的说法，但是首先在瑞士发明并兴起确是事实。切口装饰的服装一直流行到16世纪，而且得到新的发展，这种切口装在20世纪，男夹克上，黑、蓝面料切后内衬红布料的款式仍然在流行着（图6-16、图6-17）。

图6-16 军服中的切口装之一

对于勃艮第人来说，热衷于流行服装，追求丰富多彩的款式，讲究新颖别致，不仅是勃艮第男人的突出特点和爱好，其女性更是不甘落后。从当时的绘画作品上，可以看到很多位宫廷贵妇的精美着装。

与意大利等国的女服相比，勃艮第和佛兰德女服在款式上没有什么大的差异，只是腰带系的位置偏高，而且腰带上往往饰有几块金质镶片。有时妇女的腰带交叉于身后一侧，较长的一个端头几乎垂落于地面。腰带通常是五颜六色的，根据衣服的主调加以选择。不过从众多画像来看，似乎红色更受人们的喜爱。还有的腰带上镶满了珠宝，而着装者身穿金色的服装。可以设想，在那富丽堂皇的宫殿

图6-17 军服中的切口装之二

中，这种豪华得炫人眼目的服装形象，一定是与整体气氛非常和谐的。服装与建筑、室内装饰本来就统属于艺术，而且它们本来就应当是属于同一时代或地区风格的。

勃艮第和佛兰德两地的妇女，有传统的长方形头巾或大面纱。她们习惯地将头巾或面纱经过水洗再做成皱褶，使其形成波浪状，然后巧妙地平整加以折叠，最后用饰针固定在头发上。有些则是在高大而挺直的头饰上镶满了精巧别致的玉石珠宝，头饰支撑着厚厚的罩帽，这一罩帽向下倾斜，端头呈圆形，覆盖于前额，罩帽之上又覆盖一块镶金的天鹅绒大花巾，并沿其周边缝缀着一排珍珠饰品。

四、德国服装

德国人在这一时期中的着装，与法国人大体相像，但是佩剑是德国人的独特习惯。短剑的剑刃并不锋利，它仅仅是作为一种装饰品。有人同时将几支短剑排列一起佩戴在身上。这些短剑往往被佩成扇贝形或者叶片形，而且还要系上饰带。最讲究的是饰带颜色应该和系带长衣的内衬颜色一样（图6-18）。

德国男人不仅喜欢佩剑，而且还十分热衷于佩戴铜铃。宽大的镶金衣领通常要系上直径为7.62cm的3个铜铃。腰间饰带上也要吊上几个铜铃，甚至在带袖紧身衣的底摆边缘上也要吊上两排铜铃。

图6-18 德国画家丢勒的自画像，作于1498年

勃艮第服装风格影响到德国以后，德国人继承了勃艮第人的尖头鞋，并且将切口服装发展到令人难以想象的地步。

德国女性的服装追求也有一些是有自己特点的。如腰间不系带，任其宽大的裙身和臂肘以下放宽的衣袖垂落在地上，同时还在领型上做了大的改进。以前的领型无论是鸡心形还是方形，都主要是围绕着前胸设计的。这时，却有人将前襟领口做成圆形，位置很低，而将鸡心式领型用在了后背，这种前后都向下延伸的领型导致了后代女子晚礼服样式的兴起。

五、英国服装

英国人受欧洲大陆服装风格的影响，并不像德国人那样广泛，他们的服装趋新在相当程度上是受到各国宫廷联姻的影响而促成的。尽管这样，他们还是在更长的时间里稳定地保持着自己的风格。其衣袖的宽窄、衣身的长短以及领型变化等都比较慎重。在1423年动笔且1430年才完稿的一部《大事年表》插图中，留下了当时服装那些大胆配合在一起的强烈的色彩效果。有一位男人头戴苹果绿色的小罩帽，身披天蓝色斗篷，还有朱红色上衣穿在深蓝色夹衣的外面；他的同伴身穿红色上衣，下身则是蓝白两色的长筒袜；第三个人的装束是一顶玫瑰色高筒小帽，上身是天蓝色过膝长衣，下身是朱红色长筒袜。

英国妇女也将着装热情较大地倾注于头饰之上，什么心形的、洞穴式的应有尽有。其中最有特色的是用自己的头发在两鬓上方各缠成一个发髻，然后分别用发网罩住，再用一条美丽的缎带系牢。于是，有人曾恰当地称其为鬓发球。发球有大有小，最初是根据自己头发的多少而定，后来有了罩在发球上的金属网，发球大小就可以随意而定。15世纪初叶阿兰德伯爵夫人，还在鬓发球上侧配装弯曲向上的金属丝，一方面用以支撑大面纱，另一方面又构成两个触角状的外轮廓。后来，半圆球状的鬓发球演变为盒式，再以后又从盒式演变为贝壳形状，上面罩以华丽的围巾。鬓发球和围巾都可以按照个人意愿和经济实力，装点上各式珍宝。

六、西班牙服装

西班牙服装对欧洲构成影响，是文艺复兴盛期的事情。但是，这绝不仅仅因为西班牙发现新大陆后陡富而引发的地位升高。实际上，西班牙从15世纪时起，就已经有了自己足以对外构成影响的服装发展实力。

现收藏在西班牙东北港口城市巴塞罗那艺术博物馆中的一幅画，是由画家彼德罗·加尔什·波纳巴利绘制的，画面表现了撑箍裙的最高形状。这些圆箍由上到下逐渐增大，共有6只圆形撑箍，牢牢附在锦缎长衣的裙装部分。这种撑箍裙的确起源于西班牙，开始时是用木质或藤条一类易弯曲带弹性的物品做成。它们最初附在裙衣外面，16世纪时转为附在裙衣里面。

第四节　文艺复兴盛期的服装

当文艺复兴发展到鼎盛时期，服装也步入频频更新的新阶段。来自四面八方的各种影响交织到一起，加之文艺复兴时期，残酷掠夺与正常贸易使欧洲迅速富裕起来，而人们又不必再将最美好的衣物收藏起来或送到教堂。摆脱了宗教思想的束缚，人们就不遗余力地将金钱都花在服装上，因为人们希望将美留给自己。这个时候，欧洲各国服装有了很明显的趋同性。

一、男子服装

文艺复兴盛期的男子服装，在更新上做出的努力足以使人眼花缭乱，但是如果从中找出一些代表性的新服装，可以将切口式服装、皱褶服装、填充（膨化式）服装和下肢装束作为重点。

切口式服装最为流行的年代，在1520～1535年。这时，切口的形式变化很多。有的切口很长，如上衣袖子和裤子上的切口可以从上至下切成一条条的形状，从而使肥大、鲜艳的内衣或外衣从切口处显露出来。有的切口很小，但是密密麻麻地排列着，或斜排，或交错，组成有规律的立体图案。贵族们可以在切口的两端再镶缀上珠宝，更显得奢华无比。一般说来，在手套和鞋子上的切口都比较小，而帽子上的切口倒可以很大，使帽子犹如怒放的花朵一样，一瓣一瓣地绽开着。

有时，出现在紧身衣上各个部位的切口，连欧洲服装史学者都感到难以理解，弄不清由肩部到腕部的衣袖部分横向凸起几道衣褶，而这些衣裙之间又呈现形状不一的切口，到底有什么装饰意味？看起来，这种做法使衣袖可以延伸拉长，但是上臂恢复静止状态时，切口和凸棱处能够找到合适的位置吗？也许，流行的衣装不一定要探求其科学性，当时的人们认为足以显示时髦，这就够了。不仅这样，衣服前胸、后背部位也有许多方向不同的切口。

领型的皱褶形成环状，围在脖子上，是这一时期的流行装束（图6-19、图6-20）。男女衣服上的领子都讲究以白色或染成黄、绿、蓝等浅色的细亚麻布或细棉布裁制并上浆，干后用圆锥形熨斗烫整成形。这些皱褶领，曾在欧洲各地普遍采用，有时为了保证大而宽的皱领固定不变形，还要用细金属丝放置在领圈中做支架。制成这样的皱褶领相当费料，而且着装者吃起饭来还要使用特制的长柄勺子（图6-21）。

不仅领型使用皱褶形式，服装上也非常时兴皱褶。当年的亨利八世，就曾经穿着银线和丝线合织成的服装，上面布满了凸起的皱褶，金黄与银白两色交相辉映，格外美观耀眼。大都会博物馆内还收藏着这一时期的军用衣裙，这种珍贵的实物向今人显示了衣裙的质地和特殊的结构。衣裙上的一些管状皱褶，从上到下逐渐变粗变宽，皱褶内都有均匀的填充物。它可以使每个皱褶的外轮廓显得圆而凸起，同时保持外形不变。

图6-19　男服皱褶领与羽毛头饰　　图6-20　女服皱褶领与羽毛头饰　　图6-21　画像上体现的皱褶领

有人说皱褶领起源于意大利，但是没有足够的证据。至于皱褶里填充其他物品的服装风格，更无从寻找源头。

填充服装或许从瑞士官兵的即兴制作之后引起了广大欧洲人的兴趣，抑或是骑士装内衬的延续，再者欧洲人有将服装做得挺括、板直、见棱见角、立体感很强的传统，所以这几种服装很难确定为是从哪一个国家率先穿起。但可以肯定的是，16世纪后半叶，在紧身衣逐渐膨胀的基础上，各种以填充物使其局部凸起的服装时髦款式愈益走向高峰。

双肩处饰有凸起的布卷和衣翼，这种显得身材格外魁梧的款式并未满足欧洲人在着装上的"扩张"心理。于是，又在下装上做文章。有一种在长筒袜上端突然向外膨胀的款式，吸引了大批赶时髦的贵族青年。人们将这种服装称为"南瓜裤"，因为从形状和大小来看，这一点确实近似南瓜。为了保持外形不变，必须往衣服里面放大量的填充物，如鬃毛或亚麻碎屑等。南瓜裤的外表通常绣上直条花纹，缀上刺绣布块，或是以刺绣手法使其有透孔装饰，这些无疑又为浑圆的南瓜裤增添了玲珑与秀美（图6-22）。

法国国王查理斯九世的胞弟佛朗希斯大公，是这一时期追逐时髦装束的风云人物。他的一般装束：光滑平整的紧身上衣内有少量的填充物，前胸呈豆荚形状，腰部以下饰有一周垂片。皱领很高，边缘上还饰有一圈彩带花边。南瓜裤表面装饰着刺绣布块，

图6-22　男性贵族的南瓜裤服饰形象

两腿很细，由上至下略成尖状。脚上的鞋子并不奇特，但在肩上还有宝石链、帽上有飘带和带有山猫皮衬里的披肩。

德国人也喜欢填充式（膨化式）服装，但是他们喜欢裤身宽松的步兵裤，而不喜欢球状的南瓜裤。每一裤管上有4个透气孔眼，在此之前曾有过16～18个孔眼的裤形。裤管内的填充物不再是鬃毛或亚麻碎屑，取而代之的是大量的丝线。

到了16世纪末，南瓜裤的外形已由凸起的弧线形改变为整齐规律的斜线外形，有的是在裤管下端加添一些填充物，使其定型。再以后，上衣衣袖边也以填充物使其固定成某种造型。

男服下装的长筒袜在文艺复兴盛期，几经变化，当然，万变不离其宗，它始终紧紧地贴在腿上。特别是当膝盖上或膝盖下起至腰间以填充物使其膨胀时，膝盖下的部位也还是紧贴腿部的。

英国维多利亚—阿尔勃特博物馆内有一双4～5世纪的手针编织长裤。15世纪末16世纪初的玛格丽特·图多尔公主——苏格兰詹姆斯六世的妻子，心灵手巧，善于手工编织，曾为手工编织的长筒袜添加了不少点缀品，特别是以袜筒镶边最为突出。据记载，当时已有男袜编织者行会成立于巴黎城。亨利八世和爱德华六世都曾穿用过手工编织的丝线长筒袜。

当时的袜筒并不都是从脚一直到大腿部或直达腰部，很多是上下分离的，有些是上部从大腿根部到腰，相当于贴身短裤，下部再从脚开始紧贴到小腿肚处。最常见的是在膝盖下方有一条边缘。逢有边缘的地方总要有些装饰，如垂穗、皮条等，最简单的也会有系带以及垂下的带子端头。

文艺复兴盛期男服的华丽新颖，还可以通过一些战争中的轶事从侧面加以体会。如瑞士官兵曾成为16世纪欧洲步兵中一支所向无敌的兵团，其中一个很重要的原因就是他们的军服款式和服色五花八门，不求统一。结果这些装束不仅可以蒙蔽敌人，而且还对欧洲民服产生了巨大的影响。相传德国人面对瑞士官兵那些令人羡慕的军服，竟未想到去战斗厮杀，还以为是使团出使途中。这些不拘一格、大胆创新的服装，已集中体现了文艺复兴盛期的男服特色，也反映出文艺复兴盛期的文化特色。

二、女子服装

可以这样说，文艺复兴盛期的女子服装中最有特色的就是广泛流行的撑箍裙。它由西班牙而首先传至英国，从此名声大振，一直延续了近4个世纪。

在女服的发展中，撑箍裙的外形被一再改进。据说法国亨利四世的妻子玛格丽特想用膨大的撑箍裙来掩饰她那不太丰满的臀部，于是将西班牙的锥形（即上小下大）撑箍裙在腰部添上轮形撑箍架，改为从腹臀部就膨胀起来的撑箍裙。当时妇女们欣赏玛格丽特的改进，为了使裙子可以从腰以下就向外展开，便大都在腰围下系上了这种车轮辐条状的撑箍。这样一来，"轮状撑箍裙"就使得女性臀围出奇地丰满，当然也就显得腰肢更加纤细了（图6-23、图6-24）。

尽管这样，女性们仍然认为腰肢还没有纤细到令人满意的程度。在这种情况下，各式紧身衣出现了。不过这时的紧身衣，已不用早年曾经出现过的布质或皮质面料。美国服装心理学家赫洛克在《服装心理学》一书中写道："希腊、罗马的妇女用麻布、羊毛或皮革做成紧身衣……在英国伊丽莎白皇后及法国麦迪奇时代，终于成为一种最残酷的服装。那时，紧身衣用铁丝及木条做成，紧贴皮肉，往往擦伤皮肤，造成令人不能相信的痛苦。不管她们的身材及体重，只要她们想进出宫殿的话，每位妇女必须保持33cm的腰围……昏晕、心脏病及早死只是少数紧腰的结果而已"。据说在16世纪的某一时期，一位聪明的铁匠，发明了像笼子一样的铁丝紧胸衣，它的宽窄与松紧，是由铁链和插销加以调整，最后使其适合人的身材的。不过，这种紧身衣的里面大多是要穿上丝绸衣的。根据今日的想象，这样做是十分必要的，怎么可以使硬材料紧贴皮肉呢？

图6-23 文艺复兴时期尼德兰新婚男女盛装。女裙夸张腹部，是预祝生育

除了细腰丰臀以外，文艺复兴盛期的女士们还曾无限大地夸张袖子的立体感，以填充物使袖子呈羊腿形、灯笼形、葫芦形等。那些上粗下细、上细下粗、中间鼓起或多层起鼓的袖子，无疑更加强了整体服饰形象的立体感觉。还有的袖形，是在衣袖上端向外侧膨胀鼓起，中间偏上部位镶着金边佩带。这佩带绕袖一周，将袖子分为上下两部分。再有是整个衣袖用轻薄的布料制作，上面布满了皱褶，并饰有许多珍珠、宝石。佛朗希斯一世的第二个妻子——奥地利的伊利诺，她的衣袖就是用五颜六色小布块拼制而成的，外面再配上毛皮套袖，上端固定于腋下，下端系牢于肘部（图6-25）。

图6-24 作于19世纪的裙撑漫画系列之一。据说一条裙子往往需用1公里长的花边和纱绢网

如果从亨利八世的第四位妻子安妮的整体着装来看，极有文艺复兴盛期女服的典型特色：上身穿着紧

图6-25 细腰丰臀的女服

身外衣，其领口下沿向下延伸几乎到腰围部位，这一点与通常的方领不同。遮胸罗纱是由金丝绒制作的。低领口的周边镶着金丝和珍珠、宝石；遮胸罗纱内里衬有精工刺绣的立领内衣。安尼颈项间有一件玉石项圈。鲜红耀眼的天鹅绒长外衣边缘都镶绣着黄金饰边，上面同样布满了宝石和珍珠。安尼的腰围有意偏上，腰间系着一条配有金扣饰的腰带。她的另一身华丽的装束，是戴着一顶新奇的帽子。帽子顶部和后部扁平，两侧向外探出。帽子之下有一顶帽衬，一层透明的细纱覆盖于帽衬的缎带上，这样，镶嵌在帽子上的金银珠宝可以完全显露出来。左侧的装饰面更是布满了红绿宝石，并且形成了由黄金垂饰组成的一簇流苏。

英国女王伊丽莎白的服装具有典型的英国文艺复兴盛期的服装风格。如外袖从肩上垂下，平展合身；肘部以下的袖子则又宽又长。袖子下部向上卷着，卷起的袖边高高地固定在上臂不显眼的地方。这样外袖衬里等于暴露在外，因而外袖衬里上的精美花纹和衬装上颇具灵感的匠心技巧都可以展示出来。从肖像画上看，她的袖子表面好像没有什么华丽的装饰，但是袖子衬里却是异常宽大的，并且镶缀着豪华的钻石。这些钻石与白色丝织品和金丝锦缎制成的衬裙交相辉映，再加上腰间的垂饰、镶有宝石的领口和缀满珠宝的帽边。使得她的着装，简直是珍奇的服装展览。人们估计伊丽莎白的一生中有袍裙500～3000件，完全不会过分。因为从肖像画上看，根据她服装上所佩戴的珠宝、羽毛、嵌玉项圈和钻石的数量，可以判断出这个对裙袍估计的数字，只能是个保守数字。

在这时期女服配套中，足服和手套、手帕等也是精心设计，并得到了长足的进展。高跟鞋已经出现。当然最确切的说法不如称它为厚底鞋。因为它不只加高跟部，其鞋底的大面积都做了加高。美国布鲁克林博物馆和波士顿博物馆收藏的厚底鞋，高度有15cm。据记载，穿这种鞋的女子上街是需要有人搀扶的（图6-26～图6-28）。手套已经做得十分精致，不仅款式和今天的皮革手套十分近似，而且说起那腕口上的金绣和丝绣来，恐怕今天的手套也会自叹弗如的。手帕面幅较大，有些饰有花边，或在角上缀上珠子等饰物。

图6-26　16世纪意大利威尼斯高底鞋

图6-27　16世纪威尼斯底高55cm的女鞋

图6-28　1590年一位威尼斯贵族妇女的红色天鹅绒高台底拖鞋

还有那些装饰着珍珠的捻线腰带、麦秆编的旗形扇、象牙柄的绢扇、雕花木柄的羽毛扇、宝石镶柄的鸵鸟毛羽扇、羔皮或纸制的折扇以及用天鹅绒和皮革制成的有刺绣和珍珠装饰的女用提包等，共同构成了文艺复兴盛期的女性着装形象。绚丽和奢华，是当时服装总体风格的概括。总之，服装与文艺复兴时期的服装是令人兴奋的，是服装史上辉煌璀璨的一页。

延展阅读：服装文化故事与相关视觉资料

1. 当年威武戎装

描绘15世纪法国斗争的英国作家华特·司各特在其《城堡风云》中写了一身戎装的形象，说那勇士头上戴一顶苏格兰民族帽，帽上装饰着一束翎毛，翎毛是用一个银扣环固定在帽上的。铠甲上有颈圈、护肘和护胸都是用精巧的镀银优质钢做成的，而且他的锁子甲闪闪发光。护膝和护腿是用鳞片钢制成的，铁皮包的靴子保护着双腿。右肋挂着一把粗大的匕首，左肋绣花布带上悬着一把双柄宝剑。

2. 头发与胡子的长度

头发与胡子的长短，在15世纪和16世纪时，总在流行中变换。15世纪时的法国国王查理七世和路易十二都是头发长，剃光胡子，而来自意大利的新式样是胡子长，头发短。16世纪时盛行于全欧洲。不过，也有例外，1536年，弗朗斯瓦·奥利维埃被任命为法国最高法院审查官时，他的大胡子还是把全院职员吓坏了。看来留胡子属于时髦。

3. 疯狂的皱褶领

皱褶领在亨利三世时发展到顶点，此时应是16世纪。有一天，亨利三世戴着一只空前硕大的皱褶领到街上巡视，巴黎为之轰动。一位作家撰文讽刺国王。他说，只见皱褶领套到脖子上，就如同套着一只大磨盘，盘上刻有25或30个炮管状的小巧晶莹的皱褶，最后叠成卷心菜的样式……今天看起来，皱褶领的工艺性确实太强了。

4. 谁都不愿直言的臀垫

16世纪时，女裙中讲究衬上一个臀垫，又称腰垫，就像裙撑一样是为了突出纤细的腰部，只不过这一阵法国最爱只垫高臀部的垫子。因为大家都在避免说出屁股这一显得不文明的词儿，因而女主人和仆人之间吩咐或汇报，都省去这个说法，好在大家心知肚明，不用一语点破了。

5. 西方女性的紧身胸衣

据说，西方的紧身胸衣出现在16世纪后半叶。法国国王亨利二世的妻子卡特琳·德·美第奇的嫁妆中就有一件铁制的紧身胸衣。后来弗尼斯在《青年宗教读物》中讲述，是上帝惩罚一个少女，才让她穿上金属的胸衣，这说明社会已经认为金属紧身胸衣是对女子的摧残。所幸后来改为麻布，也称为鲸须胸衣。

6. 男女混同的时装

虽说从文艺复兴以后，西欧各国都追求时髦，可是在相当长时间里，都是法国在起引领作用。16世纪时男装女性化发展到极致。一份报纸记载，1576年7月23日，一位牧师在主持婚礼。开始前，他对新人说："你们都抹了这么多的粉，又戴了这么多的首饰，而且两位的头发又都是天生卷曲的，这叫我怎么能分清，你们俩谁是新郎？谁是新娘呢？"

7. 帝王、骑士与雇佣兵服饰形象（图6-29~图6-32）

图6-29　15世纪中叶法国骑士

图6-30　文艺复兴时期的雇佣兵将领像

图6-31　法国路易十一戎装像

图6-32　法国路易十二戎装像

课后练习题

一、名词解释

1. 切口装

2. 南瓜裤

3. 皱褶领

二、简答题

1. 文艺复兴运动促进了服装的哪些发展?

2. 如何看待文化与服装的关系?

第七讲　服装与建筑风格

第一节　时代与风格简述

在17世纪和18世纪的二百年的时期中，欧洲各门类艺术都是以风格来概括的。它体现出人类文化的自觉性愈益加强的趋势，而且其自觉的行为已经呈现出成熟的态势，这是与人类文化的进程紧密相连的。

巴洛克风格就是人在特定历史时期中有意创造的。因此可以从形式上将其看成是文艺复兴的支流与变形，但其出发点又与人文主义截然不同。它是由罗马教廷中的耶稣教会掀起，其目的是要在教堂中制造神秘迷惘，同时又要标榜出教廷富有的崇高华美的氛围。虽然说，这种风格的建立也是顺应了历史的发展，但是就其艺术性来讲，仍然犹如成年人在按照主观意志去绘一幅图画一样。所以，17世纪盛行的巴洛克风格和18世纪盛行的洛可可风格，尽管也是源起于建筑，可是不同于哥特式风格形成初期的懵懂的探索。

这一时期的欧洲服装，与巴洛克、洛可可风格有着非常密切的关系，如果说起服装与建筑的关系，应该说自有人类以来就有。曾有一种说法，人类最初戴帽子，就是因为感到躲在树荫下会在暴晒时凉爽，这恐怕是个连狮子都懂得的道理。所不同的是，人创造了帽子，这个帽子可以随人走。虽然说树木不是人为建筑，但是早期人类不是也居住在树上吗？中国就有"有巢氏"。再有便是山洞，山洞宛如建筑，后代确实也有好多地区的人砸个土山洞就算作房子，如中国山西、陕西一带的窑洞。这种洞式"建筑"也被认为启发人类发明了衣装，就是这个遮风挡雨的"建筑"能够跟着人的移动而移动。

如果以近现代的例子来说明这一点就更多见了，如西方的尖顶房屋与西方人的尖顶帽，中国蒙古人的蒙古包与帽子和全身的纹样……

为什么要在这一讲中专门提到服装与建筑，就是因为世界历史上留下这一段二者辉煌的相似。

第二节　服装和巴洛克风格

所谓巴洛克风格，是从建筑上形成，进而影响到绘画、音乐、雕塑以及环境美术的。因此，作为艺术中的一个品类——服装来说，不可能处在同一时期中却排斥这一时代的艺术风格，所以这从艺术规律上来看是极自然的，而事实也确实如此。只是，在巴洛克风格的总体范畴中，服装仅是一个方面。况且服装也有自身发展的规律，这就说明了风格形成过程中的复杂性，以及服装风格形成背景的重要作用。

一、广义巴洛克风格及其形成条件

巴洛克风格能够代表这一时期的艺术风格，这说明它有着鲜明的特色。

巴洛克（Baroque）一词，据说源于葡萄牙语 Barroco 或西班牙语 Barrueco 一词，意思是"不合常规"。原意是指畸形的珍珠，即"不圆的珠"。中世纪拉丁文 Baroco，则意为"荒谬的思想"。因而被意大利人借用来表示建筑中奇特而不寻常的样式。后衍义为这一时期建筑上的过分靡丽和矫揉造作。

总结巴洛克艺术风格时，一般归结为绚丽多彩、线条优美、交错复杂、富丽华美、自由奔放、富于情感；或是装饰性强、色彩鲜艳且对比强烈，在结构上富于动势，因而整体风格显得高贵豪华，富有生机等。从美学角度去分析巴洛克风格的建筑，可概括为几个主要特征：一是炫耀财富，大量使用贵重材料；二是追求新奇，标新立异，创新在于建筑实体和空间能产生动感；三是打破建筑、雕塑和绘画的界限，并不管结构逻辑，采用非理性组合，取得反常效果，同时趋向于自然，追求一种欢快的气氛。

由于巴洛克风格几乎概括了17世纪总体艺术风格，因此多少年来，它始终是人们热衷讨论的课题，结果褒贬不一。而巴洛克风格本身确实存在着许多矛盾的倾向，所以，历来被评论家们认为，它勇于创新，但过于诡诞奇谲；它欢乐豪华，又过于堆砌；它的立面雄健有力，但往往形体破碎……不过，不论当代和后代，巴洛克风格受到怎样的肯定或否定，都无损于巴洛克风格本身的光辉，而且恰恰说明了它在人类文化发展史中的独特意义和重要位置。

巴洛克风格在17世纪的欧洲盛行，并不是偶然的，它与17世纪和18世纪在欧洲兴起的一场哲学与科学成就以及一切由此产生的新的学说都有着不可分割的关系。

英国物理学家依撒克·牛顿在他的《数学原理》一书中曾这样阐述他的观

点："我希望根据数学原理……我们能够对别的自然现象进行推理，因为有多种理由使我猜到，基于某些迄今不为人知的原因，有某种力量使物体的微粒互相吸引，凝结成为一定形状，或者互相排斥，互相退缩。人们还不了解这种力量，哲学家对自然的探索至今还找不到答案；但是我希望这里所阐明的原理会有助于人们对这个问题或更可靠的科学方法有所了解"。物理学家的探索精神和与之俱来的困惑以及革新思想，实际是与艺术上的巴洛克风格形成的思想基因相同。

除此之外，勒内·笛卡尔的唯理论和二元论也产生在这个时期。他既相信上帝是存在的，又认为人是有思想的动物，心灵和物质是不可分的。他指出整个物质世界，不管是有机的还是无机的，都可以用"广延"和"运动"作解释。甚至于竟大胆地说："只要给我'广延'和'运动'，我就能建造宇宙"。笛卡尔的理论以这种或那种形式被17世纪的大多数哲学家所接受。他的思想继承人中最为著名的是荷兰的犹太人本尼狄克·斯宾诺莎。斯宾诺莎比笛卡尔更加关心伦理问题，他在早年就得出结论，认为人们最宝贵的东西——财富、享乐、权力和荣誉是空虚的和无用的，他开始探讨是否有一种至善，使一切达到这种境界的人享受永久的、毫不减退的快乐。

17世纪第三个伟大的理性主义者是托马斯·霍布斯。霍布斯是反对形而上学的唯物论者，但他的理论往往和机械论混而为一。同时，他认为善与恶没有绝对标准。这样，霍布斯就使唯物论与机械论和一切彻底的享乐主义哲学结合到一起。

哲学加上科学，也就是说，哲学的思考加上科学的探索和把握，在这一时期也是充满矛盾的。这种矛盾反映到文学和艺术上来，就使得人们一方面要保存和恢复古代希腊和罗马精神，相信卢梭名言："对那些有耐心建造它（指哥特式大教堂）的人来说是一种耻辱"。但是，这种被认为是新古典主义的观点毕竟和古典主义不相同，它在对古典文化充满热忱的同时，更崇尚浮华，也更铺张。

图7-1　罗马圣彼得大教堂

以上列举的仅是巴洛克风格形成条件中的一部分因素，可是由此已不难看出这些规模宏大、有着奢华装饰和大量采用如圆柱、圆顶和表现神话传说中的雕塑的"古典"成分，建筑物外表加上许多精细的饰物，内部也多用金、银装饰，并采用闪耀的镜子和带有色彩的大理石的辉煌华丽的风格是有其历史文化作背景的（图7-1～图7-4）。

图7-2　圣彼得大教堂内部

图7-3　巴洛克王子贝尼尼作品《阿波罗与拉芙妮》

图7-4　贝尼尼作品《圣特雷莎的迷醉》

由此及彼，产生种种观念上革新的条件，自然离不开当时物质的充盈与发展状况。

二、狭义巴洛克风格的具体体现

所谓狭义，是因为毕竟在研究服装。

巴洛克风格起源于意大利，以后传到法国、英国、西班牙，最终几乎应用于西欧每个国家的教堂、宫殿、歌剧院、博物馆和政府建筑；至今还存在的有法国的卢森堡宫、凡尔赛的主要宫殿、英国的圣保罗大教堂、维也纳和布鲁塞尔的政府建筑，以及俄国彼得霍夫的沙皇皇宫等，都可以被认为是对服装上建立巴洛克风格的影响因素或者可以认为服装上巴洛克风格是这一时代风格的产物、组成部分和表现形式之一（图7-5、图7-6）。

图7-5　曾在凡尔赛宫居住的法国公主阿代拉伊德和丈夫维克托尔等

图7-6　阿代拉伊德公主

三、男服风格及演变

17世纪的男服是华丽的，将它的风格与巴洛克风格相提并论，是再恰当不过的了。它与16世纪相比，不仅有了明显的变化，而且在整个17世纪当中，它向新颖形式的演变也一刻没有停息过。

17世纪初期的男服还保留了16世纪末的南瓜裤等服式，但是进入17世纪的第二个十年的时候，从当时肖像画上可以看到，男服开始讲求更多的装饰。如1616年绘画作品中有一个名叫理查德·塞克维尔的男人，他穿着艳蓝色的长筒袜，袜跟两侧绣有精美的花纹。他穿的鞋子做工精巧，鞋面上有玫瑰状饰物，代替或遮住鞋带打成的结。

与此同时，在丹麦人所崇敬的克里斯钦四世的一幅肖像画中，可以看到服装上装饰了有规则的图案。他穿的紧身上衣下摆部分仍然很窄，装饰着垂边，前襟上的纽扣很密；那种非常宽松的灯笼裤，极像布鲁姆女式灯笼裤的造型，克里斯钦的儿子，克里斯钦皇太子曾把这种军用肩带高高地系在背上，这条军用肩带所打成的蝴蝶结很大，上端高过左肩，下端垂至膝关节处。

在17世纪的前30年中，男人们特别重视服装上的装饰品。裤子两侧、紧身上衣边缘及袖口处饰有一排排的穗带或几十颗纽扣。领及袖口的花边比以前更宽、更精致。靴口向外展开着，长筒袜起着很重要的装饰作用（图7-7）。

法国的男服极鲜明，衣服上通常有大量的针织饰边及纽扣；下垂镶边很宽，领上饰有花边；袖子上的开缝里露出衬衣；袖口处镶有花边，这种袖口被称之为骑士袖口；膝盖下面的吊袜带与腰带一样宽，并打成大蝴蝶结；方头矮帮鞋上带有毛茸茸的玫瑰形饰物；靴子上带有刺马针，固定在四叶形刺马针套圈上；男人们已经有了晚上穿用的拖鞋；头发比以前留得更长，烫有松散的发边，耳边头发用丝带扎起；紧身上衣的后襟中部，袖子以及前襟上开有衣衩；宽边帽子饰有羽毛，帽檐一边卷起，或两边都卷起，有时还佩着绶带、短剑及披着带袖斗篷（图7-8、图7-9）。

图7-7 典型的巴洛克风格男女服装

图7-8 法国国王路易十四视察法兰西科学院

卢森堡宫收藏的华丽服装中，有一套服装代表了当时式样的新发展。这套漂亮的淡蓝色缎料服装制作于1645年，是克里斯钦王储的服装之一。服装的表面全被一排排彼此相连的银带所覆盖，因此从外面看不到缎料。衬料是用蓝丝与银线织成的丝绸，整套衣服的边缘全部饰以银边。

德国格斯道夫·阿道夫王子肖像上的服装，最醒目处是裤管前方及两侧都有缎带打成的玫瑰花形结；而且通身都绣着漂亮的图案，长筒袜的式样及护腿上的佛兰德式双褶边说明了这是当时很时髦的装束。

图7-9 "太阳王"路易十四

17世纪巴洛克裤子看上去像长短不一的褶裙，短的到膝盖以上，长的到小腿肚，而且上面布满了缎带装饰。在维多利亚—阿尔勃特博物馆收藏的一件公元1600年的服装，上面用了大量的缎带，其颜色、宽度和织法各式各样，但每处缎带都很精美漂亮。如腰围与裤管外侧带有密集的缎带环。整套衣服的面料是深米色丝绸，上有乳白色花纹。缎带有些是白色的；有些是米色的，中间带有粉红色或黑色线条；有些是淡紫色，带有米色图案；有些是灰黄淡绿色；有些是淡蓝色；还有些是灰橙色的。从这里，不难看出17世纪服装的装饰方式和质料都与前代有明显的区别，即以缎带打成的蝴蝶结、玫瑰花结和纽扣、花边等取代了五颜六色的宝石。而且，使威尼斯花边名扬天下。

有一幅画于19世纪的描绘凡尔赛宫廷贵族豪华服装的版画。这是号称太阳王的法国国王路易十四时代（17世纪末～18世纪初）的男子典型装束：头戴高大的插满羽毛装饰的帽子，帽檐下披散着卷曲浓密的假发，全身的缎带、皱褶、蝴蝶结繁不胜数，脚上还穿着一双高跟鞋。假如没有手杖和宝剑的话，几乎难以辨认出他是个男子。美国一位服装心理学家在总结这一时期男装风格时说："男子穿紧身衣，戴耳环、花边皱褶领、用金刚钻装饰的鞋、扣形装饰品和羽毛帽，他们举止的女人腔是服装的女人腔直接派生出来的……化妆品、香水、花边、首饰、卷发器和奢侈的刺绣，所有这一切成了当时男性最时髦的装饰"（图7-10、图7-11）。

图7-10 作于19世纪的版画，描绘路易十四时代男女典型着装

图7-11　19世纪男装细解

图7-12　17世纪男子假发

领带和假发更为这种男装女性化增加了倾向性。领带几乎整个是针织的，领带末端是珍珠流苏。人们曾引证了一段评论当时假发的话："……某君的假发十分之大，足够一只骆驼驮的了。他用在假发上的化妆粉，至少也有1蒲式耳（每蒲式耳约合36升）""这些化妆粉使他那长长的针织领带从头到尾都变了颜色"。这段话显然是带着讽刺意味。不过，提供了一点参考资料，那就是男子戴假发的趋势越来越走向极端。假发实际上早已出现。但是有一种说法，说明为何在17世纪时假发流行。据说路易八世的头发很美，因此他将头发蓄成了披肩发。后来他的头发不如以前美丽了，便又开始戴假发。宫廷贵族服装影响到服装流行，这是符合时装流行规律的，但是披肩发和假发的流行是不是就是因路易八世而来，迄今说法不一（图7-12～图7-14）。

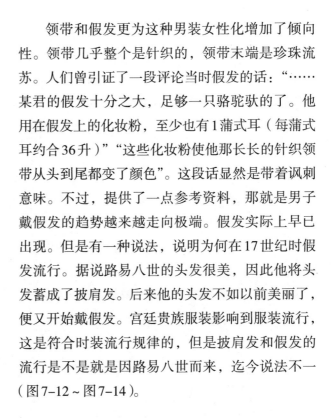

图7-14　英国荷加斯作于1697～1764年的版画，除假发作为法官和律师特定形象外，当年资浅律师穿羊驼毛长袍，资深律师穿丝绸大袍

图7-13　贝尼尼作于1647年的《英诺森十世像》中的假发相当讲究

四、女服风格及演变

17世纪的女服，也像男服那样盛行缎带和花边。但是，与男子不同的是她们并没有以缎带取代珠宝。相反，当时最时髦的佩饰品和衣服上的装饰，仍以珍

珠为最美。而且，初期女子不尚戴帽时，高高的头饰上仍然戴着宝石。

女裙的最大变化是，以往撑箍裙都需要撑箍和套环等固定物，而这时有些妇女已经免除过多的硬质物的支撑，这是一百年来第一次形成布料从腰部自然下垂到边缘。在从肥大形向正常形过渡的过程中，妇女们常把外裙拽起，偶尔系牢于臀部周围，这样其实比以前显得更肥大。可是由于故意把衬裙露在了外面，因此又给下裳的艺术效果增添了情趣与色彩。这些衬裙都是用锦缎或其他丝织品做成的，上面衬有各种不同的颜色，有的还镶着金边，自然值得炫耀一番。这种风尚的流行，使得女性们将精力投入到衬裙上，有时穿两套精美衬裙，以衬裙的各种质料或颜色来显示自己不落俗套（图7-15、图7-16）。

当然，尽管这样，裙子的外形还是相当大的，有很多裙形开始向两侧延伸（图7-17）。西班牙著名画家委拉斯凯兹为王后和公主们画像时，描绘了这一时期典型的西班牙式服装。年轻的凡塔·玛格丽特公主的长袍是用淡珊瑚色的绸缎和闪闪发光的银制品做成的；她宽宽的像假发一样的发式显得格外庄重；宽大的椭圆形罩袍几乎平放在裙子上，那极其华丽的皱褶由于镶着一圈深色的银边而显得特别突出。她那用布片拼做的衣袖还是16世纪的式样，但衣袖上翻在外面的皱褶则是最新式样。这套服装不仅代表了17世纪服装风格，同时还带着强烈的宫廷服装特色（图7-18）。

这一时期妇女对佩饰品和服装随件的兴趣，可以说和男子相比不相上下。首先是头饰；其次是领口显露出来的项链，凡没有穿（实际是戴）轮状大皱领的妇女，颈间没有不戴项链的；再者手套也格外讲究，而且无论男女都把手套戴在手上或拿在手里。现今可以在几个大博物馆里看到的手套，一般

图7-15 17世纪贵族女性冬季常服

图7-16 典型的路易十四时代贵族夫人讲究厚重豪奢的装束

图7-17 依然讲究大裙撑的女装

都会在深色的手腕部位绣上花纹，还有的在边缘处镶带或缀上装饰品。

不戴手套的时候，大多是用一个舒适温暖的皮筒。这种皮筒和皮毛围巾一起戴，不分男女。另外，上层社会曾流行无论冬夏，时髦的人都带着扇子。折叠扇开始流行起来，但是并未能一下子取代羽毛扇（图7-19）。

除此以外，妇女们的腰间还要挂着一个镜盒、一个香盒（漂亮的小盒中装香球）和其他化妆品。当然，珍珠耳环、手镯等仍是最令人喜爱的饰品。在巴洛克艺术风格盛行时期，服装形象上的大胆创新和竞相奢丽都被认为是正常的。因此巴洛克建筑风格完全成为当时服装的文化元素（图7-20）。

图7-18　16~17世纪西班牙宫廷装束

图7-19　17世纪女子猎装包括满饰羽毛的帽子

图7-20　蕾丝花边占据了衣服的主要部位

第三节　服装和洛可可风格

所谓洛可可风格，是指18世纪欧洲范围内所流行的一种艺术风格，它是法文"岩石"和"贝壳"构成的复合词（Rocalleur），意即这种风格是以岩石和蚌壳装饰为其特色；也有翻译为"人工岩窟"或"贝壳"，用来解释洛可可艺术善用卷曲的线条，或者解释为受到中国园林和工艺美术的影响而产生的一种风格，它对中国特别是清代服装也影响甚巨。

与17世纪巴洛克风格对服装上的影响一样，洛可可风格同样反映在18世纪的服装上。与前不同的是，洛可可风格横贯东西，比巴洛克风格有着更大的文化涵盖面，因而也就愈益使其在服装风格化期中，占有更重要的位置。

这种艺术风格在各艺术门类中的普遍存在，自然也使18世纪的服装表现出空前的新局面。

一、广义洛可可风格及其形成条件

17世纪末和18世纪初的法国，由于连年不断的战争和凡尔赛宫的挥霍无度，国家经济已濒临崩溃的边缘。路易十四在此起彼伏的群起反抗中死去。继位的路易十五依旧是一个追求享乐的君王，因而继续穷奢极侈。当然，这时法国的工商业终归得到了一些恢复和发展，于是他们不惜占用大量人力、物力在豪华的宫殿中实施装饰。由于这种装饰注重于繁缛精致、纤细秀媚的效果，从而适应了当时中上层人士的审美观，即追求人生的极度享乐，强调生活的变化和艺术的装饰性。加之18世纪中叶，欧洲各国同各地的贸易往来不断增长，文化交流也日益加强。特别是中国的工艺品，因为东西海路航运的疏通，致使中国的生丝、丝绸、刺绣、陶瓷、漆器等源源不断地运到葡萄牙，再由葡萄牙输入英、法及全欧洲，一下子引起西欧上层社会对中国工艺美术的兴趣。中国清王朝宫廷艺术中繁不胜繁、以仿古乱真为能事、以奇为上的风格撞击并直接影响了欧洲艺术的发展，最终形成了一种影响深远的艺术风格——洛可可风格。

在当时，洛可可风格的建筑，逐步形成自己的独特个性与特征。过去用壁柱的地方，改用镶板或镜子，四周再围以纤巧复杂的边框。凹圆线脚和雕饰都是细细薄薄的，没有体积感。墙面不再用大理石，改用本色打蜡的木材。装饰多用自然材料做成曲线，流线变幻，穷状极态，趋向繁冗堆砌。同时，讲求娇艳的色调和闪烁的光泽，如多用粉红、粉绿、淡黄等。而且还大量使用镜子、幔帐、枝形玻璃吊灯等贵重物品做装饰，显得豪华但又亲切，细致却不失灵活。

对于这种风格的形成，美学家认为：洛可可风格排除了古典主义严肃的理性和巴洛克喧嚣的恣肆。它不但富有流畅而优雅的曲线美和温和滋润的色光美，充满着清新大胆的自然感；而且还富有生命力，体现着人对自然和自由生活的向往。

对于这种风格的形成，历史学家则认为还有一个原因，是因为路易十五的宫廷不再争夺王朝的权力和扩张殖民帝国，它用闲散安逸和文雅的举止为法国树立榜样。因此，一种更精致和更纤巧的建筑似乎是这一转变所必需的。这种思想在最具洛可可风格的凡尔赛的小特里安努宫和腓特烈大帝在波茨坦的无忧宫建筑中体现得最充分。

可以这样说，洛可可风格的形成是巴洛克艺术刻意修饰而走向极端的必然结果，因此风格趋于灵巧却带有浓重的人工雕琢痕迹。它与巴洛克风格之间属于宫廷艺术的承接关系，洛可可风格实际上在17世纪末叶就已显露端倪，只不过后来更适合于当时中上层阶级的审美趣味，从而盛行一时（图7-21～图7-23）。

严格地说，洛可可这一个词的来源是19世纪才出现的。但伴随着"洛可可"这一名词的特定含义的问世，却是对它的抨击和批判。对于急需加速改革的18世纪末叶来说，那种否定无疑是正确的。正是由于新古典主义的崛起，才推动了艺术风格的更新和发展。但是，我们从研究服装风格演变的角度来分析，却不能不承认它的存在和它的美学价值，而且还应该就此肯定它曾给人类服装史写下了纤巧繁丽又别具光彩的一页。

图7-21　法国凡尔赛宫外景

图7-22　凡尔赛宫的国王卧室

图7-23　凡尔赛宫的国王写字台

二、狭义洛可可风格的具体体现

　　洛可可风格的形成，有着特定的因素，而洛可可风格服装的形成，还有着更为具体的与服装密切相关的各种条件。

　　首先说，东方的中国服装面料、款式、纹样曾给欧洲服装界带进一股清新的风，影响所及，其范围和速度相当惊人。听起来几乎难以想象，公元1700年中国美术工艺品商在巴黎所举办的一次商品展览会，竟使法国贵族豪富趋之若鹜。法国1685年派到中国的传教士（耶稣会士）白晋在1697年出版的《中国现状》一书中介绍中国服装并大加赞扬，使皇室贵族以穿中国服装为荣。史载1667年某一盛典中，路易十四着全身中国装束，使全体出席者为之一惊。1699年布尔哥格公爵夫人召请当时返法的传教士李明（1687年来华，1692年返法），他身穿中国服装参加舞会，博得在场观众热烈的喝彩。转一年，王弟在马德里店举办中国服装化装舞会，会后还有一场以《中国国王》为名的戏剧。蓬巴杜夫人也曾穿用饰有中国花鸟的绸裙。法国宫廷还在18世纪的第一个元旦，举行中国式的庆祝盛典，一时，中国趣味不仅吸引了上层社会，而且也影响了整个法国社交界。如开办中国式旅店，里面的服务人员着中国服装；游乐场所点中国花灯，放中国烟花，演中国皮影戏，并设中国秋千等，招待人员以中国服装作为主要装束。看起来，17世纪末叶至18世纪，中国以及东南亚的服装风格强烈冲击着西欧，确是掀起一股"中国热""东方热"。西欧著名的拜布林花毡被中国刺绣取而代之。西欧人士的服装倾向，越来越追求质地柔软和花纹图案小巧，而且布料的色彩趋于明快淡雅和浓重柔和相并进的趋势。尽管一些欧洲国家屡次禁止印花棉布和丝绸进口，以保护本国纺织工业的发展，但由此导致的原料稀少更助长了人们穿着的欲望，因此一时以印花棉布和丝绸做成的长袍短衫成为最时髦的服装。这些虽然不是构成欧洲服装上洛可可风格的唯一因素，却是极重要的因素。

当时，不少具有洛可可艺术风格的画家也加入到服装设计的行列之中。他们一方面将所流行的服装再加以理想化的描绘，在画布上表现出来，一方面又迎合人们的审美倾向而大胆创作一些从未有过的色彩和田园诗般的款式。可以说，在流行洛可可风格服装的过程中，画家曾起到推波助澜的作用（图7-24、图7-25）。

图7-24 洛可可画家法戈纳作品《秋千》，表现了当时女子的服饰风采

图7-25 洛可可风格雕塑萨克斯元帅墓

三、男服风格及演变

18世纪初期，随着路易十四逐渐年迈，社会变化的速度也日趋缓慢。男服在相当一段时间里，几乎处于停滞状态（图7-26）。尽管这样，服装风格还是悄悄地从巴洛克那种富丽豪华向洛可可风格的轻便和纤巧过渡。

这时，法国男服已经用没有过多装饰的宽大硬领巾取代了领结，也减去了衬衫前襟皱褶突起

图7-26 法国国王路易十五和路易十六雕像

的花圈儿。尤其是假发，虽然样式越来越多，人们也可以根据职业和场合的不同而随时更换，但是早先那种披肩假发显然已经过时，只有宫廷、社会学者和年长而保守的绅士们还在沿用。因为它确实能够体现出一种威严的气派，可是日常戴用毕竟负担太重了，也不方便。于是，人们开始时兴将两侧头发梳到脑后，以各

图7-27　18世纪初男装依然延续
　　　　 17世纪末风格之一

图7-28　18世纪初男装依然延续
　　　　 17世纪末风格之二

图7-29　18世纪初至中期的欧洲
　　　　 男服

种方式将其固定下来。如用一条黑色发带将头发拢在一起；或用一个四角黑色袋，将头发包起来，再在顶部装饰一个蝴蝶结；或者将发辫包裹于螺旋形黑色缎带套之中（图7-27、图7-28）。

进入18世纪50年代以后，持续了几十年的服装流行款式开始出现变化，最突出的一点是服装的造型趋于纤巧。原来那宽大的袖口已经变得较窄而且紧扣着。为了与其他衣服相配，上面常有刺绣，同时饰以穗边。外衣下摆缩小了许多，皱褶不见了，并在腰围以下裁掉了前襟饰边。到了18世纪80年代，后摆的皱褶也完全消失了，边缝稍向后移（图7-29）。

由于裤子外露较多，人们开始注意它的尺寸大小和合身程度。大腿以下部分显得平整合体，膝盖以上的缝孔是用一排纽扣扣紧的。膝带也同样用扣紧锁。这时候，衣服上仍布满了刺绣和穗带，而且袖口、口袋盖和外衣前襟上，也都用毛皮作为装饰（图7-30）。

脚上足服显得一丝不苟。有些是用银丝精制而成，有的还镶以人造宝石。当然，真正达官贵人的鞋子上镶的是珍贵的天然宝石。

18世纪后期，男服中的外衣越来越紧瘦，致使赶时髦的年轻人，穿着瘦袖紧腰身的服装，前襟看起来不可能合拢，那密密的纽扣不过是装饰品（图7-31）。

在此以后，男子服装的整体形象逐渐摆脱了17世纪末和18世纪初的脂粉气而开始趋于严肃、挺拔、优美同时富有力度的男服将男人塑造得男子汉味十足。偶尔有人在宫廷举办的宴会和舞会上，戴假发、扑香粉、穿着绣花礼服、半截裤和长袜子，常会使人们回想起17世纪和18世纪前叶的生活。

燕尾服是由前襟短、后身长，并且很难系上纽扣的服装式样演变来的。从这一时期画像上表现的着装形象来看，外衣紧瘦的样式非常时髦，并已经形成一种潮流。不是通襟敞开着，露出里面的绣花背心，就是上面系扣，而腰腹以下的衣身敞开着，整件外衣有向后延伸的倾向（图7-32）。

图7-30　18世纪中期版画上的英国首相沃尔波尔爵士

图7-31　作于1778年的版画中的男女服装

图7-32　18世纪末男子的正装，假发不再使用

　　布兰奇·佩尼在《世界服装史》中曾这样描述一位美国绅士："他的服装样式很保守，是多数平民穿用的典型服装。他的外衣有高高的立领，衣身整体明显向背后伸展，并呈弧形线条轮廓，纽扣大小刚好适中，一排扣眼很可能是假的。这位绅士的裤子紧身适度；他的长筒袜和鞋子看不出有什么变化。他的衬衣有皱褶领，领口处打一个蝴蝶结领花。这位绅士的表情泰然自若，身体重心倚在一根象牙镶顶的手杖上，手中是一顶三角帽。他的头发撒有香粉，既不蓬松，也不宽厚，看来是他的天然头发。悬吊着的表袋上有两个印章图案，这只表袋对他来说大概是相当体面的了"。当时的肖像画表明，绅士的整体服饰构成中，一般是不会缺少手杖和表袋的，即使里面没有表，表袋也是个重要的装饰。

　　当时表现绅士的肖像画很多，而且由于画家有着高超的写实技巧和严肃的忠于现实的精神，所以可以清楚看到画像上衣服的裁剪、缝合等纹路的走向。同时能够看到上衣胸部上方部位向外凸起，并呈流线型；而燕尾部位的线条突然向后倾斜，并渐渐变得很窄。而且马裤紧贴下肢。由于它多为皮革制作，所以不必担心会因下肢活动而撑裂。

　　除此之外，双排扣、大宽翻领、领带的蝴蝶结位于衬衣褶边上方，或是没有褶边的衬衣和马裤一直伸到靴筒内的服装穿着方法，那是18世纪末期的服装风格。特别是经过法国大革命运动以后，那些"非马裤阶层"——贫民阶层的劳动者的肥大长裤开始流行。至此，男服在18世纪中走过了一个由女性化回归到男性化的全过程（图7-33）。

四、女服风格及演变

女服风格的形成与发展，远比男服风格要迅速而多变。洛可可风格的女服主要是由宫廷贵妇率先穿起，但是她们已经不满足洛可可的纤巧与富丽，对宫廷生活中那些世俗传统已感到厌倦，于是她们将兴趣转向了东方的景物纹样和吉祥文字，想通过精致秀丽之风表达出自己对大自然的渴望。这种对服装的趋新趋异思潮，自然又使洛可可风格在服装上的体现，呈现出一种多元化的倾向。当年路易十五宠爱的蓬巴杜夫人，曾担任法国最大的沙龙（即宫廷中）女主人。在这里，主人的一切布置，都是社会生活的一种直接反映，是社会思潮的一种折射。而沙龙主人的审美情趣，又势必影响了社交圈诸如服装等在内的审美标准。在法国大革命前，宫廷服装潮流引导贵族服装趋向，进而诱发社会服装流行的现象非常明显。这是帝制社会的一种最常见的服装流行规律，而在法国这个自帝王就崇尚奢华挥霍，极力追求服装新潮的国家，也就表现得更为明显（图7-34）。

说到这里，绝不能忽视蓬巴杜夫人对18世纪服装风格的影响。蓬巴杜夫人是个有教养并有着很高审美情趣的女性，最后成为路易十五国王的私人秘书。她的服装每每要精心设计和挑选，以求气质高雅并使人赏心悦目。她所穿的丝质长袍，由于质量上乘而异常宽松柔软，使人感觉似乎飘然欲动。宽大的褶裥、纤细的腰身和肥硕的裙裾使她如同美神维纳斯。每一处都经过制作者的精缀细缝，色彩上舒适明快，图案上精巧玲珑，卷曲的内衬和无尽的繁复细节相得益彰，使洛可可风格的服装艺术得到了最完美的体现（图7-35）。

虽然蓬巴杜夫人并没有倡导什么服装风格，可是她那讲究的服装形象无疑地成为贵族乃至全社会妇女效仿的楷模。因此，在评论蓬巴杜夫人在服装史中的位置时，总会说她左右了18世纪中叶的服装风格。就连穿戴服饰如何适应不同场合这一类服装礼仪行为，也深深地影响了整个法国。以至她曾梳过的发式和穿过的印花平纹绸以及她亲自设计的一种宫内服装，甚至她喜欢的扇子花色、化妆品和丝带等，都被人们以她的名字来命名。她率先并喜爱穿用的宽低领口在女服款式中经久不衰（图7-36）。

在弗朗梭瓦·布歇为蓬巴杜夫人绘制的画像上，可以看到这位被蓬巴杜夫人指定为素描与版画教师的画家，和蓬巴杜夫人的艺术趣味十分相近。因此，布歇

图7-33　法国人从俄罗斯学来的男装款式

图7-34　蓬巴杜夫人画像之一

图7-35　蓬巴杜夫人画像之二

与蓬巴杜夫人被人们喻为是推动洛可可服装风格的"两个轮子"。1756年绘制的一幅画像中，夫人斜倚在铺着羽绒衾的床上，华贵的缎子撑箍裙缀满了五彩缤纷的花饰，胸前一朵大缎子蝴蝶结，更增添了雍容华贵的服装效果。1758年绘制的一幅画像中，蓬巴杜夫人处于花丛中间。她身着华丽的裙服，裙服上镶着蔷薇色的缎带。蓬巴杜夫人的抽褶缎带几乎布满了全身，肘部是一圈蓬松的彩带，颈间也有一圈缎带做成的花环，再加上前襟、裙前和裙下摆的缎带做成的花饰，使她本人就像是一簇花。同时，她手里拿着一枝蔷薇，在她左胸前也别着一朵蔷薇花，这是蓬巴杜夫人的象征。看得出，薄而晶亮的织物以及繁缛的荷叶镶边确实有着蔷薇一般的风姿。画中的蓬巴杜夫人把珍珠装饰在头发上，颈下佩着一条短项链，手腕上戴着一副四股的手镯。画家出于个人审美情趣的刻意描绘，贵妇为显示奢华超众而精心地设计穿着，这两者巧妙结合所产生的画作，在很大程度上推动了洛可可风格服装的盛行（图7-37）。

以当时洛可可风格服装的袖子为例，就可以看到其艺术风格在服装上变换一种形式以后的形

图7-36　蓬巴杜夫人画像之三

图7-37　蓬巴杜夫人画像之四

图7-38 洛可可风格服装在民间流行

象显示：袖口制作得精致而复杂，并且带有饰边。带翼的袖口发展至此已为细丝褶边所取代。这种褶边通常分为两层，上层镶着穗、金属饰边和五彩的透孔丝边。袖子下面是两层褶，有时是三层褶。褶纹由细而宽，褶边的尽头还镶着更豪华的边饰。中等人家的妇女则用不带刺绣或带刺绣的毛棉混纺薄呢来做这种褶边（图7-38）。

蓬巴杜夫人着装形象上的洛可可风格，不仅是受到时代总风格的熏陶，更不能只归结为她与画家布歇的合作，应该看到，蓬巴杜夫人服装的典型的洛可可风格是在那一个时代中逐渐形成的。

有一种为蓬巴杜夫人喜欢的女裙，其外裙像窗帘一样从两侧吊起，造成半高的堆褶并有细褶饰边，这种裙形据说是从波兰传入的。另外一种据传是画家华托亲自设计的女裙，被称为华托式。

华托作为洛可可艺术风格的初期代表人物，对中国工艺品上所有东方情调的曲线美以及中国丝绸的光泽，特别是中国工艺装饰所特有的没有严格对称的唐草纹样和漩涡纹样方面，产生了浓厚的兴趣。可是他本人又在事业上坎坷一生，因而他画面中所表现的女子着装形象，既有典型的洛可可艺术风格，又有力求摆脱这种妩媚寻求一丝清新的倾向。

被称为华托服的女服，其主要特点是从后颈窝处向下做出一排整齐有规律的褶裥，向长垂拖地的裙摆处散开，使背后的裙裾蓬松。这种裙服大多采用图案华美的织锦或闪闪发光的素色绸缎做成，不强调过于琐碎的装饰。它体现洛可可风格女服的造型特征：上衣为袒胸低领口，自然倾斜的肩线，窄瘦的袖子至肘部，在袖口处呈喇叭花形或漏斗形，在袖口上面有些花边装饰或露出衬衣袖子的一层或多层花边。

再参看美国波士顿美术博物馆收藏的两件稀有的长袍：一件是以绿色罗缎做成，袍上绣有巴洛克风格的图案，腰围以下部分很长，上衣镶有美观大方的荷叶边装饰。另一件是蓝绸袍上绣有白色花朵，袍身上稀疏的网状装饰借鉴了花边设计的某些特点，衣服后部宽松舒展。

可以这样说，华托之前就曾出现这种类型的女服，而通过画家的精心描绘与加工，褶纹从后领口直接延伸到衣服下摆拖地处的款式，以及每道褶纹之间都有一定距离的有意安排，使它更形成了自己的特色。而且是经过这么多人、这么长时间的探索和改进，才最终形成了蓬巴杜夫人那具有影响力的洛可可风格的服装。

再有一点需要提及的是，曾一度减小乃至去除撑箍的女裙，在这时又出现了拱形裙撑的势头。这种裙子的特点主要是将裙子向两侧撑起，与前述西班牙公主玛格丽特的裙服有些相似之处（图7-39）。

在叙述16世纪女服的时候，可以看到服装上缀满了各色宝石；而到17世纪时，以美丽的花边、缎带来加以装点；18世纪时最突出的是平面的大花图案和立体的缎带系扎的大花。不仅在蓬巴杜夫人画像上看到多处装点的蔷薇花，在当时所有的贵妇画像上都可以看到领口上、衣领上，甚至头发上都装饰着花。妇女们喜欢在肩部和腰部装点花束，因此常常在紧身衣衬里带有小口袋。袋内装有玻璃瓶，瓶中的水可以保持鲜花不凋。这也许是洛可可风格服装的最诱人之处（图7-40、图7-41）。

图7-39　裙子向两旁扩展的款式

图7-40　巴洛克时不曾具有的纤细和节奏感出现在洛可可时代

图7-41　18世纪后期开始出现的只在后臀将外裙吊起的款式

在服装如此精美、奇特而且款式多变的形势下，妇女的头饰异军突起。18世纪70年代，喜爱时髦装束的妇女开始对别出心裁、标新立异的发型和头饰穷追不舍（图7-42）。

人们为了使发型能够高高地直立起来，就用大量的粗布和假发裹在里面，然后再连同自己的头发一起用面粉糊糊浆硬。待头发干了以后，宛如一个硬纸壳型。苏格兰大诗人罗伯特·彭斯曾在教堂中看见身边一位贵妇头发上有个小虫爬来爬去，于是在1786年写了一首《致小虫》的诗，"上帝赐给我们力量吧，让我们明察自己"，这句话道出了诗人对面粉糊制固定发型的讥讽。农民也对男女发型所消耗掉大量面粉感

图7-42　18世纪末，路易十六末期出现了具有异国情调的女裙

到义愤填膺。研究服装史的学者都曾怀疑这种以面粉做的发型会不会在天热时发出令人作呕的气味,难道香水、香粉、唇膏以及贵妇手中永不丢掉的扇子等化妆品和服装随件,就是为了抵御、消减和驱除那些怪味?

与假发相比,固定发型显然不如假发卫生。在此基础上,人们又制作各种各样极尽巧思的头饰,用以满足18世纪时人们那总也无法满足的竞尚奢华的心理。

有一种头饰,是为纪念美国独立战争中海军取得辉煌胜利而设计的。造型是在头上用不同材料制作而成的一艘扬起风帆在羽毛的海洋中行驶的轮船。再加上五色的彩带随风飘扬,头饰简直是一件巧夺天工的工艺品。这时,无论是人物、马车、花园等等,只要是与最新发生的新闻事件有关的事物,都会一一出现在妇女的头饰上。

纵观洛可可风格的服装,其款式的纷繁、变异的迅速、整体形象的华美,简直难以一一列举。可是,可以从中看出的是,这种风格绝不是孤立存在的。它紧紧与那个时代的社会文化相关,同时还得到了世界各国文化的滋润。女王身上的金丝绣花锦缎、贵妇身上高雅别致的平纹绸和闪闪发光的缎料是洛可可风格服装形成的必备条件。路易十六时期精美的条花丝绸便是18世纪波斯人纺织图案的翻版。印度的印花布不仅促进了法国棉纺工业的建立,而且印度人和波斯人在色彩方面的独到的创造和鉴赏能力,为欧洲人做出了不小的贡献。

洛可可风格的服装纹样题材广泛,人物、动物、亭台楼阁、几何图案一应俱全,尤其引人注目的是中国的宝塔、龙凤、八宝和落花流水等纹样被广泛采用。当然,在欧洲人衣服上反复出现的已经是欧化的中国纹样。

18世纪后期,人们愈益追求柔软、轻薄而结实的织物,因此,英、法两国都增加了印度花布的进口量。18世纪末,印度头巾以绝对优势取代了希腊服装影响的流风遗韵,欧洲服装发展又面临着一个新时代的挑战。

第四节　军戎服装

15世纪末,神圣罗马帝国已经变成了一个毫无尊严与荣耀的政治现象,已经"既不神圣,也不是德意志民族的,更不是帝国。"于是,他们派出家族中的年轻人——神圣罗马帝国皇帝腓力三世之子马克西米连去和勃艮第公国公爵大胆查理侄女玛莉结婚,由此得到了尼德兰以及一大片勃艮第领土的陪嫁,实力大大加强。勃艮第公国,这个当年与法兰克人一同南下的日耳曼族建立的国家,在当时的欧洲还是一个活跃的角色,一度富可敌国。

哈布斯堡家族原本认为与勃艮第的联手将使双方在欧洲政治舞台上无往而不胜，不但因为两国占据了有利的地缘政治态势，而且勃艮第人素以善战闻名。大胆查理之父——菲利浦大公曾创立了强大的金羊毛骑士团，这是一支继圣殿骑士团、医护骑士团和条顿骑士团后新一代的骑士武装力量，与嘉德骑士团同时，这支武装力量将威慑神圣罗马帝国和勃艮第共同的宿敌——法国，一切似乎都很完美。但是他们都忽略了从英法百年战争中凝聚出的法国民族意识，低估了法王路易十一的狡诈，法国决不会容许在英法百年战争中站在英国人一边的勃艮第公国生存下去（英法百年战争中，正是勃艮第人俘获了贞德并将她交给英国人处死）。勃艮第公爵大胆查理又纠合了一批贵族结成"公益联盟"对抗法王，双方遂于1477年交战于南希，这一年正是查理之女玛丽与马克西米连两个年轻人喜结良缘的一年。战斗中，大胆查理和他的骑士团重装上阵，面对主要由瑞士农民组成的步兵方阵，他们不屑一顾。一列列勃艮第骑士按照传统列队，放下面罩，端起长矛，排成冲锋队形向眼前似乎不堪一击的队伍冲去。在此前的数百年间，还没有一支步兵队伍能经得住这些重甲骑士的冲击（图7-43、图7-44）。

图7-43　大胆查理服饰形象

但是，这些衣着简陋凌乱的步兵没有丝毫慌乱，当骑士距他们还有一百多米时，步兵队列前方伴随着火光爆发一阵巨响，冲在前面的几名骑士被巨大的石弹击中落马，更多的是战马受惊拖着骑士遁逃。就在剩余的骑士们感觉矛尖快刺到目标时，最前面几排步兵放平长矛，甚至将矛的尾端顶在地面，霎那间一堵尖利的可怖矛墙出现在骑士面前。战马是聪明的，它们怕矛尖甚于骑士的马刺，纷纷急停、转向，将重甲骑士摔下马来。少数躲不开的，则连人带马一起戳在了尖利的矛尖上。一部分骑士幸运地冲进方阵，步兵方阵尽管被打开了缺口却没有崩溃，前三排长矛兵后的一排士兵手持比矛短小的斧头枪（顶端为枪，一面有斧刃，一面有钩）将骑士从马上勾下来。但这些身披25kg铠甲而且视野狭窄的骑士笨拙地试图站起时，枪尖已经刺进了咽喉、腋下的铠甲缝隙……

没用很久，这些装备简陋的步兵就上演了一场经典的步兵战胜重装骑兵的战役，历经两代人苦心

图7-44　马克西米连服饰形象

建立起来的骑士团此役全军覆没，马克西米连的岳父大胆查理阵亡，显赫一时的勃艮第公国就此一蹶不振。这支树立了传奇般功勋的步兵队伍，命中注定将成为一场伟大军事变革的领军者，他们的名字震撼了16世纪的欧洲，并在五百年以后还伴随着教皇的圣堂，他们就是——瑞士雇佣兵。

瑞士长期是神圣罗马帝国的领土，民族构成上也是以德意志人为主，至今全国还有65%的人讲德语。从1273年鲁道夫一世开始，瑞士的巴塞尔、苏黎世、伯尔尼等城市就出现独立倾向，最终结成8个州的瑞士同盟并向外扩张。直到1477年与勃艮第大军交战于南希时，瑞士军队的主力都是步兵，这固然有当地山区多不利于骑兵作战的原因在内，但很大程度上是由于瑞士以畜牧业和农业为主，国家贫困财力不足造成的，至于瑞士依靠精密制造业后来居上成为发达国家则是很久以后的事了。艰苦的自然环境培养了瑞士人淳朴剽悍的民风，长期与法德两大国作战的历史又赋予了他们尚武精神。按照同时期意大利著名军事理论家马雅基弗利（他还是《君主论》的作者，为后来君主制的民族国家成立奠定了理论依据）在《兵法》中的解释，瑞士人的善战精神和独特步兵战法是有社会历史背景的："瑞士人贫寒，但很看重自由，故此不论过去还是现在，他们总是奋起保卫自己的家园，以免遭德国公爵颐指气使的凌辱。德国人的财富使他们有能力组建骑兵。瑞士人贫穷，无力这样做，只能用步兵抵御敌人骑兵的现实迫使他们转而从古人的军事机制中，从能够顶住骑兵疯狂攻击的武器中去求取自身的安全。"因此，瑞士步兵方阵广泛装备了长矛和斧头枪、钉锤枪等善于对抗骑兵的武器。武器的优势绝非瑞士军队崛起的唯一要素，这支军队赖以成名的秘密是一种看不见摸不着的事物——纪律。面对锋利长矛和滚滚而来的铁骑，步兵方阵没有严格的纪律约束就会如雪崩一样瓦解，这在以前是不乏先例的。瑞士兵强悍的战斗力和新鲜的步兵方阵战法成为欧洲各界关注的对象。

内忧外患，困辱交加，风雨飘摇，马克西米连意识到只有拥有一支自己的武装力量，而不再依靠诸侯，才能应对如此险恶的态势。创建常备军需要国家为之配备武器装备，并定期发饷，无疑耗资巨大，注定不会为束缚他手脚的"帝国参政团"批准。况且当时欧洲诸国处于一个少数人统治多数人的情况，且不说神圣罗马帝国这样政治上分崩离析，民族成分极为复杂的帝国，就连法国这样民族认同感较强的国家都没有把百姓武装起来的勇气，谁能保证他们不会掉转矛头对准自己。在这种情况下，雇佣兵就成为必然的选择，更有瑞士雇佣兵在战法、组织模式上的经验。因此，仿效瑞士雇佣兵，在德国境内组建德国雇佣兵组织，让士兵和基层军官自行负担轻武器与基本装备的费用，皇帝只在作战期间雇用他们并发饷，无仗可打时由他们去自谋生路，这无疑是一个短期看来简单可行的办法。

历史将证明，这是一个意义重大的转折点，不但马克西米连将以此实现自己重振哈布斯堡家族的宏图大业，而且无论是对欧洲政治局势、对德国社会发展，对军制、军械与军服的演变都有非同一般的意义（图7-45、图7-46）。

图7-45　德国雇佣兵群像之一

图7-46　德国雇佣兵群像之二

　　要组建一支军队，首先要有人——指挥官、士兵和专业技术人员。有了最高指挥官，基层军官也不难寻觅，在当时的德国，由于大小诸侯间的相互倾轧，众多小诸侯和骑士丧失了自己的领地以及收税的特权，不得不利用武器从事一些打家劫舍的勾当，久而久之便受雇于一些大诸侯。较早期的一支典型雇佣军武装多以一名穷骑士为核心组建，这名骑士有战马，装备长枪和全副盔甲。陪伴左右的是几名扈从，骑士在从家乡附近招募一些无地的穷苦农民，装备一些便宜的长矛和弩（这两种兵器所需要的训练程度都较低）。一支最小规模的雇佣兵队就出现了，他随时愿意为出钱最多的雇主去卖命，如果雇主违约就背叛他，如果雇主在富庶地段和他们解除了合同，他们就顺便打劫。

　　马克西米连和弗伦茨贝格的做法是充分利用这一现成的模式，只是将其扩大化和正规化。他们授权给穷困的小诸侯与骑士后裔担任团长去招募雇佣军，这些团长再拉拢一些家臣和朋友作副团长，招募几位会读书写字的没落贵族后裔做参谋。当然还需要一位牧师，在作临终祷告方面必不可少。这样，一支队伍的指挥结构就成型了。雇佣兵队伍中的另外三种人——旗手、乐手和鼓手也各有用处，旗手高举色彩鲜艳的大旗，既鼓舞士气，又指明编队的方向，乐手和鼓手则是指挥系统的一部分。步兵，在什么时候都是一支部队的主力，16世纪初，德国南部由于连年战乱，生产、生活遭到极大破坏，失业市民与失地农民数量众多，招到足够的人手并不困难，困难的是从中挑选体格健壮和不拖家带口的。这样一来，既然普通百姓扛上武器就成了士兵，那么民服就成为特殊形式的军服，并发挥军服的诸多功能。上文提到过从瑞士兵独特的战斗经历而推广向全欧洲的切口装，当时几乎全欧洲男女都盛行穿戴有切口的服装和鞋帽，只是这种切口装在德国被发展到了一个难以置信的程度。具体做法就是把外面一层衣服切开，剪成一条条有秩序排列的口子。有的平行切割，有的切成各种图案。人们穿着时，由于处在不同部位的切口连续不断地裂开，所以不规则地露出内衣或这件衣服的内衬。这样，就使得两种或多种不同质地、光泽和色彩的面料交相辉映，互为映衬，并且忽隐忽现，因此产生出前所未有的装饰效果。这种服装在欧洲又与填充式服装结合，产生了西班牙人那种特殊的南瓜裤。这种切口装饰的服装一直流行到16世纪，即使20世纪的男夹克上，黑蓝面料切开后内衬红布料的款式仍然在流行，可见其影响之深远。这样一来，一支队伍行进时军容的古怪绚烂只能用"Very intersting"来形容。

曾经有一种流传已久的说法，认为这种服饰在作战中具有"乔装打扮，不易暴露，攻其不备"的功效。这一说法在很大程度上是值得怀疑的。按照服饰军事学的理论，伪装是军服的视觉形态功能之一，具体分为环境伪装（包括自然环境伪装和人造环境伪装）、军人身份伪装、等级身份伪装、交战身份伪装四大类。显然，这种花花绿绿、异常醒目的服饰不适合伪装于自然环境中；军人身份伪装意指军人穿用民服，伪装于平民中间，主要指游击战中避免强大对手报复和情报战中获取信息等，尽管雇佣兵身穿民服，但是在正规作战中这种伪装不起作用；等级身份伪装是指官兵服制接近，以免高级指挥官成为狙击手的靶子；交战身份伪装是指在渗透作战中故意穿用敌方服装。显然，雇佣兵奇特服饰不适用于上面任何一种情况，只有一种可能，即这种宽大、轮廓模糊、颜色斑斓的服装可以使敌方在拼刺时不易找到致命部位，甚至刺中衣服肥大的填充物部分，只是这种情况没有任何具体战例来支持，因而不能写进服饰军事学体系成为伪装的一种类型。总的来说，雇佣兵的奇特服饰是一个时代民间时尚流行的产物，而非任何特定战略战术要求的结果，根据比对也不具有任何伪装的效用。即使因为过于奇特使对手惊讶以至放松戒备（这种例子发生过），也只适用于最初的阶段，尤其是在大半个欧洲都流行开这种服装后，其还具有多少威慑效果就很值得怀疑。

从一开始的兵员素质上看，德国南部的市民和农民远不如瑞士山民那样吃苦耐劳，但是他们更具有灵活性。当瑞士人死抱着长枪方阵战术不变的时候，德国人已经广泛招募火绳枪手，并把它们放到了一个远比以前仅是"履行古时弓箭手和投石手执行的任务"更重要的地位。在一次次与他们的主要对手——瑞士雇佣兵对抗的战斗中，德国人都采取稳妥的防守态势，并等待焦躁的瑞士雇佣兵主动进攻，这样他们就可以充分发挥方阵周围火绳枪手的巨大威力。当敌人方阵进一步逼近后，火绳枪手就退到长矛兵的身后，这些长矛长"9肘"（马基列维利记载，合现在4.5~5m），尽管和历史上声名赫赫的7m马其顿长矛还有差距，但已经足够制约敌人骑兵的冲击了。在铠甲之外，他们的服装和初创时并无太多不同，只是1520～l535年间切口装之风愈演愈烈，有的切口很长，如上衣袖子和裤子上的切口可以从上至下切成一条条的形状，有的切口很小，但是密密麻麻地排列着，或斜排，或交错，组成有规律的立体图案。一般说来，在手套和鞋子上的切口都比较小，而帽子上的切口倒可以很大，使帽子犹如怒放的花朵一样，一瓣一瓣地绽开着。至于裤装，尽管德国人也喜欢当时流行的填充式裤装，但是他们更喜欢裤身宽松的步兵裤，而不喜欢西班牙风格的球状南瓜裤。这种步兵裤每一裤管上有4个透气孔眼，在此之前曾有过16～18个孔眼的裤形。裤管内的填充物不再是鬃毛或亚麻碎屑，取而代之的是大量的丝线。长矛兵是对抗骑兵的主力，撰写于1519～1520年的《兵法》曾这样评价："此种武器（长枪）不仅最适用于抵御敌骑兵的攻击，而且还能战而胜之。此种武器加上此种队形使德国人勇气倍增，以致有1.5万名或者2万名德国步兵的队伍便能无所畏惧地去冲击敌人的任何骑兵。在近期25年间，我们眼见的这类战例还真不少。"

同样在长矛手掩护下，并和其配合作战的还有戟兵和剑士，前者的功能还是将敌人骑兵从马上勾下并消灭之。马基列维利这样描写戟："长三肘（约合1.5m以上，这一表述似乎比画作上见到的要短，似乎2.5～3m更恰当），带有长柄斧类型的铁质头部的木杆"。剑士则是德国雇佣兵广泛使用的一种特殊力量，在《古韵意大利》和本书前几章讲到过罗马人的短剑和西欧骑士的长剑，但是随着骑士作战方式的消亡，骑士长剑进一步分化，一部分更加短小，甚至于在和平时期成为一种装饰品。这一时期的德国平民尤其喜爱佩戴剑刃并不锋利的短剑。有人甚至同时将几支短剑排列一起佩戴在身上。这些短剑往往被佩成扇贝形或者叶片形，而且还要系上饰带。最讲究的是饰带颜色应该和系带长衣的内衬颜色一样。这种短剑在战时就演变为了全员佩戴在腰间的决斗剑，这种剑较短适于自卫。但是，另一方面，步兵为了有效对抗骑兵，需要将剑进一步加长以增大攻击范围，这和中国唐代出现双手握持的陌刀是一样的出发点。在德国，这种尖细的长剑最长甚至达到1.8m，重3.5kg，一般长约1.3m。这样的长度显然无法插入任何剑鞘，只能扛在肩上，因此剑柄前一段有皮革包裹。由于必须双手抢持，因此也称多手剑，使用这种武器的剑士既可以在长矛兵的掩护下，挥剑横斩马腿以阻击骑兵，也可以直接用剑攻击骑士铠甲的缝隙处，还可以在近身搏杀时利用对方长矛兵长矛过长运转不便的机会加以攻击。

前面说过，哥特式是一种风格，是一种时尚，时尚的特点就是要不断推陈出新，这一强大的动力来自于女性（部分时候还有男性）追求自身独特性的心理，以及为了迎合这种心理而不断改换设计的商人。这一切都决定了，当人们不能再通过让自己的哥特式尖头鞋比别人更长、更醒目时，一种新的时尚必然要开始流行。这是一种比武力更强大的力量，任何一个生活在社会中的人都无法与之对抗，只有投身其中，而且乐此不疲。代替哥特式尖头鞋的是一种宽大的圆头鞋，也恰如其分地体现了物极必反的古谚。那么，根据军事服饰与民服同受社会时尚流行变化影响这一原则，哥特式铠甲的尖头鞋，甚至各处尖利的锐角轮廓都要加以改变。这就是15世纪与16世纪之交德国铠甲大幅度革新的深层次原因。

由于哥特式盔甲已经落伍，马克西米连的事业是从1500年出现于德国的"过渡式铠甲"开始的。这种铠甲废除了夏雷尔式头盔，取消了尖头铁靴，将胸甲改为整块铁板，使整件铠甲的实用性再次压倒装饰性。为了防止长矛攻击腋下的薄弱环节，还加上了两个形似小圆盾的腋甲。以这种铠甲为起点，马克西米连采纳盔甲技师孔拉·佐森霍夫的建议，对盔甲形制作了进一步改进。将肩甲上的冠板进一步加大以保护颈部，将护腿甲进一步加大，以至成为类似蓬蓬裙的形式，这种看上去一体的护腿甲实际由四层构成，内部由皮带相连可以滑动。这些形式上的变化只是新型铠甲优越性的一个方面，马克西米连最得意的莫过于在工艺上的突破——冷锻造、卷边和隆条。

"冷锻造"对应于一度流行欧洲的"热锻造"，电视上经常出现工匠用铁钳夹持着烧红软化的铁板，另一手抢锤锻打使之成型的画面，这就是热锻。热锻的缺点在于红热状态下锻打成型的铁板冷却后金属分子会变得稀疏，从而影响强度。另外，在红热状态下以铁锤锻打也难以保持精度。马克西米连与他的盔甲技师孔拉吸取了当时弗兰德地区的冷锻技术，这种技术首先利用"退火"使铁板软化，冷却后工匠可以手持铁板进行精细的锻打。同时冷锻压缩了金属分子间的距离，使之更紧密，铁板硬度更高（图7-47）。

卷边则是采用冷锻法后得以出现的新工艺，在以前的哥特式铠甲上，由于热锻工艺限制，铠甲边缘都是切边处理，毛糙锋利。马克西米连与孔拉则将新盔甲的边缘内卷，使之成为卷边。既使甲板边缘光滑不易伤人，又无形中加强了铁板的强度。此种做法的优势不言而喻，只是成本较高。在重视精兵政策和装备生产的德国，卷边工艺从此一直延续，经历神圣罗马帝国、普鲁士公国、第二帝国、魏玛共和国，直至"二战"时期，德军的M1935式头盔

图7-47　马克西米连着铠甲上阵

一直是卷边处理，直到后期战线吃紧，败象显露后才改为切边。

新铠甲不再是由大量平面组成，而是锻打出大量的隆条，这些隆条沿着铠甲的弧面放射开来，雍容优雅，令人印象深刻。隆条的装饰功能只是其中之一，能够增强防御性能才是最重要的。孔拉认为，为了提高防御性能，沿着加厚甲板的老路走下去只会进入死胡同，而当时防护面积最大的铠甲已经重达25kg，接近人体负重的极限。过重的铠甲已经不是提高而是减低了骑士或重装骑兵的生存能力，他们不但难以发挥格斗技术，甚至落马后都难以依靠自身力量站起身来。基于此，在一块较薄的甲板上锻打出大量隆条，并使甲板与身体保持一定距离，可以有效防止铠甲被洞穿或造成对人体的钝伤。这一原理很简单，一张纸可以向横竖两个方向很轻松地被折叠，但是当你在竖直方向上将其折叠几次，再将其横向折叠就会变得异常困难，这正是利用了纸张的侧向支撑力。对甲板来说是一样的道理，通过在整件盔甲（小腿甲除外）锻打隆条，这种新盔甲可以在防护性能不减的前提下将重量降至20kg，这是一个对骑士和战马都比较合适的重量。

这种采用了众多新科技、新工艺的盔甲，被后世称为"马克西米连式盔甲"，鉴于这位皇帝在其中付出的巨大心血，他当之无愧。一方面，他拥有了一身足以令自己为之骄傲，令朋友为之羡慕，令对手为之嫉恨的铠甲，并以此装备自己的贵族骑士。他身穿全套马克西米连式铠甲骑马行进的版画确实壮观不已。另一方面，马克西米连铠甲经过简化，保留上半身铠甲后广泛装备了德国雇佣兵部队，尤其是重骑兵和前卫长矛手，一时大大提高了部队的防御性能，也整肃了军容。特别是前卫长矛兵普遍身穿简化版的马克西米连式铠甲，后来变为进一步简化的其他类型，但大致形制相近，可以保证他们面对敌人滚滚铁骑时的勇气，以及起码的生存能力。

马克西米连创造以他名字命名的新式铠甲，其出发点还是为了实战，这种铠甲的优美隆条主要是为了防护各种现实的杀伤手段。不但德国雇佣军广泛装备这种半身铠甲，而且由于这种半身铠甲的性能与形制更适合海上民族的需要，从而广泛装备西班牙、葡萄牙和荷兰的探险队。就在马克西米连逝世的1519年，西班牙冒险家科尔特斯率领的军队就是穿着这种改进的半身盔甲登上墨西哥沿岸，并最终摧毁了生机勃勃的阿兹特克文明，在剑与火中开始了西班牙语美洲的历史。但是也需要看到，随着步兵作战已经成为大势所趋，骑士制度的衰落不可避免。马克西米连在组建了一支实力雄厚的步兵部队同时，还投入巨大人力、物力和财力去制造铠甲，很难说这行为具有很高的性价比。但是作为一个特定过渡背景的人物，马克西米连的言行不可避免地带有过渡和相互矛盾的特征。他也认识到了骑士制度的落伍。当然，他没能成为自诩的"最后一个骑士"。此后欧洲铠甲相继又经历了文艺复兴式、豪华式、英国的格林尼治式等等不一而足，总的特点是装饰越发华丽，防护越加严密，也更少考虑大规模生产的问题。同时，无缘在战场上一展身手的骑士将过剩的精力发泄在了比武场上，铠甲也越来越向着适应对抗比赛而非实战需要去发展，设计制造的出发点上已经更多用于骑术比赛和徒步格斗了。最终，显赫了数个世纪的骑士铠甲变为各大古堡走廊中的陈列，追忆着主人祖上的勇武精神，也不乏单独的胸甲和臂甲被主人作为礼服穿着的情况。

提出动议与设想，招募并训练人员，研制生产铠甲和火炮……经过如此艰巨的努力，一支新军被建立起来以贯彻马克西米连的政治意图。尽管大炮还异常笨重，需要很多牛车来拉动，尽管皇帝要向部队中的各队长按时发放薪金，在自己不雇佣他们时也不能阻止他们为敌人效力。但是，这些都不足以与他取得的成就相比，在马克西米连皇帝的政治手腕与军备生产工作中，在统帅弗伦茨贝格尽心尽力的训练中，这些穿着奇特切口装的雇佣步兵们成为全欧洲最强悍善战的部队，他们开创了一个全新的时代。一个属于"Landsknecht"（德国雇佣兵）的世纪。

1511年，法王路易十二再次入侵意大利，神圣罗马帝国、教皇、西班牙等结成神圣联盟，马克西米连依靠这支新型的武装力量再次与法军交战，第二次意大利战争就此展开。此后经历1513年的马刺大捷等一系列战役，德国雇佣兵部队在弗伦茨贝格的率领下为帝国赢得了多次胜利。尽管马克西米连到死也没有看到1525年神圣联盟对法军的帕维亚大捷，但是他有理由自豪，因为他的两项创举——德国雇佣兵和马克西米连式铠甲都对后世产生了巨大的影响。

马克西米连于1519年去世，当时欧洲已经一致公认他已经成为最有影响力的人物之一。后世对他的评价颇为中肯，认为他有绅士风度，有冒险精神，这也是他"最后一个骑士"之名的由来。最重要的是他一开始财力匮乏，最后却凭借高超的政治技巧和毅力获得了很高的地位，这一点尤其令人钦佩。他死后，他的孙子即查理五世，继承神圣罗马帝国和西班牙王室的宝座，开创了哈布斯堡王室事业的巅峰。至于帝国雇佣兵的统领弗伦茨贝格，他则有幸成为能为祖孙两代皇帝效命的将领之一。不管是在帕维亚战役中，还是在镇压16世纪20年代德国农民起义时，他都一马当先，令查理五世颇为器重。由于他在组织与训练帝国雇佣兵工作中的突出贡献，后世一般把弗伦茨贝格而非马克西米连称为"德国雇佣兵之父"。1528年他在平息部下哗变时被杀，其子卡斯佩继承父业同样成为一名著名雇佣兵将领，到弗伦茨贝格之孙一代无嗣，家族就此终结。但是他的名字并没有在德国历史中消失，1943年，第三帝国组建了第十武装SS（党卫军）师，并将其命名为"弗伦茨贝格"师，尚武之风一脉相传。

至于战争的主角——德国雇佣兵，这些"Landsknecht"凭借技术和应变能力上的优势，逐渐取代瑞士雇佣兵一度不可动摇的地位，慢慢将瑞士雇佣兵挤出野战场。尤其是，1522年比科卡一战，查理五世的德国雇佣兵大败法王的瑞士雇佣兵。此役后，瑞士雇佣兵开始慢慢转为担任各君主的卫队，得以进一步发挥他们忠诚的优点。法王的瑞士卫队直到1789年大革命还在和革命者作战，教皇成立于1504年的瑞士卫队今天还坚守着圣彼得大教堂，尽管切口装已经随着时代的变化有所改进，但是依然手持传统的斧枪，成为世界军服发展史上的活化石。

随着马克西米连和弗拉尼茨贝格的辞世，他们一手创建的Landsknecht也开始走下坡路，军纪日益败坏，队伍日渐消亡，不久连Landsknecht这个名字也被"Kaiserlicher Fussknecht"（帝国步兵）所取代。Landsknecht的消亡意味着基本忠于神圣罗马帝国的德意志雇佣兵部队的解体，新一代的德国雇佣兵逐渐成为欧洲各国君主竞相雇佣的主力，不管是在英国、法国、爱尔兰，更多的德国人参与进这门红火的生意，不问信仰、不问国家，凭借自己强悍的战斗技能成为雇佣兵市场上的抢手"商品"。到17~18世纪很多小诸侯干脆将自己的全部臣民出租出去，就连美国独立战争中都能看到这些德国雇佣兵搏杀的身影……尽管战功赫赫，尽管声名远扬，尽管作战方式新颖，作战效果显著，但是这一切都不应该使人忘记雇佣兵的弊端。首先，包括德国雇佣兵在内的雇佣兵群体总的来说是不可靠的，因为他们为钱作战，不但会随时倒向出钱最多最及时的一方，而且还会为了保证活着拿到酬金而故意拖延避战。1525年帕维亚战役直到三十年战争这一百多年间，欧洲罕有伤亡巨大的陆战，不能不说和雇佣兵作战模式有很大关系。雇佣兵作战的弊端还包括专业化一直得不到提高、士兵军服杂陈、装备五花八门、拖家带口等，17世纪初甚至出现过一支3.8万人的部队后面跟随12.7万家眷的极端情况。这些编外人员中还包括一应妓女、商贩，一遇到敌人来袭或发饷的日子，免不了鸡飞狗跳一番。最糟的是，雇佣兵军纪极差，所到之处无不劫掠一空，可想而知对当时德国的社会生产、生活秩序会造成多么巨大的破坏。这也是雇佣兵的本质使然，即使今天，新时代的雇佣军——私人防务承包商在伊拉克等地仍不时枪击平民惹出命案，激起民愤。这一切都注定了雇佣兵无论多么善战，都不能为一个健全的有志向的国家所依靠。历史上太多这样惨痛的例子：靠雇佣兵作战的迦太基亡于罗马斗志昂扬的义务兵，而当罗马人不再愿意当兵，转而开始雇佣日耳曼人当兵时，灭亡的隐患也埋下了。1453年，最后依靠雇佣兵苟延残喘多年的东罗马帝国也亡于奥斯曼帝国之手。在谋求改变不尽如人意的雇佣兵体制时，两个人口稀少的北欧国家尼德兰和瑞典励精图治，锐意变革。一百年后，他们编练的新军将令德意志诸侯们新奇不已，开启一个新时代。

由于教廷与神圣罗马帝国的特殊关系，教会阶层在德国拥有的财富多得令人难以想象，当时全德国土地的三分之一属于教会。当马克西米连皇帝上台了解实情后，不由惊呼："教皇在德国的收入比皇帝多100倍，这种情况不能再继续下去了。"尽管由于本质上的妥协性，马克西米连令这种情况继续了下去。但是，当利奥十世以给圣彼得大教堂募集资金之名派人在德国兜售赎罪券时，任德国多所修道院副主教的马丁·路德，觉得不能再容忍下去了。他不但勇敢宣传自己的观点，就是在和教皇本人的辩论中也指出教会的管辖权"不是神授的权力，而是人的任命或帝王的任命造成的"。1520年，面对教会和继任神圣罗马帝国皇帝的查理五世的压力，路德毅然发布了3本具有重大影响力的小册子，在其中他提出了三个神学假说：因信称义、《圣经》具有至高无上地位以及"信教者皆为牧师"，这些成为后来新兴路德派宗教的纲领。以这种新教为纲领，德国爆发了声势浩大的农民起义、闵采尔起义和"鞋会"起义一度席卷德国大部，可惜最后还是被皇帝与诸侯的雇佣兵残酷地镇压下去。

尽管后来路德立场转变，但是宗教改革的大潮却在欧洲不可阻挡地扩散开来，人们开始泛指所有既非天主教、也非东正教的基督教徒为新教徒。这样一来，宗教信仰的改变难免会成为政治对立的导火索。德国最具影响力的七大选帝侯中，美因茨等三位大主教自然属于旧教阵营，而巴拉丁选帝侯、勃兰登堡与萨克森选帝侯都属于新教。因此国王崇信旧教，民间的新教实力强大的波希米亚就成为影响力量平衡的关键。果然，1618年在这里发生了"抛出窗外事件"，以此为界，在新教联盟和旧教阵营间爆发了一场规模浩大的战争——三十年战争。在第一回合中，旧教联盟彻底击败新教诸侯。但战争发展到第二阶段，信奉新教的丹麦国王克里斯钦四世率军介入三十年战争并节节胜利，旧教联盟一时岌岌可危。此时，一位波希米亚贵族华伦斯坦，自告奋勇要替信奉旧教的皇帝招募一支大军，凭借他的慷慨、手腕与万贯家财，他很快募集了一支4万人的雇佣大军与丹麦国王克里斯钦四世的部队对峙。

这样两支军队在战场上的对峙局面一定是极为华丽的，双方的军人既不会像法兰克王国时期那样衣着简陋，披散头发，也不会像20世纪那样简洁、实际，追求效率。17世纪初期，正是巴洛克风格的时代。这一时代的艺术普遍以壮观、追求华丽动感为目标，在服装风格上，尽管欧洲各国还各有差异，但总的来说具有华丽的普遍特征。克里斯钦四世的一幅肖像画可以提供当时北欧地区的着装风格，他的服装上装饰了有规则的图案。紧身上衣下摆部分仍然很窄，装饰着垂边，前襟上的纽扣很密；那种非常宽松的灯笼裤，极像布鲁姆女式灯笼裤的造型。16世纪胯间的剑带变为宽大的肩带，并已经在贵族间广泛使用，克里斯钦的儿子，克里斯钦皇太子曾把这种军用肩带高高地系在背上，这条军用肩带所打成的蝴蝶结很大，上端高过左肩，下端垂至膝关节处。

在德国雇佣兵的服装方面，切口装已经不再流行，从16世纪下半叶德国服装开始向西班牙风格靠拢，这当中有神圣罗马帝国皇帝查理五世兼任西班牙国王的原因，但更主要正是由于当时西班牙在欧洲盛极一时的缘故。16世纪西班牙人彻底征服了阿兹特克文明与印加文明，不计其数的黄金白银被运回欧洲，极大刺激了西班牙的购买力。于是西班牙人的南瓜裤和豆荚式紧身上衣也在包括德国的全欧洲流行开来。西班牙王室的权威直至1588年无敌舰队的覆灭方才告终，而西班牙风格的服装还又流行了一段时期。后来，来自法国和佛兰德地区的风格也都在影响着德国服装。珍藏至今的一幅德国格斯道夫·阿道夫王子肖像比较清晰体现了17世纪40~50年代德国服装的轮廓，最醒目处是裤管前方及两侧都有缎带打成的玫瑰花形结；而且通身都绣着漂亮的图案，长筒袜的式样及护腿上的佛兰德式双褶边说明了这是当时德国贵族界很时髦的装束。

1631年，德瑞两军对阵于莱比锡附近的布莱登菲尔德，此时华伦斯坦由于功高震主，引起皇帝和帝国内其他诸侯的猜忌已经第一次辞职，他的部队也暂时解散。这次与瑞典和萨克森联军对峙的是由老将蒂利率领的帝国军队。按照那个时代的通例，两军于清晨在原野上列好阵势。场面蔚为壮观，一个个数百数千人组成的方阵整体排列，将领们身着甲胄，宽大的装饰精美的肩带披挂在右肩，吊挂长剑于左髋。不戴头盔的军官都戴着宽边帽，上面有各种颜色的飘带和羽毛，在服饰接近的帝国军队和萨克森军间（双方都是德国人，只不过信仰不同），就以宽边帽上带子以及其他服饰的颜色划分敌我阵营，帝国军帽子上饰带的颜色为白色，部分人还在臂上缠着白色毛巾。萨克森军则为绿色。夸张滑稽的切口装时代已经过去，剪裁合体的紧身上衣配肥大马裤的时代已经到来，还有不多的军官斜披着潇洒的斗篷。双方的将领和中级军官都穿着当时流行的矮帮靴子，鞋头较方，鞋跟短粗，最主要的是靴口宽大并大多数时候向下翻折以露出带有精美花边的长筒袜，这固然不太舒服，但一点痛苦在这个讲求男性美的时代是无关紧要的。

尽管同样身处纷飞的弹雨中，瑞典军过硬的心理素质与严明的纪律优势显露无遗，战线虽然不断被打出巨大的缺口，但整个队形依然保持完整，看不出丝毫混乱的迹象。与之相比，帝国军的左翼，一支由蒂利副将巴本海姆领导的骑兵却忍耐不住了。这是一支全新的骑兵部队，他们就是"Kürassier"，德国历史上的重甲骑兵。这些骑兵依然身穿全副铠甲，从外形上看，他们只是比当年的骑士少了单独的腿甲与铁靴，转而将以前悬挂于胸甲上的护腿甲加长，甚至一直垂到膝盖处，这种铠甲也因此被称为"四分之三盔甲"。腿上则穿厚重皮靴防护。同样，胸甲被特别加厚并锻打出中间的棱线以求对抗正面射来的枪弹，今天依然保存下许多留有枪弹凹痕的胸甲，显示工匠们的这种期望曾一度得到了满足。从其他方面看，这种铠甲也是以防枪弹而非传统的冷杀伤兵器而设计的，铠甲外观上不必要的装饰都被去掉，带有几分简约的力量之美。巴本海姆的这支5000人的骑兵部队是帝国军队的时瑞精华，他们身上的四分之三铠甲为了防锈漆成黑色，同时还有黑色斗篷搭配，一袭黑衣，向任何敢于挑战的对手散发着不祥的威慑。

1713年以后，由于军队的战术越来越以火力和机动性为要素，大部分士兵就不再将盔甲视为防护的首选，因为穿戴盔甲不但不能阻挡住穿透力越来越强的枪弹，还会制约自己的动作。这种革命性的变化也是人体护甲发展史上的一种客观规律：当由于护甲重量太大以至穿着者的灵活程度低过某一个临界点后，人们就开始倾向于通过放弃防护来获得彻底的机动性，以躲避硬杀伤手段。这一临界点是不断变化的，一般来说，一个作战人员的负荷（包括护甲、装备、补给品等）不能超过自身体重的三分之一。当护甲和其他装备的重量超过这个限度，穿着者从增强防护上获得的好处就被机动性下降的弊端所抵消，即付出与收获开始失衡。因此，对于军用防护服的穿着者和制作者来说，制作和穿着任何一件防护服都要根据当时兵器的杀伤性质和杀伤范围来决定。

1757年，腓特烈大帝率部在罗斯巴赫迎战以法军为主的联军，此战役中一个最为后世研究者津津乐道的是当腓特烈察觉对方动向，命令骑兵部队迅速转移以占据有利阵位时，由于行动太快甚至使敌方将领产生普军是在退却的错觉。他们不久就为自己的这一误判付出代价。年仅33岁的骑兵将领席德里兹率领38个中队共4000名骑兵运动到波尔曾山地后方，注视着联军毫无警惕地排着行军纵队前进。席德里兹以一摇烟斗为号，所有普军骑兵倾巢而出。冲在最前面的是普军骑兵的精华——胸甲骑兵，阳光下他们的摩亮的胸甲闪闪发光，高高挥舞的马刀令人胆寒。联军中的法军军官卡斯特里后来记载下了自己的恐惧："我们还没有能够排成

图7-48　腓特烈大帝像

队形，普军的全体骑兵就冲上来了，好像一面坚固的墙壁，以极高的速度推进。"这种强大的冲击力和严明的纪律体现了腓特烈长期严格训练的成果，现在他们挥舞马刀在联军阵中反复冲杀了四次之多，刀锋闪过血光四溅。冲锋过后的普军骑兵并未恋战，在联军反应过来前撤出。随后，普军炮兵大发神威，惊人的射速给溃退的敌军造成了不计其数的杀伤，并为重整的普军骑兵创造了再次痛击联军的机会。此战役腓特烈率领的普军击溃人数远胜于己的法军，即为战史上著名的罗斯巴赫会战（图7-48）。

这一次，与古代战场上盔甲闪耀，长矛林立的壮景迥异，这时的陆战场自有一番别样的美。普军步兵身穿红色军服，这应该是自英国克伦威尔新模范军的红色军服发展而来。两条白色武装带呈"X"型分布于左右肩，分别吊挂弹药包和军刀。白色裤子紧紧抱住双腿，软皮靴筒裹住硬皮军靴。头上则依然是那个时代男子普遍佩戴的假发，再戴上普鲁士特有的尖顶帽。就那个时代的技术水平而言，这身军服剪裁合体，利于机动。颜色统一，醒目，便于己方军官指挥，更可震慑敌人。一列列队形严整的普军步兵在密集弹雨中从容不迫地装弹、击发和行进，无情地挤压着奥军的防线，战况发展至最激烈时，腓特烈甚至投入了他的近卫军，终于得以击退奥军。当奥军骑兵好不容易集结起来准备反击时，又遭到了身穿绿色制服的普军轻骑兵和龙骑兵的突袭。由于不担负冲锋任务，普军轻骑兵不穿铠甲，马刀、马靴都更为轻便，以突出灵活性。

在普遍身穿绿色军服的普军轻骑兵间，还有一群黑色身影引人注目，他们不再是当年令全欧洲闻风丧胆的黑骑士——德国雇佣兵骑兵。他们来自普鲁士军队的精华——近卫轻骑兵团。不管他们特殊颜色的制服是否是对黑骑士的模仿，他们头上带有骷髅徽记的军帽都是令人震撼的。这取意对腓特烈大帝之父——"节俭国王"腓特烈的纪念，在其葬礼上打出了上有骷髅图案的旗帜。为了纪念父皇，腓特烈大帝于1741年成立了近卫轻骑兵团，规定他们一律身穿可怖的黑色制服，头上的军帽则绣上象征死亡的骷髅图案。此时他们正在轻骑兵统领普特卡迈尔率领下绕道敌军后面攻击，充分发挥自己轻便敏捷的特长。在敌军侧翼，是贝鲁斯率领的龙骑兵，龙骑兵实质是骑马的步兵，具有较强的机动性，但主要下马作战，并担负执勤巡逻等任务，此时他们也骑马投入追击战，令奥军的退却变成了大雪崩。

罗斯巴赫战役和鲁滕战役是腓特烈大帝的军事艺术最高峰，也令全欧洲见识了新型普鲁士军队的强大战斗力，更令普鲁士人的自信与自豪空前高涨。这两次胜利带来的荣耀与辉煌深深刻印在所有普鲁士人的集体无意识中，成为后来俾斯麦等人进一步强国强军寻求统一之路的深层次精神源泉。

延展阅读：服装文化故事与相关视觉资料

1. 国王奈何不得时装

17世纪时，西班牙国王菲利普四世看不惯当时流行的法国巴洛克风格，认为太过奢侈，并为此提出一套硬性规定的朴素装束，但是由于流行的魅力，欧洲国家都在追随法国服装了。1642年，波兰王后要求一名西班牙信使去荷兰时顺便给她带回一个穿法国服装的玩偶，以便让她的裁缝能学着缝制。

2. 变样还是不变样

1609年，西班牙的一位总督在率队从菲律宾回国时，遇到风暴，在日本海岸获救。日本幕府的书记官和总督闲聊时说，西班牙人太讲究穿着花样翻新，每两年就换一个样儿，不像日本人。他自豪地说，我们民族两千多年都没有改变服装式样。

图7-49　17～18世纪最普遍的女装和童装

3. 五彩缤纷的男装

英国作家约翰·伊夫琳在17世纪中晚期的一篇日记中写道，他在大厅里，眼前晃过一个时髦的男人。这个男人身上佩带的丝带之多，想必是把大家商店的存货抢购一空，并足够开设20个乡村货摊之需。而且，这男人上上下下打扮得像一根五月柱或一顶疯人帽那样五彩缤纷。

4. 英国人也追时尚

人们一般印象，英国服饰比较保守。但17世纪中晚期，也时髦得疯狂。英国文物工作者安东尼·伍德在1663年评论道，男人戴着假发，脸上贴着假痣，涂涂抹抹，穿着像裙子那样的短而宽的宫廷礼裤，带着手筒，他们的衣服香喷喷的，并饰以花花绿绿的丝带。

5. 画像上的女装与童装（图7-49、图7-50）

图7-50　18世纪戴大帽穿蕾丝装的女子

课后练习题

一、名词解释

1. 巴洛克风格装

2. 洛可可风格装

二、简答题

1. 从建筑与服装的互为影响中，看到什么艺术规律？

2. 这时期服装的光彩之处表现在哪？

第八讲　服装与民族确立

第一节　时代与风格简述

19世纪，在人类历史上是个不寻常的时代；在西方服装史上，更显得举足轻重。因为，它标志着人类文化的真正成熟。在这一时期之前，西方服装曾走过辉煌的历程；而在这一时期之中，各国、各民族所创造的服装文化都已达到完善程度，各民族服装文化之光照亮了全球几乎每一个角落。

人类对于民族认知的开端，应追溯到遥远的上古时代。除去早期的岩画外，古埃及金字塔的壁画中就绘有不同民族人物的着装形象；古巴比伦、亚述、波斯帝王的铭文中也有关于周边民族情况的早期记载。这以后，古希腊学者希罗多德写的《历史》和古罗马学者C.塔西佗写的《日耳曼尼亚志》，曾详细地记录了当时的民族情况。1世纪初，古希腊的历史、地理学家斯特拉博的《地理学》一书，曾提到从不列颠到印度、从北非到波罗的海这一广大地区的八百多个民族。中世纪时，在欧洲僧侣、商人和旅行家的著作里，也可以找到有关欧洲、北非和西亚各民族的记述。15～17世纪这一历史阶段中，欧洲各国的航海家、探险家、传教士、商人和殖民者泛舟远航，到达美洲、非洲、南亚、东南亚和大洋洲。在他们所接触到的各民族生活方式和传统文化当中，最醒目的就是服装，一些有关记载大大丰富了世界民族资料的宝库。18世纪开始出现对各民族文化进行比较研究的著作，如法国传教士拉菲托的《美洲野蛮人的习俗与古代习俗的比较》和德布罗斯的《偶像崇拜》等，以及法国启蒙思想家卢梭、孟德斯鸠、狄德罗和伏尔泰诸学者在认证早期社会状况时都曾广泛地运用美洲和大洋洲的民族资料。到19世纪中叶，形成了一门专以研究美洲、非洲、大洋洲和东南亚落后民族为对象的独立学科——民族学。

由于对民族的认识经过了这么长的历史进程，所以不同学者对于民族一词的应用方法也不尽相同。如指处于不同社会发展阶段的各种人的共同体，包括原始民族、现代民族等带有广义的民族概念，在英语中相当于Ethnic、People。如指一个国家或一个地区的民族，如中华民族、印度民族、阿拉伯民族等带有狭义的民族概念，则相当于英语Nation的含义。

民族和种族概念不同，民族也不能以国界截然分开。民族是人们在历史上形成的一种具有共同语言、共同地域、共同经济生活以及表现于共同文化上的具有近似心理素质的稳定的群体。从民族特征说，这种说法有许多人同意。但是这些特征缺一不可，只有单一特征是不能构成民族的。如都讲英语，却有英美两个国家和多个小国；中国神州大地生存着五十多个民族。总的说，民族是人类历史文化发展到一定阶段上的产物。因此，通过各民族服装的生成和淡化过程，可以强烈而鲜明地体现出各民族文化的丰富、广博与演化。

从世界历史角度来看，1830~1914年的特征之一就是民族主义蓬勃发展。且不论其对政治权力的疯狂崇拜，以及对民族荣誉的幻想等种种民族主义的表现，只是可借以证实民族这个概念，每个民族的着装形象，在这一时期就已经基本成熟了。至20世纪50年代，这些现代民族在人们心中的印象，即有很大成分是依据服装形象来认识和区分的。

欧洲各国的民族成分比较单一。大多数民族都是在各自民族国家的范围内形成的，民族分布区域与国界大体一致或接近。只是在民族分布交界的地区，民族成分才比较混杂。欧洲共有大小民族一百六十多个，人口上千万的民族有18个。下面介绍的主要为各国在19世纪时保留并形成传统服装文化特色的民族服装。为了关照一下西方服装史追溯源头时的地中海地区和美索不达米亚地区的服装，特将北非和西亚古国形成特色的民族服装与欧洲（主要是西欧）各国的民族服装放在一起来作为民族文化的研究资料。

第二节　民族特色服装

一、埃及人的服装

埃及人是北非埃及人口中占多数的民族，也称"埃及阿拉伯人"，聚居尼罗河流域，为非洲最大的民族。古埃及人是非洲大陆最古老的民族，至12世纪，皈依伊斯兰教，从而成为阿拉伯世界的最大民族。

埃及人多穿又宽又大的长袍，既可挡住撒哈拉大沙漠的风沙，又便于光照强烈时流通空气。这种长袍长到踝部，颜色多为白色或深蓝色，里面穿着背心和过膝长裤。不论寒暑，男子都扎着一条头巾，或戴着一顶毡帽。妇女们则以黑纱蒙面，在符合伊斯兰教规的同时，又能适应居住区域的气候。埃及人服式简单，但一衣多用,那件宽大的袍子就可以在夜晚当被盖(图8-1～图8-3)。

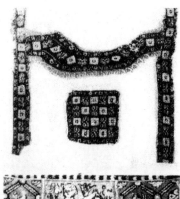

图8-1 100～130年中埃及木乃伊画像之一　　图8-2 100～130年中埃及木乃伊画像之二　　图8-3 埃及古代毛织服装衣料及图案

二、波斯人的服装

波斯人是西亚伊朗人口中占多数的民族,也称"伊朗人",主要分布在伊朗的中部和东部。波斯古国历史久远,有过灿烂的文化。绝大多数波斯人从事农业,兼营畜牧业,手工艺发达,对外交往年代早,交流多。是欧洲历史起源和沿革中占重要影响的民族。

波斯的男子主要穿长衫,肥大长裤,缠头巾。过去根据头巾的颜色和式样,就可以知道其人的社会地位和籍贯。典型的礼服是长外套、宽大的斜纹布裤子和一双伊斯法罕便鞋。如果是新郎,大多要穿上一件带金丝穗,用金线绣花的衣服,被称为"会面袍"。在克尔克斯山区,这种"会面袍"一般是由家族传下来专为新郎穿用的袍子。

三、土耳其人的服装

土耳其人是西亚土耳其国人口中占多数的民族,原过游牧生活,迁居小亚细亚后,改事农业,兼营畜牧。他们信仰伊斯兰教,多属逊尼派。

土耳其的男子,一般是穿长袍、灯笼裤,头戴红色的土耳其高筒毡帽。女子穿黑长袍、灯笼裤，面蒙黑纱。

土耳其灯笼裤是土耳其人典型服装之一，曾对欧洲各国服装产生过影响。当土耳其服装趋向于西方化时，在穿着西服上衣的同时，依然保留并穿着灯笼裤这一传统服装（图8-4～图8-6）。

图8-4 土耳其女子服饰　　图8-5 土耳其17世纪阿拉伯文字织物　　图8-6 土耳其约公元前
　　　　形象　　　　　　　　　　　　　　　　　　　　　　　　　　　300年爱神厄洛斯
　　　　　　　　　　　　　　　　　　　　　　　　　　　　　　　　　耳饰

四、贝都因人的服装

贝都因人是阿拉伯人的一支，分布在西亚和北非广阔的沙漠及荒原地带。"贝都因"在阿拉伯语中意为"荒原上的游牧民"。

贝都因男子一般穿肥大的长衫、长到脚踝的灯笼裤，冬季外加斗篷，腰间常插一把弯刀或短枪。

女子的长衫、外衣、斗篷都要绣花，喜欢佩戴各种饰件，除手镯、脚镯、戒指、项链、鼻环以外，还有大量的用金属、骨角、珊瑚、玻璃等材料做成的胸饰。另外，女孩自16岁起，便要在前额、下颏、双唇、双颊、手、胸、脚掌上刺纹并染色，使其形成蓝色或绿色花纹。

五、苏格兰人的服装

苏格兰人主要聚居在不列颠岛北部的苏格兰地区，其他散居在英格兰。他们多数信基督教的长老会教派，少数信天主教。

苏格兰男子服装有突出的民族特色：方格短裙。早在两千多年前，苏格兰高地上的苏格兰人就穿一种从腰部到膝盖的短裙，称为"基尔特"。这种裙一般是用花呢制作的，布面设计成连续的方格，而且方格必须完全展现出来。后来演变成饰件较少的小基尔特，也被称为"菲里德伯格"，是沿腰部折褶缝成的。穿这种裙子时，前面还要戴一块椭圆形的垂巾并扎上很宽的腰带。

苏格兰男人的典型全套服装：上穿衬衣，下穿长仅及膝的裤子，裤外罩有褶裥的方格呢短裙，再披上宽格的斗篷。头戴黑皮毛的高帽，帽子左侧插一支洁白的羽毛。腰间佩上一只黑白相间的饰袋。穿着黑鞋，白鞋罩，短毛袜。

格子呢是苏格兰著名的毛织品，农民们用当地不同色彩、宽度的格子呢制成不同风格的服装。有些地区的农妇或渔妇，在衬衣外穿着格子呢女裙，女裙上的口袋还绣着花卉纹样。头肩部再披上一条精美的披肩（图8-7）。

图8-7　苏格兰人花格裙

六、爱尔兰人的服装

爱尔兰人是西欧爱尔兰共和国人口中占多数的民族，自称"盖尔人"。他们中多数人信天主教，以农牧业和旅游业为主。其他的分布在英国，主要居住在北爱尔兰。另有一些爱尔兰人散居在美国、加拿大、澳大利亚和新西兰等。

爱尔兰人无论男女都喜欢穿毛织品制成的斗篷。斗篷加上披肩是爱尔兰人典型的传统装束。斗篷用缎带系在前面，形成一个黑蝴蝶结，成为爱尔兰人喜爱的装饰。女裙普遍以绿色为主，但结婚时的斗篷，姑娘们一定要置办一件红色而厚实耐用的，以此象征吉祥。头上向后系扎的围巾富有全欧洲的首服风格。

七、英格兰人的服装

英格兰人是英国人口中占多数的民族，主要分布在英格兰和威尔士，少数分布在苏格兰和北爱尔兰。他们多信基督教新教，属英国国教派；也有少数天主教徒。

英格兰人农民的服装特色，还带有撒克逊时代服装的遗俗，其中最突出的是长罩衫。这种长罩衫是以方形、长方形布料缝制而成的，没有弯曲复杂的线条，有时前面、后面都一样，所以两面都可以穿。长罩衫的色彩因地区不同而有所不同，如在剑桥是橄榄绿色，而在其他地区则是深蓝色、白色、黑色等。长罩衫所用质料大多是亚麻布。

另外，英格兰最著名的民间舞蹈是莫利斯舞。表演的男子们都穿着典型的传统服装：白衬衣、白裤子，同时在绑腿上、毡帽上系着许多小钟铃。在其他地区，也有穿黑色衬衣、黑色裤子，并在脸上涂黑。这种舞蹈中的饰品有手杖、剑、白色手帕、鹿角、牛角以及罂粟（象征身体健康）、麦穗（象征丰收和富裕）等等，都带有英格兰传统服装的特色（图8-8、图8-9）。

 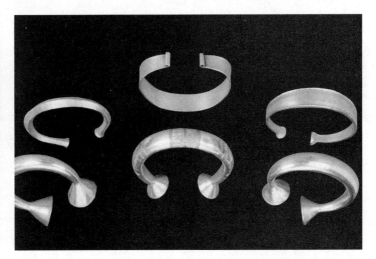

图8-8　英格兰约公元前100年巴格索普剑和鞘

图8-9　英格兰公元前1000~公元前750年金手镯

八、法兰西人的服装

法兰西人是西欧法国人口中占多数的民族，大部分信天主教，少数信基督教新教。曾经一度分开的南法兰西人和北法兰西人，分别受到古罗马文明和法兰克人的影响，后来统一。法兰西人的经济和文化都十分发达（图8-10、图8-11）。

图8-10　9~11世纪法兰西人服饰形象

图8-11　11~12世纪法兰西人服饰形象

法兰西民间服装，可以作为法兰西人的民族服装风格来看。它虽然受到历史上宫廷服装流行、演变的影响，但由于很多偏僻地区，特别是农村的乡土服装毕竟保留着自己纯朴的服装风格，所以仍可以从中看出法兰西人传统服装的痕迹。

民间女裙衣的袖子大多是长而宽松。袖口有时是翻折的，并饰以褶裥。奥佛尔艮地区的农妇除了穿着装饰丰富的衬衣和裙装以外，还把巨大的手帕折叠挂在肩部，就像披肩、围巾一样。布赖登地区的男子在浅色的长筒袜上也饰以刺绣。至于男衬衣的衣领、袖口、口袋处饰以刺绣，就更普遍了。

法兰西人中无论男女，都非常讲究首服。那些饰以花边的帽子以及用花边制成的头巾，约有几百种式样。庞大的头巾在法国北部的法兰西人中非常流行。尤其是妇女的头巾，规格和式样都非常复杂。有的披戴在头上，有的经过上浆而使其变硬，然后扎结成立体的各种式样；有的还有向外展开的两翼；有的则在后面饰以白色或彩色缎带。在爱尔萨斯地区，妇女的头发上装饰巨大的丝绸蝴蝶结。诺尔曼第地区的妇女头巾，用上浆的薄纱和精美的亚麻花边制成，虽然庞大并高高耸起，却又显得十分轻巧，当地人称为"博尔戈斯"。在卡莱斯地区，妇女的头巾像神像的光环一样，围绕着面部。在法国南部地区的法兰西人中，妇女讲究戴白色无檐帽；男子则戴着用毡（冬季用）或麦秸（夏季用）制作的帽子。

区域不同，有时还导致服色选择上的差异。法国香槟酒产区葡萄园工作的农妇们围裙大多为深绿色，并用绿色缎带拴住。而在勃艮第红葡萄酒产区的葡萄园工作的农妇们，则喜欢穿粉红色的女裙，戴着白色的无檐女帽。

九、瑞士人的服装

瑞士人是欧洲四个民族的总称，即包括日耳曼瑞士人、法兰西瑞士人、意大利瑞士人和雷托罗曼人。瑞士人中53%为基督教徒（其中多属加尔文教派），46%为天主教徒。

自17～18世纪，瑞士便以丝绸、缎带、穗带、刺绣而闻名于欧洲。因而瑞士的民族民间服装也十分丰富多彩。妇女的紧身围腰、披肩式的三角围巾都饰以花边。本色的麦秸草帽以及用金属丝作为框架的黑色花边双翼帽在瑞士西部也很流行。甚至于麦秸帽、小黑帽的后部都要饰以缎带。

每逢喜庆节日，瑞士人的民族服装以鲜艳的红色为主调，再衬以黑色，格外富丽，而且醒目。妇女们穿红色的丝绸裙子、黑色的天鹅绒紧胸衬衣，并在短而宽松的袖子上饰以缎带。丝绸女裙上也绣着各种纹样。

哥吉斯堡的瑞士女裙短到膝盖处，袜筒也是短的。紧身围腰上饰以银链和银制的玫瑰花饰。男子服装，式样较为简练，在白色亚麻布衬衣的外面穿上红色的背心，脚上是粗糙的亚麻长筒袜和黑皮鞋。在伯尔尼地区，无檐女帽是以黑色天鹅绒制成的，上面还有马鬃编织成的花边。而在另外一些地区，女子多戴宽檐的麦秸帽。

瑞士人制作首饰相当著名，耳环、戒指、手镯、项链、纽扣、饰针以及现代的机械手表等，为瑞士民族服装增添了无限的光彩。

十、奥地利人的服装

奥地利人是欧洲中部奥地利国人口中占多数的民族，其中大多数人为天主教徒，只有极少部分人为基督教中的加尔文派。奥地利人有着悠久的民族文化，曾出现数位闻名于世的著名作曲家。

在维也纳传统的音乐节和莫扎特的故乡萨尔茨堡音乐节上，人们都要郑重地穿上最地道的奥地利民族服装。妇女们穿着宽松的衬衣，还有用棉布、丝绸、天鹅绒制成的紧身围腰，上面饰以花边和银纽扣，肥大的裙子里面一般要穿上白色的衬裙，脚蹬皮鞋。

男子们上穿用布或丝绸制成的衬衣，下穿用羚羊皮制成的灰色或黑色的裤子，上面还装饰着银饰，并排列着许多刺绣花纹，腰间扎上一条精致的皮带。奥地利人的很多外衣和下装，都是由厚实的毛织品制成的，色彩大多为灰色、绿色、棕色等。纯朴、温和，使人看上去十分亲切。

传统的帽子，也是黑色或绿色的，上面饰以小金属片，帽后还有两条穗带。

十一、荷兰人的服装

荷兰人是西欧人口中占多数的民族，主要分布在荷兰北部和中部地区。他们大多信奉基督教的加尔文派，北部地区有些人信奉天主教。另有一部分人散居在美国、加拿大、奥地利、比利时和德国。

木鞋，是荷兰民族服装中一个重要组成部分。男子上穿衬衣，下穿肥大裤子；女子上穿衬衣，下穿多层的裙子，这是荷兰人通常穿用的主要服装形式。就足服来说，不论男女都穿木鞋。

荷兰是个"低洼之国"，冬天寒冷潮湿，地上容易结冰。据说在数百年前，农民们苦于无钱买鞋，而又不能赤脚踏在冰上，所以就用木头雕成鞋的样子。这种鞋的鞋底厚实，鞋头呈尖状上翘，鞋内填上稻草，穿在脚上又暖和又舒适，而且踩在冰上不滑。许多农舍门口，有专门放木鞋的"木鞋角"，进屋的人就把木鞋脱在那里。同时，木鞋还是男女青年的定情物。在婚礼前和婚礼中，新郎和新娘也要互赠木鞋以示祝福。讲究的木鞋，要将鞋面漆成黑色或白色，然后用彩漆在上面彩绘图案或书写着装者姓名的字头字母。木鞋是荷兰服装的代表作，在民间瓷、木工艺品上常有表现，以致成为这一个民族的象征。

荷兰风车举世皆知，荷兰的白色风帽也是民族服装特征之一。在与荷兰首都阿姆斯特丹隔海相望的马尔更岛，是一个美丽富饶的小岛。这个岛上的人保留了许多民族服装风格。

男子服色较为单一，大多数是黑色。上衣对襟，裤管很肥，风吹起来像个灯笼。有时穿短裤，下配黑色的长筒袜。裤子有白色（夏季）、黑色（冬季），但长筒袜都是黑色。女子上衣有红、绿相间的条纹（荷兰北部的妇女上身衬衣多为黑色毛织物做成），外面再套上一个紧身围腰，围腰上绣满了花纹。最为醒目的是妇女们都戴着白色的风帽，帽檐下露出两条大辫子分别垂在两肩上。帽子还与年龄、生育等有关。儿童戴无檐帽，女孩帽上饰以小星，男孩帽上饰以小矛。女子16岁以后，改戴白色的左右有帽翼的无檐女帽。而当生了孩子后，就戴圆柱形的高帽。紧身围腰上绣5朵花表示未婚，绣7朵花表示已婚。有的区域内渔民帽后垂以绿色缎带，1条表示未婚，3条表示已婚。急于想成亲的青年还可以在帽上装饰一个很小的绿色蝴蝶结。

马尔更岛上的孩子，不分男女都穿大花的衣服，不同的只是男孩在前襟绣一道白边，女孩则在胸前绣着玫瑰花。

十二、葡萄牙人的服装

葡萄牙人是葡萄牙民族之一，大多数人居住在葡萄牙国内，其余的主要分布在法国、美国、巴西和加拿大，自古以农业为主。

葡萄牙人是个乐观、活跃的民族，喜欢明快而且丰富的服装色彩。在总的基调上，各区域内居民的民族服装也有各自不同的风格。如在埃斯波孙迪地区，渔妇们的帽子边上要镶上一面小镜子，用以表明她在焦急地等候出海远航的渔船安全返航，因为相传镜子的反光能够引导她丈夫的船只回到故乡。在纳赞雷地区，渔民们喜欢不同色彩的宽格子花呢服装，渔妇们常用来制作女裙和围裙。由于花色、质地相同，所以每个家庭都争取在款式上有自己的风格，以区别于其他人，尽管这种差异是微小的。因为统一在民族服装风格之中，所以反映了当地人对服装艺术的喜爱与追求。

妇女们的衬衣大多有着长而宽的袖子，袖口、衣领处都饰以蓝色刺绣纹样。

紧身围腰大多为红色，上面也饰以彩色的绒绣。裙子多用自家手工纺织的亚麻布和毛织物制成，有红色、黄色、白色、绿色。有时饰以黑色的宽大边缘，再在黑底边上以白色毛线刺绣图案，围裙上也饰以彩绣。项链、手镯、脚镯、胸饰等的佩戴十分普遍。

葡萄牙新娘的传统装束是在彩色的衬衣下，穿上黑色的天鹅绒长裙或围裙。全身衣服上都用金线和小玻璃球进行镶绣。头上披戴着洁白的花边头饰。

十三、西班牙人的服装

西班牙人主要居住在西班牙国内，其余的分布在法国、阿根廷、德国、巴西、委内瑞拉、瑞士和墨西哥等国，多数人信奉天主教。

西班牙人的民族服装，与西班牙人的宗教、舞蹈和斗牛等有着密切的关系。例如，通常在舞蹈（踢踏舞）中适合快速急转的短式女裙，就不仅仅是舞蹈时穿着，日常出门或在集市上也可以穿着。

在萨拉曼卡地区，女衬衣在衣领、袖口处饰以彩绣，同时在边缘上饰以垂穗。由于用鞋底、鞋跟踏地发出有节奏的踢踏声，是西班牙舞蹈的一大特色，所以皮鞋在服装中的地位相当重要。它大多是鲜艳的红色，还有较大的鞋舌，以免在舞蹈时脱落。鞋面上饰有闪闪发光的金属鞋扣，并缝有红色的花边。皮鞋的跟高 5～7cm，制作非常结实，以便增加舞蹈的艺术效果。艺术影响到生活，人们平时也穿用类似皮鞋，只是装饰少一些罢了。

西班牙人女子的衬衣，大多是在边缘上饰以白细布制成的褶裥花边，头发上也装饰着带花边的头饰或鲜花。其花边头巾是由阿拉伯面纱演变来的。8世纪初，信仰伊斯兰教的摩尔人侵入西班牙后，曾将天主教势力排挤到半岛的西部和北部，直至 11～13 世纪时，天主教势力才重新兴起。但是阿拉伯人的服装，给西班牙人留下了深刻印象。西班牙式花边头巾多取纱质面料，再镶绣上黑色或白色的花边。头发上插着巨大的梳子，这些梳子以象牙、玳瑁、牛角制成，有的还饰以雕刻。在西班牙人的传统首饰上，我们可以清楚地体味出那种精致（图8-12）。

西班牙男子的服装也饰以刺绣，但民间的服装风格大体是简练而朴素。男子们上穿白色的衬衣、

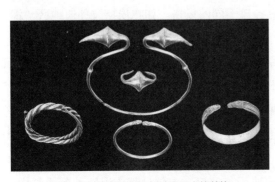

图8-12 公元前100年西班牙人的首饰

无领背心和外衣，下穿黑色的紧身裤。宽阔的刺绣纹饰腰带系扎在腰部。脚上的皮鞋款式和女鞋大致相同，鞋舌也是长的。由于男子用鞋跟蹬地更为有力，所以在鞋跟处钉上鞋钉和金属片。它一方面起着保护鞋眼的作用，另一方面也可以使发出的声音更加响亮。外衣和马裤上都装饰着穗带，头上戴着遮阳的黑色檐帽。

斗牛，是西班牙的传统习俗活动。斗牛士一般有着专门风格的服装，就好像蒙古摔跤服一样，也是在华丽之中塑造出一位闪光的勇士。斗牛士一般头戴三角帽，身穿白衬衣，外罩长及腰际的坎肩或带袖上衣。下身穿紧腿裤，裹着的长长的绑腿是用钢片折叠而编成。脚下穿矮靿软牛皮马靴。斗牛士身上的斗篷红里黑面，肥而长。这些既可以起到保护躯体的作用，同时又可以使斗牛士显得精明强干。这是一套华丽的服装，无论是短上衣，还是裤子，上面都有精致的刺绣。刺绣大多是用金线绣成图案，里面还镶缀着珍珠，再飘散出五彩的穗带。当出现在斗牛场上时，斗牛士手里还要拿着激怒公牛的红布和利剑。这是一套民族色彩十分浓郁的运动兼表演装。

十四、意大利人的服装

意大利人是意大利国家人口中占多数的民族，历史悠久，并且有着灿烂的文化。意大利人多信奉天主教，少数信基督教新教。另有部分意大利人分布在美国、阿根廷、法国、加拿大、德国、巴西、瑞士、澳大利亚以及其他国家。

意大利人的民间服装，保留了许多古老的传统，所用质料有亚麻布、天鹅绒和丝绸。即使是较为贫困的农妇们，也穿着丝绸的女衬衣、内衣，并且饰以花边和刺绣。连亚麻布制成的围裙上也饰以彩色的窄条装饰。

意大利南部的妇女常年披着头巾，即便戴帽子时，也要把头巾罩在帽外。无檐女帽是由上浆的白色花边、金线花边织成的，帽顶和帽檐上还饰以花束和缎带。盛装是宽松的黑色衬衣加上饰以红色缎带的白色围裙，衬衣外再穿上长袖的黑色或蓝色天鹅绒外套。富裕妇女们戴着金、银、珊瑚或珍珠制成的佩饰品，主要为耳环、项链、手镯，农妇们则大多是戴着嵌有珐琅釉的金属件或是玻璃珠。意大利北部男子的长裤是黑色的，渔民们的长筒袜也是黑色的。

西西里岛上意大利男子的服装，以白色为主调。他们穿着白色的衬衣，衬衣领子是竖起的，并饰以刺绣。紧身裤也是白色的，有时罩上红色的背心和外套，上面也饰以刺绣花纹和穗带。白色的皮鞋上还装饰着红绒球。红与白两色形成鲜明的对比。

那不勒斯塔兰台拉盛行舞蹈，那里的姑娘们穿着低领的蓝色丝绸衬衣，黑色的天鹅绒紧身围腰，在胸前还系上一个大的丝绸蝴蝶结。白色的锦缎长筒袜闪闪发光，而柔软的皮鞋又极适合表现舞蹈步伐的灵巧。

十五、德意志人的服装

德意志人主要居住在德国，其余分布在美国、加拿大和巴西等。他们多信基督教新教，部分信天主教，自古以来多以农业和畜牧业为主，手工业和商业也较发达。德意志人是古代日耳曼人的直系后裔。

德意志是个爱好音乐、舞蹈的民族，同时又是个热爱并尊重传统艺术的民族。即使在20世纪以后，德国的巴伐利亚和黑森林地区的农民们，仍然在喜庆节日或城镇集市时，穿着严格的传统服装。妇女们大多是在白色或彩色衬衣外，穿上黑色天鹅绒围腰，上面还饰以穗带和玻璃珠。

黑森林地区的服饰形象是丰富多彩的，甚至连每个村庄都各不相同。女上衣在肩部饰以缎带蝴蝶结，垂挂在臂部，就像是18世纪的法国宫廷女服一样。在夏季，农妇们戴着黄色的麦秸帽，帽上装饰着3个大绒球和许多小绒球（最多11个）。红色代表未婚，黑色代表已婚。

德意志人男子们的典型服装通常是白色衬衣，白裤子或黑裤子，外罩深色外衣，脚蹬皮靴。衣裤上都有绣花。

十六、瑞典人的服装

住在瑞典境内的瑞典人占该国人口的92.9%，其余的分布在芬兰、丹麦、美国和加拿大，多信基督教路德派。

瑞典男子的传统服装是上身穿短上衣和背心，下身穿紧身齐膝或长到踝部的裤子。头上戴高筒礼帽或平顶帽子。女子则穿饰有各种花色的长裙，有的腰间拴有荷包或小袋，上身常是坎肩和衬衣。已婚女子大多戴风格各异的帽子，少女一般不戴帽子。

瑞典人服装特点之一是穿木头鞋。或许因为瑞典国内森林遍布，取材便利，因而以木制履形成民族服装特色。

服装特点之二是各种花边、编结、刺绣、抽纱等工艺广泛应用在服装上。连手套的背部也要刺绣，并镶上皮毛以用于缘边。

新郎、新娘的衣服都要绣上各种花纹，如果女裙是素色的，也要饰以五彩的花边。为了绣制婚服，妇女要从少女时就在母亲督促下花费几年时间完成。婚礼上，新娘还要戴上王冠式女帽。

十七、拉普人的服装

拉普人是北欧民族之一，自称"萨阿米人"。他们主要分布在挪威、瑞典、芬兰等，多信基督教路德派，少数信东正教，并广泛保留原始宗教残余。

拉普人由于居住区域内气候寒冷，所以常年离不开帽、靴和外氅，多穿用驯鹿皮等动物皮毛质料的外衣。拉普外氅镶绣很讲究，男外氅一般在前襟和肩部镶红边，绣图案；女外氅从前襟到领口则镶着圆形或方形银质饰件。女子长裙的胸前和领口、袖口、底摆也绣很宽的装饰花边。头上围着方头巾，从前面蒙向脑后，然后在脑后系扎。

拉普人多戴一种高筒无檐圆形帽。男子戴这种帽时，要在帽顶上缀红绒球垂向帽子的前方或后方，但到了老年，大都要摘掉红绒球。女子戴这种帽时，则要在帽子四周绣上色彩鲜艳的图案。

十八、丹麦人的服装

丹麦人，主要居住在丹麦国内，占该国人口的96.8%，其余的分布在瑞典、挪威、德国、美国和加拿大。丹麦境内早年居住着盎格鲁—撒克逊人，后经迁徙、融合，于10～11世纪形成统一的丹麦民族。

丹麦的服装上大都有优雅的刺绣，特别讲究的是在白色或本色的亚麻布外施以网绣。女衬衣、无檐女帽、头巾、披肩上一律有网绣。妇女们平时穿耐脏的深色女裙，裙外腰间再罩围裙。喜庆节日的盛装是带有褶裥的精致女裙。如果不是连衣裙，那么年轻姑娘们上身喜欢穿粉红色衬衣，而老年妇女则喜欢穿绿色衬衣。有的还在袖口上饰以缎带结。丹麦男子服装与北欧其他民族相近。

西方各民族服装，在完善过程中，都传承着本民族的民俗文化，因此特色鲜明，反映出本民族风土人情。每个民族的确立以及每个民族的服装特色，基本上都在20世纪时得到确立，至今仍受到世界人民的喜爱。

延展阅读：服装文化故事与相关视觉资料

1. 埃及人重视鞋子

埃及人脚踏晒热的沙地，需要鞋子，但又因此珍惜鞋子。在埃及卡纳克神庙的墙上，刻着这样一段铭文，记述公元前1220年埃及与利比亚的一场战争。当记到利比亚头目战败而逃时写到"把弓箭、箭袋和鞋子全部丢弃在身后。"

2. 来自民间底层的羊毛编织装

羊毛编织的服装在欧洲早为下层劳动人民穿着，有些像中国所说的"短褐"。16世纪时，贵族们开始穿细羊毛的编织袜。17世纪时，英国国主查理一世一次出征时感觉冷，才加了一件厚羊毛衫。18世纪为贵族所穿用，这些本该在史书中出现的内容，却出现在狄更斯的一部重要作品《双城记》中，书中写路易十六王朝即将毁灭时，德伐日夫人曾巧妙地把贵族的姓名都织在羊毛线衫的腰部。

3. 神奇的项链

英国女作家琼·艾肯有一篇童话《像是一个个雨滴》。这里讲的是惩恶扬善的故事。劳拉的父亲帮助了北风，北风送给刚出生的劳拉1串3颗雨滴般的项链，而且每年生日时再给加上1颗。项链神奇无比，但被别人偷去后便神力全无。劳拉历尽艰辛，却坚持给人民带来雨水。项链为人所熟悉，所以容易使人相信故事的奇妙。

4. 真假的虚荣

莫里哀在《可笑的女才子》中，讽刺了法国在17世纪中叶推崇贵族式优雅的风气。通过两个从外地来到巴黎的刻意装出高贵的女子，遇到两个由贵族安排仆人装扮成"爵士"的男子，闹出一场笑话。结果是，真爵士杜克拉西和拉格朗士当众脱掉了冒牌爵士的贵族服饰，使那两个好虚荣的女子丢尽了面子。

5. 北欧民间传说中的镯子

1857年，易卜生以北欧民间传说为基础，创作了《海尔格伦的海盗》一出四幕悲剧。剧中以一只本作为答谢礼物的镯子，后成为定情信物，当误会发生时，是这只不会说话的佩饰作出了最有力的证明。

6. 邻近民族服饰形象（图8-13～图8-19）

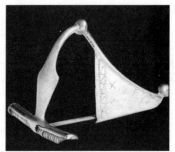

图8-13　19世纪黎巴嫩王公　　图8-14　匈牙利毛织腰带　　图8-15　匈牙利1～50年银胸针

图8-16　罗马尼亚男子服饰

图8-17　前捷克女子服饰

图8-18　乌克兰女子服饰

图8-19　地中海民族舞蹈服装

课后练习题

简答题

1. 民族服装为什么会多样？
2. 民族服装的生成需要哪些文化背景？

第九讲　服装与工业革命

第一节　时代与风格简述

历史学家说，工业革命不是从天而降的。这富有哲理的语言，说明举世瞩目的工业革命并不是一朝一夕突发异想而来的。它的前一页是经过多少代人的努力，多少事物的积累，多少次革命的酝酿，加之社会生产力的逐步发展，最后形成了在英国——这个岛国上的爆发。

将 1760～1860 年的经济变革称之为工业革命是理所当然的。事实上经济变革一直延续到 20 世纪。世界历史学界将 1860 年前归为第一次工业革命，而把 1860～1914 年的阶段称为第二次工业革命。第一次重点是煤和蒸汽机，第二次重点则是电和内燃机。在这一节中涉及的工业革命，实际上主要是指第一次。

不能否认，工业革命在相当大程度上，起因于商业革命。商业革命通过它的基本信仰重商主义促进了制造业的发展。重商主义政策的一个重要目的是增加制成品的出口量，以此来保证贸易的顺差。当然，如果某些生产领域并不需要根本的技术改良，工业革命无疑会推迟。再加上人们对日用品，特别是棉布这一服装面料日益增长的需求，因而促使纺纱机的发明。不管是珍妮纺纱机，还是水力纺纱机，它们作为纺织工业一系列重要发明的先驱，在社会生产中不断证实机械生产的先进性，结果导致了机械化迅速地扩展到其他制造业。

关于工业革命为什么首先起始于英国这一岛国，人们总结了很多原因。其中有一条，就是不列颠岛屿气候湿润，特别适宜纺织棉布。试用机器织布时，潮湿的气候使纱线不致变脆而易折。机械化文明的发起行业，恰恰是纺织业。

1767 年，詹姆斯·哈格里夫斯发明的纺纱机，是一架同时能纺 16 根纱线的综合手摇纺纱机。他以妻子的名字命名为"珍妮"纺纱机。遗憾的是，这种纺织机所纺出的纱线并不能做棉布的经线，因为不结实。1769 年，理查·阿尔克莱特发明了水力纺纱机，才有可能生产适用于织布的经纬两种纱线。

当棉织业的纱线问题解决以后，人们很快就意识到要发明某种自动化的机械以取代手工纺织机织布。就在很多人认为这难以实现的情况下，肯特郡一个牧师，埃德蒙·卡特赖特却自信地认为，既然自动化的机械可以用于纺纱，它就一定能够用来织布。结果，他雇来一个木匠和一个铁匠，使他的想法变成现实，产生了水力织布机。1785年，卡特赖特注册专利。从这以后又经过多年的改进，至1820年左右，它大规模取代了原有的织布机具。

1792年，美国北部的教师伊莱·惠利尼发明了轧棉机。这是一种把棉籽从棉花纤维中剥离出来的机器，人们从此可以得到大量价格低廉的原棉了。

众所周知，几乎没有其他发明比蒸汽机对现代历史产生更为巨大的影响了。美国伯恩斯教授和拉尔夫教授与一般的观点相反，他们认为"蒸汽机并不是工业革命的最初原因，它却是工业革命的部分结果。如果不是由于对有效的能源的需要，用来发动在纺织业方面早已发明的笨重机器，瓦特的蒸汽机至少不可能成为现实。另外，蒸汽机的完善肯定是工业化更加迅速发展的原因"。

正由于蒸汽机提供动力而很快得以使用，从而使化学、采掘、冶金、机器制造等行业普遍展现出新的气象。继英国之后，法、德等国相继完成了工业革命。至1870年发电机问世和1878年电力发动机使用以来，现代机械工业为地球上的人类迎来了一个快节奏、高效率的新时代。

机械工业的大发展，无疑对服装款式和纹样产生了巨大的影响，且不说每日操作于机械之前的工人必须换掉以前在作坊中穿着的粗笨的日常服装，戴上简便的帽子，穿上合身适体的工作服和减轻疲劳的鞋子以保证安全，就是王公贵族们的服装也必然地要为之大变。首先是交通工具的改善，其次便是运动场的开辟，还有渐趋现代化战场的需要，都不允许再穿以前那样的烦琐服装。更重要的是飞速发展的机械化使人的审美观念发生了根本的变化，人们不再热衷于巴洛克、洛可可式的精巧与富丽，而是随着工业机械和工业产品的外形和功能开始崇尚率直、简洁、大方和整体感。整个社会生活的节奏都由于蒸汽机的带动而突然加快，随之而来的自然是对以前宽大服装的大刀阔斧地改革。

从绘画作品和服装实物来看，尽管当时的贵妇仍然穿戴着周而复始地变化着的服装，但总的趋势已经显露出新的时代气息。在部分国家中已出现运动装和女子长裤，使流行几千年的裙装受到挑战。男子服装义不容辞地需要减短长度，适当缩减袖子和衣身的宽度，再放弃紧裹腿部的长筒袜、及膝短裤而换上直线条的长裤。长裤流行伊始，正值19世纪初期，可能因为法国大革命时进步人士爱穿长裤，所以俄国沙皇亚历山大一世认为穿长裤代表颠覆，曾下诏要把长裤齐膝剪掉。但时代潮流是不以个人的意志为转移的，服装改革迅猛发展，舒适、轻松、简便、大方、少饰件的男装，赋予了19世纪男子以崭新的精神面貌。虽然很多新式服装的起始阶段很容易受到冷落和谴责，但由于它们顺应了时代的需要，必然得到广泛流行。

早在1800年美国缝纫机出现前，已出现了专售成衣的服装店。这无疑是服装史中一个重要环节。裁缝们生产一些服装，然后在柜台上作为商品出售。著名的布鲁克斯两兄弟服装店建于1818年。到了1825年，许多成衣商开始出售由新开设的服装厂生产的服装。当然，服装批量生产的工厂化过程是缓慢的，定做服装仍占相当大的比例。

1846年，伊莱亚斯·豪为自己发明的缝纫机申请了专利。到了1855年缝纫机臻于完善，而且能够批量生产，投放市场，这意味着服装制造业一个大的跨越。从此，服装制造业克服着图样设计、裁剪、熨烫、操纵机器等诸多困难，开始向成熟迈进。同时自然预示着手工制作方式的日益落后。

除了上述由工业革命带来的服装大幅度变革之后，最醒目的是现代时装出现了，而且从此风起云涌，至今不衰。可以这样说，经过18世纪的工业革命，19世纪的经济变革，至20世纪的欧洲，现代时装和时装设计大师应运而生，给新世纪创造出令人眼花缭乱的丰采与文明。

第二节　工业革命引发服装变革

一、男服

男服在19世纪的发展总趋势是比女服变化大，而且就世纪初和世纪末来看，前后差别非常明显。

拿破仑·波拿巴曾有意提倡华丽的服装，这使19世纪初，法国大革命时期的古典主义服装样式和革命前的宫廷贵族服装样式同时并存。正如服装界人士所评论的那样：贵族气的装束也只是一种回光返照，它多半成为古典主义样式的点缀，使古典主义服装增添了贵族的豪华气息。整个服装的发展趋势仍是一往无前，这是一个亘古不变的规律（图9-1）。

拿破仑在人们印象中，是个残酷的军人和野心家，实际上，他对法国服装的关心程度不亚于对法国战争的关心。赫洛克在《服装心理学》中写道："拿破仑千方百计地想尽一切办法使法国的宫廷成为世界上最漂亮的宫殿。他把时装当作国家大事。他是唯一的指挥者，不仅为宫廷内的男女规定什么样的衣服可以穿，而且还规定布料和如何制作。同时他还命令任何人不能穿同一件衣服出现两次……"在他的提倡和带动下，宫廷里的服装仍保持着原有的风格，金线用量很大，各类装饰也没有减少。拿破仑在加冕典礼上穿的绣金白色缎料礼服，是当时绚丽奢华的服装代表（图9-2、图9-3）。

图9-1　拿破仑礼服形象　　图9-2　法国画家大卫作于1801年的　　图9-3　拿破仑为弥补身
　　　　　　　　　　　　　　　　《拿破仑翻越圣贝尔纳山》　　　　　高上的不足，特
　　　　　　　　　　　　　　　　　　　　　　　　　　　　　　意使用斜线效应

这一时期男装最突出的变化是裤子。由于法国大革命中，那种长仅到膝盖的马裤被看作是贵族的象征，因此宫廷外的平民男子开始将裤管加长至小腿，又加长至踝部。过去那种长到膝盖的马裤只有宫廷成员还继续穿着。

1815年时，男裤造型开始趋于宽松，这一改变是有着划时代意义的，因为多少年来欧洲男子的下装都是穿着紧贴腿部的裤子或长筒袜（图9-4）。

在19世纪的最初20年内，男子上衣的诸多式样中，有一种是前襟双排扣，上衣前襟只及腰部，但衣服侧面和背面陡然长至膝部。双排扣实际上是虚设的，因为衣服瘦得根本系不上扣。上衣的下摆从腰部呈弧形向后下方弯曲，越往下衣尾越窄，最后垂至距膝部几英寸远的地方。这种窄的衣尾，后来被人们称为"燕尾"（图9-5）。

19世纪20年代中期，礼服大衣与燕尾服是流行的日常服装。只不过将两者相比，礼服大衣显得更加实用些，因而穿着十分普遍，而燕尾服成

图9-4　男装出现新的款　　图9-5　18世纪初期
　　　　式与搭配模式　　　　　的德国男装

为用于晚会或礼仪场合的服装，直至19世纪中叶才被大多数人所接受。

从这个时候起，上衣闭合扣上移，至于纽扣，一般只能系最上边的两个扣子。到19世纪60～70年代时，上衣的两片前襟基本上自领口以下都可以闭合了，但是最时髦的做法是，上衣扣只扣最上面的一颗。上衣和裤子的颜色大多是相近的。裤料有的带有条纹，有的带方格花纹，有的是深浅颜色相掺的。总的色彩趋势是从过去色彩斑斓转变为单纯凝重。如夏装裤子有蓝灰色、灰白色、珍珠灰色；冬装裤子有青灰褐色、黑褐色、墨绿色等。在日常和非正式场合中，方格布或苏格兰方格呢裤子最受人们喜爱。

图9-6 19世纪初期的英国人充满工业革命的朝气，男装的裁剪缝制技术遥遥领先于欧洲其他国家

相比之下，只有背心还保留着以前男装的一点点漂亮。美国纽约的布鲁克林博物馆中收藏的当时的背心，其衣料有带花卉图案的条纹绸缎、有带凸起图案的双层布、带点的丝绒、印花佩兹利漩涡凸纹布等。

在19世纪将近结束时，欧洲男子的典型着装形象：头上礼帽，尽管高筒、矮筒、宽檐、窄檐不断有所变化，但基本样式未改。上衣有单排扣、双排扣之分。里面是洁净的衬衣，衬衣领口处有一个非常宽大的活结领带。领带结是整套服装中十分醒目的一处装饰。裤子的尺寸更加趋于以舒适为标准。裤管正中开始有笔挺的裤线。传说是爱德华王子一条久放叠折的裤子，裤管前后形成很深的折痕。当他穿上带裤线的裤子走到公开场合后，立即引起人们的效仿。如果出门，要穿上双排扣礼服大衣，佩上带链的怀表，有人还拿着手杖，但手杖已不如以前那么普遍了（图9-6、图9-7）。

这种男子着装形象，就是19世纪风卷世界各地的所谓"西装"样式。

图9-7 19世纪初期的法国男子外出服，虽然巴黎一直领导女装潮流，但男装领导权仍在英国

二、女服

或许因为妇女没有像男人那样更多地直接接触到工业革命的缘故，进入19世纪以后很长一段时间，女服仍然保留了希腊式的古典风格。领口开得出奇的大，而腰间的带子又尽量系得高，全身没有什么更多的装饰，但长裙下摆处的皱褶花边是万万少不得的。印度大围巾代替了希

腊的长外衣后，短上衣开始流行，而当天气稍冷后，妇女们又都穿上了英国式的骑装外衣。很显然，19世纪初叶，妇女们的服装只是稍稍有一些变化（图9-8～图9-11）。

人们在总结当时女服流行状况时，这样认为，由于服装的简单化，首饰便成了当时的焦点。从缠有藤子的希腊式首饰仿制品，到镶着流苏、饰有皮边的波兰式荷叶帽；另外还有英国宫廷中戴的插有羽毛、帽子后部有较大的首饰和布满精致刺绣的镶边女帽；除此以外，还有穆斯林头巾；随着时间的推移，又出现了草帽，草帽上系有彩带；另外还有一种黑天鹅绒法国帽，它是拿破仑征战活动的见证，这种帽子形似头盔，插满了羽毛；另一种帽子与法国帽属同类，帽上镶有散开的饰边，饰边由金线连接，形状如同鸡尾，帽子上也插有不同的羽毛和羽翎，鸟羽向外展开（图9-12～图9-15）……

进入19世纪20年代以后，女帽的变化没有停歇，有的宽檐帽子上缠满了彩带，插着无数根羽毛，好像随时就要腾空而飞。有的帽子上还饰有风车、帐篷饰物，其形如同飞机上的螺旋桨。晚间不戴帽子时，女子对自己的头发也格外重视。她们把头发梳得光滑明亮，而且用几条线绳和穗带将头发扎起来，然后再以金属线、发钗和高背木梳加以支撑。花和羽毛缠结到一起，形成鲜明的时代风格（图9-16～图9-20）。

图9-8　17世纪流行的大领口至19世纪依然流行

图9-9　19世纪欧洲女裙的立体效果

图9-10　19世纪欧洲女裙繁复美

图9-11　19世纪欧洲印花丝绸装

图9-12　维多利亚女王1837年登基，头饰及领饰相当考究

图9-13　19世纪的女帽羽毛饰

图9-14　19世纪的欧洲女子
整体服饰形象

图9-15　从16世纪流行的女子
面纱,至19世纪时仍
会在晚宴上出现

图9-16　绸带帽饰

图9-17　花圃头饰

图9-18　鲜花帽饰

图9-19　绸带皱褶帽饰

图9-20　1833年,珍珠羽毛帽
饰流行,同时开大领口
膨大袖子,开始在时装
上注明服装店店名

19世纪末,以法国巴黎为中心在欧洲迅速蔓延开来的新艺术运动,在服饰上也有杰作,这使首饰的风格焕然一新(图9-21~图9-24)。

在这以后,女服经历了宽大而后又趋适体的变化,至20世纪50年代时,撑箍裙再度复兴。不过,这时被普

图9-21　蜻蜓胸饰

图9-22　蜻蜓项饰

图9-23　角质发梳

遍接受的美国裙撑已不再是早年的藤条或鲸骨，而变成由钟表发条钢外缠胶皮制成，自然轻软多了（图9-25～图9-28）。

图9-24　19世纪意大利手链

　　直到1868年，裙撑仍被使用，裙子的外部形状完全依靠裙里起控制作用的支撑物来保持。为了做出裙子前部平展的效果（因为这符合时尚），裙撑结构不得不做些相应的变化，而且三角形布条取代了前腰上过多的布料。但是，后腰上却堆积着众多织物打成的花结，再加上身后裙体像鸟尾一样拖在地面上，整个裙体似乎都集中到了后面，形成一个个优美的背影（图9-29、图9-30）。

图9-25　1839年男女夜礼服

图9-26　1846年夜礼服女子讲究手镯和花束

图9-27　1856年由于纺织工业的发展衣料纹样越加复杂，日装裙撑虽大却轻软

图9-28　1864年的外出服，重新兴起串珠装饰

图9-29　1884年的外出服，外裙被卷起来堆放在高高翘起的后臀部

图9-30　1885年的午后服，外裙有网状装饰

　　与此同时，镶有黑缎带或大玫瑰的白缎鞋，以及悬垂的耳饰、成双的手镯和各种式样的项链十分盛行。折叠扇子、手套和装饰精巧的太阳伞使女子服饰形象臻于完美与完善（图9-31～图9-33）。

图9-31　1895年的外出服，遮阳伞和折扇成为上层妇女必备之物

图9-32　1898年新艺术运动时期流行的S型女装形式

图9-33　1899年的男式女服，太阳伞和手包是重要随件

第三节　工业革命成就现代时装

一、时装设计大师

　　早在19世纪末，有一位非宫廷贵族的人向宫廷服装提出挑战，他就是英国人——查尔斯·沃思。他只身来到法国，经营销售服装并自学女装设计。谁曾想，

在他为妻子玛丽亚设计服装，并因此引起一些贵妇瞩目的过程中，玛丽亚成为服装史上第一位真人模特（区别于曾出现的时装娃娃）。经过一番努力后，沃思独自开设的女装商店，以设计和手工制作新颖、优雅、精致而闻名遐迩。不少欧洲王室成员和女装企业，分别以塑造新形象和经营新产品的目的纷纷慕名而来。到1864年，沃思的服装商店和工场已拥有百余名匠师，并且开始使用缝纫机。这位来到巴黎谋生的设计师，不仅自己获得"现代时装之父"和"女式时新服装之王"的盛誉，更重要的是他开创了一个时装化的年代。

当然，将五彩缤纷的时装完全归功于一位时装设计师，是不全面的，因为"时势造英雄"。宫廷衰微、君主立宪、资本主义商品经济促成的中产阶级的崛起，导致了服装推陈出新速度的增快。时装设计师，正是在这样的社会形势下得以生成。应该说，查尔斯·沃思是一位披着现代时装设计曙光出现在服装界的无可争议的大师。

如果把设计过衣服与佩饰的人都统计起来，那恐怕会超过天文数字。古来曾有无数人为设计服装倾注心血，但是很遗憾，历史并未留下他们的姓名。还有无数时装设计者，由于种种原因，其作品未能取得轰动效应，于是就像那江河的水一样，也翻过浪花，但终究无声无息地消逝了。再有一些王公贵族，他们曾经引领过服装的新潮流，可是难以归为时装设计师之列。

时装设计师的称谓，是随着现代时装一起来到这个世界的。时装设计师犹如夏日夜空的繁星，他们的成就使他们的名字格外光亮，但他们又不像星星，因为各自都闪烁着与他人不同的光芒。就是说，每一个时装设计者都有自己的创新思维，没有独立个性的不能称其为设计大师，没有鲜明特色的更难以在时装设计史上留下一抹令人难忘的光辉。

可以毫不夸张地说，近代乃至当代的服装史，有相当一部分页码是由时装设计大师填写的，他们的艺术成为今后的时装设计提供了一个个优秀的楷模。

在这里，只能选取国际时装界公认的，有独立个性和突出业绩，并对19世纪中叶以后的世界时装设计做出巨大贡献的设计大师，以使大家了解到时装设计师及其作品的精华部分。

查尔斯·弗雷德里克·沃思（Charles Frederick Worth，1825—1895）出生于英国林肯郡的伯恩。他设计的服装总是与时代潮流相吻合，曾抛弃多余的褶边和花饰，把帽子推上额头，重新设计裙撑和腰垫，是西方服装史中第一个私人女装企业家，也是第一个来自民间的专业女装设计师。时装模特儿是沃思的创造。他的妻子玛丽亚就是他作品的第一个有意展示穿着者，同时也是世界上第一位真人时装模特儿。由于"他规定了巴黎时装的风格和趣味，同时也从巴黎无可争辩地控制着世界上所有王室贵族和市民们服装的美好风格"（美国1895年《时代》杂志发表评论），因此，从时装的意义上，19世纪被人们称为"沃思时代"。应该说，查尔斯·沃思是一位披着现代设计曙光出现在服装界的无可争议的大师（图9-34～图9-36）。

图9-34　查尔斯·弗雷德里克·沃思　　图9-35　沃思的代表作之一　　图9-36　沃思的代表作之二

　　珍妮·朗万（Jeanne Lanvin，1867—1946）出生于法国的布列塔尼。她最初设计帽子，受到顾客喜爱。设计时装时重视装饰效果，强调浪漫气息，她所展示的袒领、无袖、直廓形的连衣裙，再配上绢花和缎带，使女性穿起来仪态万方，曾形成较长时间的影响（图9-37～图9-39）。

图9-37　珍妮·朗万　　图9-38　珍妮·朗万的代表作之一　　图9-39　珍妮·朗万的代表作之二

路易·威登（Louis Vuitton，1821—1892）19世纪中生于法国乡村一个木匠家庭。青年时期的他曾是一名出色的捆衣工，后来他的兴趣逐渐转向箱包的设计与制作。路易·威登箱包上著名的LV标志和特有的花型所构成的独特质料是于1896年由路易·威登的儿子乔治·威登发明并设计的，至今已有一百多年的历史了。在这漫长的岁月里，世界已发生了很大的变化，人们所追求的时尚和审美情趣也很难预料。但是路易·威登品牌始终以其实用、精致、质量上乘受到时尚人士的青睐，这种永不磨灭的情怀，使它拥有无与伦比的魅力，成为世界箱包界的经典（图9-40～图9-42）。

图9-40　路易·威登　　　　图9-41　路易·威登皮包之一　　　　图9-42　路易·威登皮包之二

保罗·波烈（Paul Poiret，1879—1944）出生于法国巴黎。波烈曾经完全抛开了沿用多年的基本胸衣款式，在设计中尽可能将妇女从束缚中解脱出来。1909年，他推出了缠头巾式女帽、鹭鸶毛帽饰物和穆斯林式女裤等，并在结构简单的服装上，运用丰富的质料。如一件长袍上，同时应用色彩鲜明的丝、织锦、天鹅绒和金银线织等。还推出中国大袍式系列女装，命名"孔子"。而后，叫作"自由"的两件套式套装也吸收了东方服装的剪裁方法。甚至午茶便装设计中杂糅了日本和服样式，"东方风"成为波烈的设计特色（图9-43～图9-45）。

让·帕图（Jean Patou，1882—1936）生于法国诺曼底。帕图曾向人们展示了许多有特色的服装款式，诸如喇叭裙、高腰牧羊女裙等，其中有些以俄罗斯情调的刺绣为纹饰。他设计服装的特点是，强调简朴，突出自然的腰围线和清晰的线条。20世纪20年代早期，他成功地设计了（立体派）运动衫，同时还以设计浴衣而闻名。帕图可谓"时装世界"巨匠（图9-46～图9-48）。

图9-43 保罗·波烈

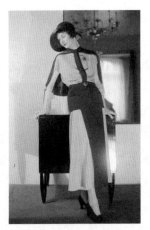

图9-44 保罗·波烈的代表作之一

图9-45 保罗·波烈的代表作之二

图9-46 让·帕图

图9-47 让·帕图的代表作之一

图9-48 让·帕图的代表作之二

　　可可·夏奈尔（Coco Chanel，1883—1971）原名布里埃尔·邦思·夏奈尔，出生于法国索米尔。1920年，夏奈尔根据水手的喇叭裤，设计出女子宽松裤。两年后，又设计出休闲味道很浓的、肥大的海滨宽松裤。整个20世纪20年代，夏奈尔接二连三地构思出一个又一个流行式样：花呢裙配毛绒衫和珍珠项链；粗呢水手服和雨衣改成的时新服装；小黑衣套装镶边、贴袋的无领羊毛衫配一条齐膝短呢裙……她当时的创新还有黑色大蝴蝶结、运动夹克上镀金纽扣、后系带凉鞋、带链子的手提包和钱包。她对珠宝业也有较大的影响，推出的花呢时装上经常挂着成串的珠饰。由于夏奈尔设计时装追求实用，因而推动了服装设计新概念。以致她本人的装束常引起时装流行。据说有一次，夏奈尔借穿情人的马球套衫、束腰卷袖后竟形成了风靡一时的"夏奈尔时装"。她因火苗灼伤头发而剪成的新型短发，也成了20世纪20年代流行的柏卜短发型（图9-49～图9-52）。

图9-49　可可·夏奈尔

图9-50　夏奈尔的代表作之一

图9-51　夏奈尔的代表作之二

艾尔莎·夏帕瑞丽（Elsa Schiaparelli，1890—1973）出生于意大利罗马。夏帕瑞丽的设计注重女性腰臀曲线，而且喜欢用紫罗兰、罂粟红、粉红等高贵、浓郁、香艳的色彩，被法国舆论界赞为"惊人的粉红"。1935年，她把新式塑料拉链染成与她的服装一样的颜色，并将这种拉链装在看得见的地方，而不是像以前那样只作为衣服的闭锁装在暗处。她出售磷光胸针和镇尺般花饰纽扣。总之，夏帕瑞丽是以她极富新奇的创意和近乎玩世不恭的设计风格，在世界时装界获得成功的（图9-53～图9-55）。

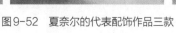

图9-52　夏奈尔的代表配饰作品三款

图9-53 艾尔莎·夏帕瑞丽

图9-54 夏帕瑞丽的代表作之一

图9-55 夏帕瑞丽的代表作之二

　　克里斯托贝尔·巴伦夏加（Cristobal Balenciaga，1895—1972）出生于西班牙圣塞巴斯琴附近的哥塔利亚。他设计的服装通常是正式的：端庄、和谐、严谨。色彩上，他喜欢用暗淡的颜色，如深绿色。可是在后期作品中也出现了鲜艳的黄色和粉红色。另外还利用黑白对比，突出优雅的设计，曾被人们称为"配色师"。巴伦夏加有自己的独特设计方式。他将织物直接覆于人形上进行立体裁剪，并在时装设计中融入了建筑和雕塑般的曲线力度和结构变化（图9-56～图9-58）。

图9-56 克里斯托贝尔·巴伦夏加

图9-57 巴伦夏加的代表作之一

图9-58 巴伦夏加的代表作之二

　　克里斯汀·迪奥（Christian Dior，1905—1957）出生于法国的格兰维耶。迪奥所设计的裙子，常在裙上打褶并制成一定的皱褶状，或者用各种颜色的布镶拼；有时还缝上长条的绢网，使之产生丰满感；各种各样的帽子侧戴头上，再配以硬高领的上装。1947年，迪奥推出的"花冠线条"轰动了时装界，被誉为"新风貌"。1952年，迪奥设计的三件套——羊毛夹克、线条简洁的帽子和柔软淡雅的绉绸短裙，多年来一直成为时装设计的样板。自从20世纪50年代迪奥把脖子上挂上一串珍珠项链作为时装的佩饰介绍给妇女们以来，这种穿戴方式一直被妇女们仿效。他的线条设计和整体结构设计优美绝伦，几十年来一直影响着妇女和其他服装设计师们。他享有"流行之神"的美誉，因为不仅他的时装设计创造了一个"迪奥时代"，而且他所开发的香水、皮包、领带等也成为品牌。同时，他还是一位成功的老师，培养出了伊夫·圣·洛朗和皮尔·卡丹等在世界上享有盛名的时装设计师（图9-59～图9-61）。

图9-59　克里斯汀·迪奥

图9-60　迪奥的代表作之一

图9-61　迪奥的代表作之二

　　皮尔·卡丹（Pierre Cardin，1922—）出生于威尼斯附近的桑比亚吉蒂卡拉塔。他设计的剪片装、太阳式外套以及他常用的镶饰大口袋对时装的发展产生过巨大的影响。1964年卡丹设计的由编织短上衣、紧身皮裤、头盔及蝙蝠式跳伞服组成的时装系列，被冠为"宇宙时代服装"。卡丹的设计洗练简洁，构思大胆，轮廓线常呈不规则形或不对称形。其本人是一位难得的颇具理性思维的时装设计师。皮尔·卡丹对中国文化有着深深的热爱之情，他不仅很早来到中国举办时装展，而且受天安门上翘的屋檐造型启发，设计出"宝塔风貌"的宽肩时装。1977年、1979年、1982年，卡丹三次获得了时装界至高无上的荣誉——金顶针奖（图9-62、图9-63）。

图9-62　皮尔·卡丹

瓦伦蒂诺·加拉班尼（Valentino Garabani，1932—）出生于意大利北部佛杰拉城的近郊。他早先在巴黎一所高级女子时装设计学校就读，并在设计中显示出独特风格。1959年回到祖国，为多位社会名媛和电影明星设计时装。1967年推出的"白色的组合和搭配"系列时装成为其代表作。瓦伦蒂诺还喜欢旅游，善于将各国风情融入他的作品之中（图9-64～图9-66）。

玛丽·匡特（Mary Quant，1934—）生于英国伦敦。匡特的风格完全属于20世纪60年代——明快、简洁、和谐，是英国青年时装的概括。她推出的迷你裙、彩色紧身衣裤、肋条装、低束新潮皮带等曾经风靡一时。另外，她还发明了用PVC塑料制成的"湿性"系列服装和短至腰部的无袖女上装。她的设计没有明显的年龄和层次差异，设计的范围也从内衣、袜子一直到四季流行的各种服装（图9-67～图9-69）。

图9-63　皮尔·卡丹的代表作之一

图9-64　瓦伦蒂诺·加拉班尼

图9-65　瓦伦蒂诺的代表作之一

图9-66　瓦伦蒂诺的代表作之二

图9-67　玛丽·匡特

图9-68　玛丽·匡特的代表作之一

图9-69　玛丽·匡特的代表作之二

乔治·阿玛尼（Giorgio Armani，1934—）生于意大利皮亚琴察。他始终保持着一种简朴风格。1982年，他以设计简单的裙裤，造成了令人瞩目的影响。他以垫肩为道具，使女装肩部宽大挺括，从而在20世纪80年代，创造出一个全新的宽肩时代。阿玛尼钟情褐灰、米灰、黑灰等沉稳的颜色风格，并使风格不断变化，不断更新（图9-70～图9-72）。

图9-70 乔治·阿玛尼　　　　图9-71 阿玛尼的代表作　　图9-72 阿玛尼的代表作
　　　　　　　　　　　　　　　　　之一　　　　　　　　　　之二

伊夫·圣·洛朗（Yves Saint Laurent，1936—2008）出生于阿尔及利亚。17岁时曾参加了由国际羊毛秘书协会主办的服装设计比赛，他以独特的设计荣获一等奖。1963～1971年，洛朗年年都有时装造成影响，其中不乏成功之作。20世纪70年代，他的一套最著名的时装，被称为哥萨克式或俄罗斯式农装，包括宽松长裙、紧身胸衣和靴子。时装表演使他设计的围巾和披巾成为永久的时髦。时装剪裁严谨、娴熟。1970年推出的行政妇女理想服饰，既随意又显得风度翩翩，同时显示出时代的情感。由于设计作品中，色彩、纹饰极富艺术性，特别是创意的新款，往往为他人所不及，因而被人们誉为整个时装新时代之父。在他成功的道路上，克里斯汀·迪奥给了他十分珍贵的帮助与提携（图9-73～图9-75）。

维维安·维斯特伍德（Vivienne Westwood，1941—）维维安·维斯特伍德的时装设计充满叛逆风格。20世纪70年代中期，她与马尔科姆·马克拉伦携手创作出"朋克风貌"的时装。1981年又推出"海盗服"，再后接着是"美洲先驱"。以其怪诞、荒谬的形式，赢得了西方颓废青年的欢迎。尽管人们对维斯特伍德的作品评价不一，但是她的作品一次次冲击着世界时装界。从这一点来看，所谓奇装异服正是服装发展所需要的新鲜空气与营养（图9-76～图9-78）。

图9-73 伊夫·圣·洛朗

图9-74 伊夫·圣·洛朗的代表作之一

图9-75 伊夫·圣·洛朗的代表作之二

图9-76 维维安·维斯特伍德

图9-77 维斯特伍德的代表作之一

图9-78 维斯特伍德的代表作之二

　　詹尼·范思哲（Gianni Versace，1946—1997）出生于意大利南部一个生活贫苦的小城中，受母亲的熏陶，对缝纫极感兴趣。米兰是他事业起步的城市。成衣业的兴旺，范思哲的热情、机智和无所畏惧使他在时装界站稳了脚跟。范思哲设计顶峰的标志是1989年在巴黎推出的"Atelier"系列，这是范思哲不满足于称霸意大利而毅然决定打入法国高级时装业的第一步。Vendôme广场最具权威的法国时装精品受到来自意大利的挑战。范思哲崇尚积极进取，宁可因过激的言辞而表现出唐突、鲁莽，也决不落入平庸之辈的行列。他在设计中竭力表现出复杂的细节和光辉的整体，这是对梦想的写意，更是把设计升华为艺术的写实。虽然现在詹尼·范思哲已离我们远去，但他在一片欢呼与一片哀叹中开创的高级时装之潮却永远不会消逝（图9-79、图9-80）。

让-保罗·戈尔捷（Jean-Paul Gaultie，1953—）他主张男女可穿同样服装，而看起来仍不失各自特征的服装新观念。戈尔捷身体力行，他这样反性别着装风格给时装界带来一股新风。1996年，他曾以低腰喇叭裤、通花皮裤、迷你裙以及珠链装饰等营造出一种传统与现代巧妙结合的风格，受到时装界注目（图9-81～图9-83）。

约翰·加利亚诺（John Galliano，1960—）出生于直布罗陀，他善于从服装发展史中去汲取精华，然后运用到自己的时装设计之中。加利亚诺的斜裁法非常有特色，以致使女装突出了别致的螺旋式袖身。1985年末，他崭露头角，1994年10月推出的1995春季时装系列，使他的名字和他的作品一起轰动了国际时装界（图9-84～图9-86）。

时装设计师像闪耀在服装史长河的星辰，数也数不清。在书中只能选取几位影响较大的时装设计大师，以给大家一个具有代表性的层面。在介绍中，也只能选择一些新颖的艺术思想，或采用前所未有的艺术手法设计出的时装为重点。笔者选取资料的原则是，尽可能地介绍设计师的常用名、生卒年月、出生地点和主要贡献与风格。有的设计师的生卒年月，由于资料不详，或说法不一，为避免错误，只好省略了。

图9-79　詹尼·范思哲

图9-80　范思哲的代表作之一

图9-81　让-保罗·戈尔捷

图9-82　戈尔捷的代表作之一

图9-83　戈尔捷的代表作之二

图9-84 约翰·加利亚诺

图9-85 加利亚诺代表作之一

图9-86 加利亚诺代表
作之二

纵观世界著名时装设计师生平和成绩，就会发现为时装艺术做出卓越贡献的设计师，活动年代多集中在19世纪末至20世纪末；出生地和造成巨大影响的地点主要在欧洲和美洲，特别是法、英、美、意等国。这与时装的发展和时装中心的确立是一致的。20世纪80年代以前，整个世界服装业的蓬勃发展主要在法国巴黎和英国伦敦。80年代后，对世界服装发展起到重要作用的几个时装之都才逐渐显示出来，但仍以欧洲为主。20世纪是时装的成长、成熟乃至高峰时期的说法，现在看来是非常正确的。

二、时装设计中心

20世纪，时装的盛行形成高潮，不断涌现出来的时装设计师竞相推出自己的得意之作。各设计师，以及由同一风格设计师构成的设计流派活跃在时装设计界。时装，正在形成几个中心，或说策源地。世界公认的几个设计中心，首推巴黎，与此基本齐名的有纽约、米兰、伦敦，还有位于东亚的日本东京。下面论及的主要属于西方服装史范畴的4个时装中心。

1. 巴黎
法国首都成为时装中心是有其雄厚基础的。早在15世纪，法国在地理上就成了西班牙艺术和意大利艺术的汇合点。加之法国人爱好奢华、喜欢时髦、崇尚浪漫、钟情艺术的天性，这些都易于构成时装的舞台。

从历史上来看，法国路易十四、路易十五及其贵族们早就有在服装上讲求骄奢的传统，法国宫廷服装曾为欧洲其他国家的贵族所崇拜并追随。而且古来宫廷极尽享乐的贵族人生哲学在法国恰恰表现在服装上。法国在欧洲的经济地位，于17世纪时曾居前列，法国的纺织工业也是辉煌一时，高质量多品种的衣料以及各种服装配件誉满欧洲市场。同时，通往东方的贸易，又使包括中国丝绸在内的东方织物涌入法国，这些无疑都是重要的基础。

巴黎不仅是法国的政治、经济、文化中心，而且是整个欧洲举足轻重的一个文化都市。很多有作为的画家、建筑设计师、雕刻工艺师云集在这里，实际上造成了一种吸引有才华艺术家的特定环境，与此同时，巴黎的音乐、舞蹈、服装艺术蓬勃发展，这些自然为巴黎成为时装中心创造了艺术和技术的条件。

20世纪以来，法国政府有意识地支持了时装中心的确立，如投放巨资，鼓励时装设计，宣传卢浮宫并在宫内专设时装博览馆，甚至由总统来主持开幕典礼。设置时装设计大奖、为时装设计大师举办纪念活动、隆重举办时装节等活动，显然使巴黎的时装中心地位得以巩固和发展。

巴黎作为时装之都，每年都举行无数的时装发布会和各种时装博览会，吸引着世界各地的时装设计者前往观摩和交流。这些成就的取得还得益于法国高级时装和成衣设计师协会。法国高级时装和成衣设计师协会组建于1973年，由4家联合会组成，其中高级时装联合会历史最早，创建于1868年。还有成立于1973年的高级成衣设计师联合会以及高级男装联合会，法国国家手工艺及相关职业联合会从1975年起加盟。该协会下属有十余家世界著名的高级时装公司，还办有时装学校。该协会的组建是顺应时装发展的需要，其主要职责是起草和落实可以为各个行业协会所接受的整体行业政策，组织一年两季的高级时装发布会和赴国外的法国高级时装表演，推广法国高级时装。该协会还负责排定服装展示和新闻发布日程，并将日程表提交给新闻记者、经纪人、在册顾客和相关商业顾问。协会的主要目标之一是为服装设计师提供特殊且适宜的展示场地。高档时装要求体现高雅和时尚，从1977年起，大部分时装表演在巴黎会议大厦举办。随后，协会成功地将时装表演引入欧洲最大的地下商城——巴黎集市广场、埃菲尔铁塔对面的夏乐宫、现代艺术博物馆和凡尔赛展览中心等地。1982年，展览地点扩充到巴黎市中心的卢浮宫和杜伊勒利皇家花园。每年的10月和3月两季的时装发布会，都有分别超过2000名和八百多名的买主参加，无论声势与规模，都是其他城市难以匹敌的，巴黎为自己赢得了一块"世界时装之都"的奖牌。

协会还为会员提供服务，包括审定参加时装表演企业资格和推介时装企业到国外参加演出，占领世界时装市场。法国高档时装的出口贸易70%以上是由协会会员企业包揽的。为了提高整体形象和影响，法国每年都以捆绑名牌的形式，由几家著名时装设计师联合举办或参加时装表演。这样不但可以为各公司带来利益，而且还为法国时装争得荣誉。

协会也参与一些文化宣传活动。因为法国时装在公众尤其是外国人眼中是高品质和创造力的象征，是艺术和工业的完美结合。高档时装参与文化活动，可以使服装设计师更多地汲取灵感，创新设计。协会为会员提供经济、金融和贸易方面的法律、条例信息和建议，便于他们了解行业的最新动态。同时，协会为保护企业的知识产权不遗余力。名牌时装的品牌、专利、绘图和样本都容易被非法侵权和仿冒走私，协会与经济、财政和工业部的反走私全国委员会及其他相关部门一道努力，打击在法国乃至欧盟内和其他国家对会员企业所有形式的侵权行为。

协会还从培养设计师的角度出发，加强时装学校和企业的沟通，确保手工业人才的培训和教育，着眼于选择培养年轻设计师，让学生在学校和毕业后都可以有选择地到名牌企业实习，接触著名时装设计师，通过实践了解法国时装的精髓和掌握高超的设计技巧。

法国除了设金顶针奖和金针奖以鼓励有才华的时装设计师之外，自1943年就通过法律规定：缝纫业者的作品享有和艺术、文学作品同等的荣誉。巴黎时装在世界的先导地位，得益于它在法国人民心目中崇高的艺术形象。不过，巴黎那迷人的艺术气息也是令时装设计师充分发挥想象力和创造力的好地方。保罗·波烈在女装色彩设计上的成就，就受益于绘画、雕刻艺术及芭蕾的影响；巴尔曼作品中的简洁、凝练、立体之感正是受建筑艺术的熏陶；圣·洛朗的灵感源泉常常来源于毕加索、梵高等人的名作。巴黎是孕育与滋养时装业的圣地，它宽广豁达的胸怀能容纳各种文化、各种观念，而这种"共享主义"的确具有惊人的魅力。巴黎有各种服装协会、情报所、时装报纸杂志、宣传部门和出版机构；巴黎荟萃了各国设计精英：拉邦、皮盖、三宅一生、高田贤三；巴黎还有世界名师的专卖店、工作室……巴黎用永远的新鲜与活力巩固并完善着其世界时装中心的地位。

难得的是，进入20世纪后期以来，人们的着装越来越强调个性，网络也已覆盖全球，在这样的情况下，巴黎时装中心的地位依然稳固，而且能够更便捷地将最新设计传遍世界。可以这样说，在所有时装中心中，至今仍以巴黎为中心之首。

巴黎被称为时装之都是综合因素使然。要想保住这一声誉也并非易事，需要有层出不穷的人才。好在世界各地的优秀设计师都希望在巴黎的舞台上一展风采，这使巴黎的时装展示越来越国际化、多元化。

2. 纽约

在美国纽约曼哈顿岛的第七大道旁矗立着这样一座造型奇特的塑像：一根比碗口粗、长十几米的银色缝衣针穿过一个巨大的纽扣，针尖指向地面。在离它不远的地方，是另一座一人多高的雕像，它展现的是一位头戴犹太小帽，端坐在缝纫机旁全神贯注地缝制衣物的制衣工人。这两座雕塑不仅是纽约时装区的标志性雕塑，更折射出纽约从制衣业起步，逐渐跻身于世界时装之都行列的历史。

美国跻身于时装中心之列，是源自1800年波士顿出现成衣业，1864年发明了缝纫机，1850年发明了硬领，1863年发明了裁剪纸型……但是这些还远远不能引起西方世界时髦人士的关注。美国的淑女名媛们始终将注意力放在巴黎时装上，甚至每年要花巨资去巴黎选购时装。这种状况一直延续到第二次世界大战。

20世纪20～30年代，由于战争使巴黎与外界断绝了关系，这才使美国的一批有实力的时装设计师得以显露才华。1941年，纽约举办了一次隆重的时装表演盛会。这时候，能够体现美国本土文化的自由随意的"加州式便装"引起了人们的关注。在经过一段时间的艰苦摸索之后，美国时装业才从黑暗中走出来，确定并稳固了属于美国的服装风格——简洁、实用。纽约在世界时装流行界的地位也从此确立，成为生产成衣的中心，美国的服装重镇。

1950年左右，美国设计师的名气已远播欧洲。当时欧洲时装界的设计风格过于贵族化且价格昂贵。有别于此，美国设计师主张时装应趋向大众化、平民化，让每一位消费者都有能力负担。这些设计观念，得到欧洲新锐设计师的推崇，也决定并成为美国服装发展的新方向，加速了美国迈向工业成衣王国的步伐。时装设计师们在此成功的基础上，更加突出美国味，不断进取，大胆革新，直至20世纪60年代，美国纽约终于夺得了时装中心的一个席位。

这以后，纽约陆续设立大奖，吸引更多出色的设计师参加并注重利用媒体予以宣传，奖励的重点也兼顾全面与特色。在20世纪中期后，纽约的时装中心位置越来越稳固并造成影响。事实证明，美国设计师在国际已建立起良好的声誉与地位，他们以纽约第七大道（Seventh Avenue）简称SA的时装大道为根据地，以批量生产为手段，使产品遍布各个阶层。设计师们还发挥个人专长，着力研究服装的实用性、机械性，此种全新的格调占领了市场，使便装的发展领先于各时装中心，从而开创了成衣业的新纪元。

美国时装业的延伸，还在于人才的培养。纽约最早受到欧洲时装界的冲击，在州内设立了许多时装设计学校，其数量及知名度皆冠于全美国。纽约时装技术学院（Fashion Institute of Technology），简称FIT。成立于1944年，是涵盖艺术、设计、经营、技术的专门学校，后曾拥有一万余名各国学生，在世界享有盛誉。此外还有范奇学院、帕森斯设计学院、罗得岛设计学院等。看来，服装人才的培养是纽约时装界的后备力量、生力军，同时也是纽约继续成为世界时装中心的重要因素。

纽约的时装业在20世纪末时拥有雇员约7万人，全市拥有时装展示厅和时装企业代办处五千多家，年销售额超过200亿美元。除此之外，与时装有关的展销、商业洽谈活动每年还为纽约市的旅馆业、餐饮业和交通运输业带来一亿多美元的收入，纽约时装业是当之无愧的纽约州支柱产业。

3. 米兰

意大利是个有着悠久历史文化的国家，文艺复兴的光辉使意大利始终光芒四射。作为全国重要的文化中心，米兰有圣心天主教大学、米兰大学、马兰欧尼服装设计学院、音乐学院等世界著名大学。还有米兰大教堂等许多著名建筑。这样说来，意大利米兰成为时装设计中心，有它坚固的文化艺术基础。米兰是意大利仅次于罗马的第二大城市，位于北部的波河平原中心，是一座现代化的工业城，是意大利最重要的经济中心，有"经济首都"之称，同时它更是商业、艺术与设计的中心。米兰的纤维制造业最兴盛，丝纺织业也颇负盛名，另外，有汽车、飞机、摩托车制造，化工、医药、食品、商业、金融业也十分发达。

世界时装名城中米兰崛起最晚，但在20世纪末时却独占鳌头，对巴黎的霸主位置构成了最大的威胁。米兰设计师做出了努力并取得成功，使世人惊叹，被誉为奇迹。20世纪中后期，位于意大利的时装设计师们充分发挥其创造力和创新精神，因而使得米兰充满活力。米兰时装通常偏重于设计干净利落的日常装，把赢利性和创造性结合得极尽完美，设计师以理性的手法，为时装界开发出新的领域。世界共有8大设计公司，意大利占了5个，其余3个在法国。巨大的实力、潜力和惊人的发展趋势，使得米兰能够与巴黎齐名。米兰时装周世界闻名，每年都会展示世界顶级设计师及著名品牌的服装作品，发布世界时装流行趋势。

米兰时装主要是高级成衣，它与巴黎高级女装竞争的武器是更为持久的商业化实践和更强的对不断变化的消费需求的适应能力。它们吸收并延续了巴黎高级时装的精华，并且融合了自己特有的文化气质，创造出高雅、精致的风貌，充分反映民族性的艺术风格及简洁利落的实用功能，成为流行界深受瞩目的焦点。米兰服装在赢利性与创造性上，互相配合恰到好处。意大利的建筑颇为迷人，米兰时装则带有极强的建筑风格，多运用立体构成的原理进行裁剪，这也是以裁剪、做工著称的意大利服装高品质的保障。

4. 伦敦

工业革命是从英国起始的，是英国最早发明并应用了纺织机。虽然从时装中心的位置上来看，英国不如法国、意大利驰名，但时装之父查尔斯·沃思是英国人。沃思的时装生涯主要在巴黎，但沃思永远是英国的骄傲。另外，伦敦的男装以其庄重优雅而享誉世界，这也形成伦敦的特色。而且以迷你裙在世界时装界造成影响的玛丽·匡特也是生于伦敦，这些无疑都为伦敦赢得了荣誉。

作为时装中心，1年2季的时装周，使伦敦成为新锐设计师崭露头角的乐园。1994年伦敦时装周只演15场秀，2007年增长到近百场秀。伦敦设计师汇展也从1994年参展的50位增长到2007年的150位。在伦敦这片自由园地中，设计师们可以尽情发挥新鲜想法，让时装不再只是穿在身上的衣服，更包含着理想、幻化与幽默感。伦敦，永远是充满保守与颠覆的顽童世界以及英伦时尚的娱乐场。当然除了感觉新奇之外，英伦设计师们一向善于展现前卫的个性，更是让人感受到当代与未来的水乳交融与并行不悖。

第四节　军戎服装

曾经一面神奇的旗帜，一个神话般的人、一支服制鲜明意气飞扬的军队、一个浪漫巧思爱好艺术的民族，这就是三色旗、拿破仑·波拿巴、他统领下的法军，以及整个法兰西民族在19世纪初演绎的传奇。这种深藏于战斗热情下的艺术天性，使这支军队成为人类历史上仪容最壮美的军队之一。再多的泥泞也不会让近卫军官兵收起他们洁白无瑕的绑腿，再多的血污也不会让轻骑兵们丢弃平顶帽上高高的翎饰，重装骑兵的头盔与胸甲永远锃亮，步兵的蓝色燕尾服永远笔挺，他们在绿色田野中行军的景象，如伦勃朗的油画般色彩浓重明丽。传统意识中，英勇的男人往往不修边幅，漂亮的男人往往怯懦脆弱，但这时的法军官兵，似乎翻开了人类服装史上的新篇章，可堪为一群既英勇又漂亮的男人，既是孔雀，又是雄鹰（图9-87）。

1793年12月14日，早已蓄势待发的法军大炮一起发出怒吼，炮弹如冰雹般砸在反法联军阵地上，令交战双方都感到震惊的是，这次不同寻常的炮火准备整整进行

图9-87　拿破仑加冕画作

了两天两夜。在暗夜中，伴随着齐射的巨大轰鸣声，炮口的火光映射出法军炮手的身影，他们身穿长长的蓝色燕尾服，头戴三角军帽和平顶帽。尽管这支部队此时的服装还和步兵比较接近，编制也并不完全独立，但是在拿破仑手中，他们不久将成为一支威震欧洲的力量。最终，土伦被顺利收复，此役成为奠定拿破仑一生事业的基础。

1805年12月2日，在奥斯特利兹战场上，俄奥联军未及日出便发起总攻，主攻方向也选在了拿破仑事前让出的普拉钦高地——一个死亡陷阱（图9-88）。同时，在南北两翼，双方十数万名官兵厮杀在一起，由于俄皇亚历山大不顾经验丰富的老将库图佐夫质疑，越俎代庖指挥，误判法军主力所在，原本占据普拉钦高地的24000名联军官兵转而投入南翼作战。在望远镜中，拿破仑看到这一千载难逢的时机，向早已待命的两

图9-88 奥斯特里兹战场画作

个师发起反击命令，决心一举占领普拉钦高地，将联军分割包围。就在此时，晨雾消退，云拨日出，留在高地上的联军士兵惊恐地看到，在"奥斯特里兹的太阳"照耀下，一堵堵似乎不可阻挡的红、蓝、白色的墙在向他们移动，成排的枪刺在阳光下闪着寒光。绿草地上，这些法军步兵的方针看上去壮观不已。在19世纪初，法军步兵军服既带有同时期欧洲军服的普遍性，又带有法兰西民族传统文化和审美观念的特殊性。他们头戴平顶圆筒帽（类似于今天法国的警察帽，但稍高）上面装饰有一个红绒球，今天在法国水兵帽上仍可以见到（图9-89）。士兵上身内穿白背心，军服为蓝色燕尾服，带有白色翻领和红色装饰袖，下穿白色半长裤。从一个角度说，这身军服色彩明丽，不利于隐蔽。但换一个角度看，主色调——红、蓝、白正是法国国旗的颜色，象征自由、平等、博爱，而且做工精良、颜色丰富，足以壮观瞻，身着这样的军装无疑会令士兵倍增自豪感和荣誉感，同时对敌人产生某种程度的威慑。

图9-89 法国步兵平顶圆筒帽

法军步兵不负众望，一举夺回普拉钦高地，并连续击退联军反扑。决心孤注一掷的沙皇亚历山大甚至投入了自己最为精锐的沙皇近卫军。哥萨克的善

战传统加上优良自然条件催生出欧洲最优秀的战马，这一切使俄国骑兵成为极为强悍的对手。他们歼灭了一些拼死阻击的法军步兵营，向高地直扑过去，但是一股行动轻便快捷的力量却阻止了他们，这就是拉普率领的法国近卫轻骑兵。法军骑兵是拿破仑创造的"炮兵轰击，骑兵冲锋，步兵上去占领阵地"这一战术的重要组成部分，并发展出了不同种类以适应复杂的战场需求。轻骑兵就是其中一支主要力量，顾名思义，轻骑兵更突出轻装前进的特点，主要担负追击、侦察和掩护主力侧翼的任务，服装的主色调为蓝色，包括缀满金丝缎扣、饰带的蓝色短外衣，以及蓝色马裤，头戴高平顶圆筒帽，正中有翎饰，今天在法国宪兵头上依然可以看到类似形制的军帽（图9-90）。另外还有一支很特殊的作战力量——龙骑兵，其"龙"并非与其作战任务或风格有关，而是因其军旗上绣有龙形图案得名。龙骑兵头盔上如重装骑兵一样有鬃毛装饰，但没有胸甲，也可以看作是骑马行军，下马作战的步兵，取骑兵和步兵之长（当然也集两者之弊），在特定的战场环境和年代中，是战斗序列中一支不可取代的力量（图9-91）。

图9-90　法国轻骑兵上校服饰形象

轻骑兵行动快捷，因此得以及时拖住俄军骑兵，但是随着俄军继续投入增援，轻骑兵们渐渐不支。就在这时，拿破仑的王牌——重装骑兵登场了。重装骑兵是法军主要的突击力量，其前身可以

图9-91　法国龙骑兵服饰形象

上溯到欧洲中世纪连人带马都包裹在铠甲中的骑士和重装骑兵，第二次世界大战时所向披靡的坦克集群可以看作其直系后裔，其作用都是凭借坚固的防护和机动力，在敌人防线上打开一个缺口让后续部队涌入彻底消灭敌人。拿破仑时期的重装骑兵和他们的前辈比起来已经不那么"重"了，昔日重达数十公斤以至令人马都活动不便的铠甲已经被头盔和胸甲所取代。当时的法国重装骑兵统一配备重约10kg，由前后两片组成的胸甲，因此又称"胸甲骑兵"，富于古典美的头盔上有高高的红色顶饰和长长的马鬃束。因为重装骑兵不下马作战，所以马靴为了防护而

图9-92 法国重骑兵服饰形象

做得长且重，马刀也更宽更长，官兵军服精工细作，军威壮伟不凡，是拿破仑时期法国国力强盛，法军意气风发面貌的最好写照（图9-92）。

不过，在滑铁卢战役中最悲壮的一次冲锋中，这些久经战阵的精锐之师如同移动的铁墙。迎面英军为之胆寒纷纷退却，英军战线已被突破，法军冲过山顶，胜利在望。就在这时，英军将领威灵顿发出了他军事生涯中最著名的命令："近卫军，起立，瞄准。"山坡的反斜面上，一支步伐与法国近卫军同样整齐，身着红色军服的军队出现了，他们就是英国近卫军，是威灵顿最后的希望，正是他们，用突然而密集的齐射重创了法国近卫军。今天，从白金汉宫中那些身着红色军服，头带高大熊皮帽的英国近卫军身上，依稀可看到他们先辈勇冠三军的气概。

高地上，近卫军对近卫军，身着红蓝白色军服的法军和身着红色军服的英军混战在一起，血雨腥风，杀声震天，鬼哭神泣，天昏地暗。面对四面八方的炮火，法国近卫军腹背受敌，以寡敌众，纷纷中弹倒下，他们再也无法保持队形了。身前身后，英军、荷军、普军大举反攻。身左身右，法军其他部队的崩溃已然开始。拿破仑黯然放下望远镜，他知道，失败已经无可挽回。

入夜的滑铁卢，死一般沉寂，再也看不到一个身着红蓝白军服的站立身影，清晨还是如此一番壮景"带红缨的高顶帽，飘动着的扁皮袋，十字形的革袋，榴弹包，盘绕轻骑兵军服，千褶红靴，螺旋流苏的笨重的羽毛冠……裹着白色长绑腿的我国御林军……这一切构成了幅幅图画，而不是行行阵线。这种场景是萨尔瓦多·罗扎（一位以用色富丽闻名的画家）所需要的，而不是格里博瓦尔（法国将军）所需要的"（雨果语）现在已经变成泥泞血泊中的破碎布片。

一支伟大的军队从此不复存在，一个巨人从此退出历史舞台，一个无上的梦想就此破灭，一个壮丽的时代就此结束。

第一次世界大战时，法国那些戴着白手套的军官们依然神情安详地走在队伍前列，和他们的士兵一起被弹片和机枪子弹如兔子般打翻在地，这都是史实。当年在奥斯特里兹战役中大放光彩的法军重装骑兵（胸甲骑兵），仍是从上到下一丝不苟，深蓝色的军装上衣，肩章上装饰着银线流苏，胸甲上带有红色饰边，红色马裤和锃亮的黑色马靴，更不必提那帅气的银色头盔，上面垂下长长的马尾，在风中飘动煞是好看。只是，在耀眼的阳光下，鲜明的反光不可避免会令敌方更利于瞄准。作为对光荣传统和现实环境的折中，一些法国胸甲骑兵不得不用卡叽布将闪亮的军帽严严实实地遮起来，变成了一个有着奇怪外形的东西，如果再看到那条马尾，似乎是一头误装在口袋中的小动物（图9-93）。

图9-93　法军官兵群像

　　在18～20世纪初，只有像法国胸甲骑兵那样的部队还保留着礼仪性质大于实用价值的头盔。这一切在第一次世界大战战场上遭遇了尴尬，大口径、远射程的榴弹炮开始普及，横飞的弹片给身处堑壕中的双方士兵都带来了巨大的伤亡。面对这种情况，法军于1915年首先列装了由奥古斯特·路易斯·艾德里安设计的头盔，可以按设计者的名字称为艾德里安头盔，也可以按列装日期称为M1915式头盔。关于这种头盔的来历一直存在一个未经证实的故事，一名法国炊事兵在遭遇炮击时将炒菜铁锅扣在头上，弹片打在铁锅上纷纷弹落或滑开，后来艾德里安根据这个消息设计出了第一顶头盔。这个故事的娱乐性可能大过真实性，因为这顶头盔的造型更多借鉴了同时期法国消防队专用钢盔的造型，保留了古代头盔的部分造型特点，中间树起一道高脊，盔檐曲线富于变化，充分体现了法国人的美学观念，而根本看不出对炒菜锅造型的继承性。如果说谁更可能根据炒菜锅设计头盔，那非一战时的英国人莫属。英国于1916年装备的MK头盔，也称为托尼头盔，造型扁而平，酷似炒菜锅。对头部的遮护面积远小于法国M1915头盔，与后来兴起的德国M1935头盔更无法比拟，但设计者认为这种宽且平的外形容易使子弹打滑，且较宽的盔檐也有利于挡雨，这显然与英国殖民地多，作战环境不一有关。"一战"期间现代头盔的出现并非是人们又重现发现了防护头部的必要性，而是现代冶金工业已经可以提供韧性硬度俱佳的钢材，其例证就是"一战"的主要参战国——沙皇俄国就没有装备头盔，主要就是因为俄国冶金技术落后，制成的头盔硬度有余韧性不够，容易碎裂，所以没有装备部队。为了实现防护炮弹破片的目的，现代头盔同时内部加上了悬挂系统，可以抵消撞击力。直到今天发展成质量轻防弹效能好的凯夫拉头盔，大家不应忘记这些都是最早由一个或一群法国人创造的。

　　工业革命后，欧洲兵种日益增多，部队规模日益扩大的普军，对军服军衔的标注工作极为重视。按照服饰军事学的理论，军衔是军队纵向标示体系不断完善的必然产物。军衔制则是欧洲军事领域文艺复兴以来，封建雇佣兵制度崩溃和普通义务兵役制度建立的直接产物，只有正规化的常备军才具有实施军衔制的基础。军衔制不但顺应了军政分开的历史大趋势，并直接推动和加速了这一趋势，军人不再沿用贵族等级（欧洲），也不再沿用于文官级别（中国），开始使用自己的，适应军事需要的等级体制。

对于军服的纵向标示体系来说，军衔制带来了根本性的变革，一方面是形式上的，即军衔制使军人纵向级别更为丰富，一般来说达到5等或6等（多为帅、将、校、尉、军士、兵，有的更多），二十余级。这样一来，无论是使用单一元素还是综合元素，都不能适应如此之多的级别，如果强行使用会给识别者带来巨大困难。因此，与军衔制相匹配的军服标示系统必须作根本性改变，要在军队纵向级别大幅增加的情况下，使其他军人能在最短时间内、毫无歧义地辨识另一个军人的级别，以决定是否听从其命令或是否向其敬礼，这就需要给观察者设定一个有助于根据视觉形象选取记忆路径的办法，把问题分解，使复杂的问题简单化。其解决手段就是选取数量有限的元素，进行分级设置和循环设置。比较常见的图案元素是线和星，比较普遍的一种做法就是先根据1~3条线来确定处于尉、校、将中的哪一等，然后再根据1~3颗星确定是少、中、大的哪一级，同时辅之以色彩、材质、图案尺寸等元素，这就是标示元素复合运用的第一层意义。标示元素复合运用的第二层意义是纵向与横向的结合，即纵向标示符号本身在标示级别的同时也具有标示横向位置（单位）的意义。这也是这一时期普军各兵种制服差异明显的原因。

基于在陆地上一度所向无敌的经验和记忆，德国在建设海军时不可避免照搬了很多陆军行之有效的经验，如在管理、组织和装备采购方面。但是，作为一个从未真正意义上涉足大海的民族（德国人甚至是世界上少有的不爱吃鱼的民族），深海，那一片蔚蓝色的，充满太多未知的深海，有财富，更有险恶。因此，在海军官兵的培养上，德国更多是向当时的海上霸主英国学习。海军官兵的军服也是如此。从1848年普鲁士初创海军开始，在制服上借鉴甚至是模仿英国同期制服的工作就已开始。这不但是因为英国海军的名气使人们盲目模仿，而是的确在很大程度上，在大海上搏杀了数个世纪之久的英国人最了解什么服装适合海上作业。毕竟，海上作业有其特殊性，首先是风大浪急，本来海风较陆地上的同级风就更为凛冽，而蒸汽机的大规模使用和发展使得舰船这样的作战平台移动速度更快，远非风帆时代所能及，这就对海军官兵服装的抗风性提出了很高要求。德国海军军官制服均为大翻领，在与同时期的民服大体相近的情况下开口更小。使用双排扣的大开襟样式使海上人员能更好抵御海风侵袭。这种军官制服上下衣都是蓝色，军官内穿硬翻领白衬衫，打黑色领结。不少军官将勋章挂在衬衣领口上。两个袖口有军衔的标志，当然也有军官将军衔标志以肩章的形式体现，军服左臂上还有一个帝国王冠的标志。蓝色的大檐帽有黑色马海毛帽圈和皮革帽带，帽徽较为复杂，中间是一枚帝王徽章，两侧是橡树叶，上部是一顶王冠。军官一般穿黑色皮鞋，普鲁士陆军军官引以为豪的长筒马靴在海上是没有用武之地的，不但因为长筒靴笨重，一旦落水难于挣脱，而且外露的靴筒在遇浪时还会进水。

　　水兵穿的就更为简单了，一般是一顶无檐帽、一件套头衫和宽大的水兵裤，颜色根据季节变化有蓝白之分。尽管简单，但是这一身水兵服却包含了各个国家十几代海军官兵的经验教训。首先无檐帽较轻便，没有帽檐不易兜风，套头衫不用系扣，同样带有抵御海风的因素，同时水兵容易遇到夜里紧急集合的情况，套头衫更适合快速反应。当然套头衫难免显得不够挺扩，这就需要水兵用军礼服来弥补。水兵裤宽大也是带有落水后易于挣脱的考虑，同时水兵经常要攀爬桅杆，需要裤装较陆地上宽大。19世纪与20世纪之交的德国水兵对军鞋不甚讲究，在图片上可以看到部分水兵穿着类似帆布胶鞋的军鞋，不少水兵干脆赤足，这在现代军舰上是不可想象的。但是在当时的军舰上，普遍采用木材铺设甲板，德国军工制造一贯秉承高标准，军舰甲板全部采用多年的柚木。后来在打捞两次世界大战中战沉的德国军舰时发现，钢材已经腐朽成齑粉，但柚木甲板却还像刚铺设时一般坚硬致密。在这样的甲板上作业，赤脚也不失为一个好选择。

　　自从被称为"水柜"的坦克最早在一战康布雷战场上出现，这种行动虽然迟缓，却在火力、机动性和防护性等方面具有突破性的作战平台就引起了很多人的重视，被认为是打破战场僵局的利器。1935年，为了塑造装甲兵作为一个新军种所应该具有的新形象和新精神，德国陆军为装甲兵设计了一种上下分体的黑色制服，上衣非常短小，裤子则十分宽松肥大，既有利于通风散热又不妨碍运动。

　　在两次世界大战中，苏联军队坦克手的军服也引起了德国人的兴趣。苏军坦克手大多着一件帆布材质的土黄色连体服，气候寒冷时里面还穿立领猎装式军用上衣和军裤，天热时甚至可以在内衣裤外直接穿用。这种帆布连体服在土黄外还有黑、蓝、灰等多种颜色。这身衣服尽管式样简陋，没有任何标识，但坚固耐脏，实用性强。坦克内空间狭窄局促，可能勾挂衣服的突出部件较多，而且存在火炮炮尾、弹壳等灼热物，身着连体作战服可以避免勾挂和烫伤腰部，给坦克手全身提供周密的保护。连体服另一个最大的优点在于充分考虑了乘员战场救援和逃生的用途，众所周知，坦克内空间狭窄，成员必须通过上部的舱盖进出。当坦克中弹时，内部成员往往会昏迷、受伤，这时外部人员只要抓住内部成员连体服的衣领，有时是肩带，就可将该成员拉出坦克。这是德军时髦威武的黑色分体服做不到的。基于此，德国国防军和党卫军的装甲部队很快也都仿效苏军装备了类似形制的连体服。

世人皆知的是，德国纳粹武装党卫军是迷彩服的发明者，但武装党卫军研制和装备迷彩服的动因却十分复杂，在这里不多论述。重要的是，在战法之外，党卫军更有意义的革新就是服装，由于强调快速突击，士兵的隐蔽性就显得十分重要，这和需要大兵团正面展开的陆军截然不同。所以从一开始斯坦因纳就要求用伪装服代替陆军军服，早在一战期间德国突击队就采用了在头盔上绘出伪装图案的方法来隐蔽自己，党卫军则将这一细节进一步发扬光大，以致成为迷彩服的鼻祖。迷彩制服的研发计划从第二次世界大战爆发前就展开了，当时武装党卫军的规模还很小，这一项目领导者是席克教授，他领导研究小组设计制造出了由33%人造纤维和67%棉线混纺制成的高质量棉帆布（缩写为HBT）。在克服了印花、合适的迷彩图案数量等难题后，党卫军开始为步兵部队配发迷彩罩衣和迷彩钢盔罩。

从严格的意义上说，迷彩并不是新生事物，因为迷彩一共可分三种，有单色的保护迷彩，这已经在世界各国的绿色、白色、原野灰色军服上广泛使用；另一种是仿造迷彩，是与背景颜色相近的多色迷彩，多适于伪装陆地上的固定目标。最后是变形迷彩，主要是由形状不规则的几种大斑点组成的多色迷彩，以歪曲目标外形，武装党卫军最先发明并装备的就是变形迷彩服。武装党卫军使用的变形迷彩图案一共出现过四种不同的图案："橡树叶""悬铃桐（法国梧桐）""棕榈叶（一称边缘模糊）""豌豆"，以适应不同的作战环境。在武装党卫军的启迪下，苏联红军也开始为狙击手配发迷彩服，德国空军野战部队则为战士配发了树叶碎片图案的野战大衣。世界大战终于结束，但迷彩服却在"二战"后为世界各国军队普遍装备，并随着战争技术条件的变化开发出了更多的品种，不断焕发新的生命力。

延展阅读：服装文化故事

1. 项链反映的奢华
一串项链能成为法国大革命的导火索吗？能因此将国王和王后送上断头台吗？1795年，路易十五为他的情妇定制了一串极为昂贵的项链。但是，路易十五死了，工匠无法取得工钱，却未想又遭遇一个骗子，人们因此纷纷指责新王后，随后将愤怒归为宫廷的奢华腐败，不满情绪达到顶点，一场大革命发生了。

2. 钻石耳环与诚实善良
18世纪，意大利剧作家哥多白尼有一代表作《女店主》，说的是一个落魄侯爵弗尔利波波利和一个暴富的伯爵阿尔巴非奥里达同时追求一位漂亮且聪明的女店主。但女店主不为那条精致的绸手帕和贵重的钻石耳环所打动，嫁给了店里诚实善良的仆役。这说明服饰不是什么情况下都能发挥效力。

3. 西方也讲窄瘦女鞋

人们都知道中国古代女性讲究缠足，西方女性讲求束腰。实际上，19世纪的欧洲，上层社会的女性也讲究穿纤细窄瘦的鞋子，以使自己更迷人。可以想象，穿这种鞋子是无法快走的，因此一位历史学家说，女人的鞋子助长了这样一种观念，即理想女性是那种几乎足不出户，坐着不动的弱女子。

4. 贵妇的扇子

扇子，是服装随件，在西方贵族夫人手中常拿着一把折扇，以作装饰，由此还衍生出大家都形成共识的扇语。英国19世纪后半叶的奥斯卡·王尔德曾有一部戏剧作品，名叫《温德半尔夫人的扇子》，通过一把刻有名字的扇子展开了曲折的故事。

课后练习题

一、名词解释

1. 工业革命

2. 现代时装

二、简答题

1. 工业革命怎样改变了服装款式？

2. 现代时装的诞生来自哪里？

第十讲　服装与移动互联

第一节　时代与风格简述

人类历史进入21世纪，社会上发生了翻天覆地的变化。移动互联时代的出现，彻底改变了全球，基本上涉及95%以上的民众，几乎在一夜间，跨入了以前几千万年都不曾有过的电子人生。特别是随着网络在全世界的普及，至21世纪的第二个十年，大家都在情愿不情愿之间，被裹挟着进入了智能时代。

网络遍及全球，一下子由于信道缩短，而显得信息传递便捷了。只要食指一动，便可知晓天下。与此同时，航空事业的飞速发展和高铁的迅疾通达，确实让人们感觉到地球缩小了。一方面，想得到什么信息，随时就可以在手机上查；另一方面，想去什么地方，交通设施也很先进，有的瞬时便可到达。这一切听起来都很美妙，可是摆在人们面前的事实是，生活半径大了，不是所有事都可以在网络上解决。信息接收多了，而且杂乱得令人应接不暇，思维和逻辑都显得来不及充分酝酿和考虑，所以成了碎片化。由此而带来的是社会节奏太快了，快得令人静不下心来，以至于很少人还有诗意的享受……

从积极角度上看，社会的进步太快，太惊人，让人感受到迅雷不及掩耳之势。从不怎么积极的角度来看，由于发展得瞬息万变，也因此带来一些来不及解决而引起的困惑。可能任何事物都有正反两方面的效应，服装必然也会出现一些新的现象。这里说的不是服装本身的质料、款式与色彩，而是服装所涉及的所有意识和事物。如着装者的意识、设计者的作为、销售者的手段以及时装界的无权威、无中心、无规律。原来人们所说的后现代思想及表现，都在21世纪的服装上体现出来了。说得更准确些，是服装文化。

第二节　回顾21世纪之前的现代时装演化

自从查尔斯·弗雷德里克·沃思开创了时装新世纪后，20世纪时装潮流便是以时装设计师的作品来推开的。当然，这并不等于都是专业时装设计师。有些是演艺界名人，有些是政治名人，很多时候是由他们的爱好或偶然设计一件衣服，或偶然穿着一身配套服装，从而引起世人的兴趣以至流行开来。

从历史发展和社会现实的角度来看，每一个时期的时装流行趋势都是有其社会文化作背景的。即使从表面上看某一潮流源于某一位设计师的作品，但实质上还是迎合了社会发展的需要。否则，逆社会而行，是难于推动其时装潮流的（图10-1）。

20世纪的时装潮流，在起始阶段，明显是巴黎在起领头羊的作用。但是，很多国家

图10-1　1858年的午后服。这一年，青年查尔斯·弗雷德里克·沃思在巴黎开设第一家高级时装店

的宫廷服装还在作为流行源头。如1909年，一位英国贵妇描述了王后的着装形象，她说："王后的服装非常美丽，令人眼花。在夜晚，她穿上金色、银色的礼服；或者在白天，穿上紫罗兰色天鹅绒的女装。她成功地使附近的每一位贵妇都特意走过来注视她。她显得如此亲切、和蔼、苗条而美丽，尽管她已经有64岁了。"

几乎与此同时，一位著名的美国歌剧女演员埃利沃特在欧洲红极一时。她的侄女描述了她在1903年9月主演一部流行的喜歌剧时所穿的女装，"她第一次创造了紫红色的天鹅绒紧胸衬衣，同时在袖口饰以花边，这具有东方的色彩。头戴一顶巨大的黑色帽子，上面插着美丽的鸵鸟羽毛。一条黑狐狸皮毛的披肩围在她的肩膀上。下身是白色缎子制成的舞裙，上面点缀着银色的小圆金属片，在水银灯的照耀下闪闪发光"。另一位法国歌剧女演员米勒，在她自己的回忆录《我的晚餐的香槟酒》中说："每当赛马时，我穿着用中国雪纺绸制成的裙子，边缘镶着花边，里面还有衬裙，漫步在草坪上。这些花边和女裙都是手工精巧地缝制的。"米勒还喜欢戴贵重的女帽，附近装饰着长长的羽毛和彩色的缎带；或者是在小的无檐女帽上插着花束。不仅如此，米勒还讲究衣服和手套、鞋、长筒袜、折叠伞的配套和谐，注重整体服饰形象的高贵与美观。

20世纪初，女装是讲求优雅的，尤其是一顶精心装饰的女帽为着装者增添了光彩。

工业文明的飞跃发展和社会宽容度的增大，使女性获得了较大的自由。一些衣食无忧的女性可以旅行、骑马、打高尔夫球，而且可以参加社会工作。这种新女性的现实导致了"新女性"服装风格的出现。所谓"新女性"服装，最主要是

抛弃紧身胸衣，尽量使女性的胸部在束缚中解放出来。这种胸衣被称作"健康胸衣"。当年英国正时兴午后饮茶，于是有了专门的饮茶女袍，如用中国的雪纺绸制成，饰以花边、刺绣，具有典型的东方服装风格。

"新女性"服装中有一个明确的倾向，即女装具有男服风格。当年流行开来时，甚至英国女王、法国王后以及公爵夫人都被这种"两性服装"所吸引。因为它便于活动，如适宜骑自行车、打球等，因此成为极适合当时社会的一种服装风格。在此期间，也曾有美国的艺术家吉本孙设计过紧身、拖曳在地的长裙，因大胆显示女性形体线条之美而风靡一时。只是由于在走路时不方便，随后便被缩短裙身，直到被长及膝盖之下的女裙所取代，这种衣服，被人们唤作"散步女裙"。

由于汽车和快艇的出现，女性乘坐敞篷汽车和快艇出游成为时尚，这就为女装提出了新的要求。于是一种厚实的棉布——华达呢应运而生，它的组织较细棉布致密，便于挡风避雨，一时受到外出女工的欢迎。女服款式也发生了很大的变化，如衣领处收紧、裙摆用皮圈收紧等。高尔夫球衣更要求女裙长度缩短到踝部，上衣紧身，衣袖虽宽松，但袖口收紧，这样既便于肘部活动又干净利落。平时的女服，由于紧身适体，不便于安置口袋，因而导致手提包的盛行。用柔软皮革制成，上面饰以珠绣的女性手提包，成为女性出门必不可少的装饰。女子参加体育运动，衍化出新式女装（图10-2）。

1914～1918年，第一次世界大战的炮火，势必使服装产生变化。面对严酷的现实，人们首先考虑的是衣服要结实耐用、色深耐脏、穿着方便，适合于快速行动。装束的时髦性已退居次位。大战结束以后，女装发生了较大的变化。首先是战后需要建设，大批妇女参加了工作，她们在服装上更多地追求自由和舒适。在这种社会形势下，以服装来显示身份地位的功能已不重要。因而少女们强烈地表现出一种着装倾向，即摆脱传统，追求我行我素，甚至在当时招致"轻浮"的指责。

女裙进一步缩短，由踝部以上改为至小腿肚处，而且非常宽松。女装廓型直线条，不再收紧腰部也不再夸大臀部。尤其是流行"男孩似的"风格，导致发型也随着减短。1920～1952年，女裙逐渐短到膝盖处，这被认为是最标准的式样。法国有位叫作莉格莉的年轻女性曾大胆对网球女裙进行了革新，她在1922年时说："假如您希望在网球场上给人以整洁、优雅的感觉，请您不要穿彩色的裙子，而是穿白色的女裙。我的设想是，

图10-2　骑单车时穿用的灯笼裤

用白色凸纹的亚麻布，借鉴传统希腊女装的形式，设计出简练的女裙，并在腰部用缎带、皮带束住。衣袖是短的，至于脚上，简单的一双帆布体操便鞋是合适的。"

第一次世界大战以后，美国好莱坞的电影明星代替了世纪初的歌剧演员。在时装流行上，广大女性开始按照影星的穿着来确立自己的追逐目标。这就迫使巴黎时装界不断推出自己的新式样，在众星闪耀中，女装的设计主调确立——实用、简练、朴素、活泼而年轻。

20世纪30年代，女装"男孩似的"风格开始消失，直线被曲线所代替，女性身体的优美线条又重新显现。特别是晚礼服，后背袒露几乎至腰，无袖，腰和臀部都是紧裹的，有时在肩部还要饰以狭窄的缎带或硕大的人造花，至臀部展宽。美国发明了松紧带和针织女装，这种针织织物具有丝绸般的质感，拉链也已广泛地应用在女装上。

第二次世界大战以后，现成时装开始普及，这与经济复苏关系至密。一方面，生产规模和生产技术不断扩大、提高；另一方面，企业之间的竞争更加剧烈。这样，统一的、标准化的、规格化的时装更加符合大家的着装需求。因为它既代表着先进的文明，同时又可增加鲜明的企业形象，职业装的大量应用就在这个时候。

20世纪40年代，"新外观"风格的女装引起轰动。在经历过战后紧张、劳累之后，妇女们急切地想摆脱掉简陋。这时，一种强调圆而柔软的肩部、丰满的胸部、纤细的腰肢以及适度夸大、展宽臀部的新外观女装应运而生。领导这一新潮流的是著名设计师迪奥，他在谈到设计思想时说："我希望她们的服装结构如同建筑一样。这些服装是由塔夫绸、麻纱缝制成的，借鉴了早已被人们长久忘记的传统古老的刺绣、花边等技艺，在细节上也是美丽的。我的目的是设计出一种年轻但又比较成熟的风格。"事实正如设计师所预料的，新外观女装受到广泛的欢迎，既适合年轻姑娘，也适合她们的母亲。这之后，人们在此基础上不断改革，使之逐渐走向完善。以致许多著名设计师达到了一种共识，那就是使妇女能舒适地生活，使她们成为美丽、优雅、有魅力、有良好教养的女性，而远离那些虚浮、矫揉造作的式样。尤为引起大家注意的是，女装应能表现自然的、符合形体的线条（图10-3）。

20世纪50年代的女装更加趋向随意、自

图10-3　迪奥的设计作品

由。这期间，除了出现腋部宽松，袖口收紧的"主教袖"以外，直立衣领重新出现。女裙仍到小腿肚中间，而且比较宽松。由于人们的生活更加丰富多彩，意识也更加无拘无束，这时工装裤开始流行。工装裤为女性所穿着，实际上说明了1850年李维·斯特劳斯所创造的牛仔裤至这时得到普遍的认同。看起来，美国加利福尼亚大学生在20世纪30年代时穿着蓝色斜纹粗布的牛仔裤，正是这次大规模流行的前奏（图10-4）。

1954年前后，意大利风行结实的厚毛线衫，式样屡变，如高而紧的衣领、附加的兜帽、宽大的袖窿；色彩上更是时时更新，追求美而富丽。美国人在意大利毛衫的工艺基础上，制作成晚礼服，上面还装饰以刺绣，缀上玻璃珠和小金属片。随着年轻女性革新意识的不断增强，姑娘们渴望着有一些新的服装和新的穿着效果，以显示与传统的不同。这时，有一种"青年女装运动"代表着新的思潮。如流行膝上裙或裙裤配高筒女靴的穿法，成为最时髦的装束。

20世纪60年代，玛丽·匡特女士设计的超短裙在美国受到了空前的欢迎。这是她根据古代希腊、罗马的壁画、雕塑中希腊运动员的束腰上衣的形象得到启发而创作的。由于超短裙充满了旺盛的青春活力，所以久盛不衰，整整流行了11年（图10-5）。清新、活泼、可爱的风格，如同旋风、闪电般快速流行，瞬间席卷全世界。1966年，英国尼龙纺织协会生产了透明和半透明的衣料；1969年，姑娘们就在这种透明的女装上再饰以小圆金属片，或饰以小钟铃。与此同时，披肩发、束腰上装、紧身短裤或肥大的裤子等纷纷加入到时装的行列之中。

20世纪70年代，面料、款式、色彩更加丰富，人们的着装观念也更加肆无忌惮，女性的紧身短裤竟然穿到办公楼里。正规、严肃的着装意识正在受到冲击。这一时期，服装加工的自动化流水线已经应用多时，电子计算机也已开始用来计算衣料并裁剪服装，科学技术的飞跃发展使服装行业迈上了一个新台阶。

当这一切都在向顶尖技术发展的时候，人

图10-4　女性穿着牛仔裤

图10-5　玛丽·匡特的设计作品

们开始厌倦了大规模生产的服装的单调乏味。怀旧思潮涌现，人们又开始留恋古典服装的优雅，追求手工工艺的质朴。就在这种情况下，人们意识更新的气势反映在服装上，女装又一次追求男性化，宽肩、直线条的女装重新在时装界风行开来。20世纪30年代时曾流行的钟形裙、蓬松而高耸的肩部装饰等又一度流行开来。追求个性，现代与古代的影子重叠在一起，构成了70年代的服装风格。

进入20世纪80年代，时装设计进入多元化时期，随着人们观念的不断更新，题材的不断丰富，时装界可以说越发异彩纷呈，令人目不暇接。较为引人注目的是"中国风"时装潮流。其实，早在18世纪的法国，洛可可时期人们对中国的艺术就充满了向往，并用自己的方式加以理解与表现。19世纪以后，西方服装在面料、款式、图案和色彩方面不同程度地吸收和模仿中国。20世纪80年代，出现了以"中国风"命名的高级时装，伊夫·圣·洛朗、皮尔·卡丹等设计大师都以中国题材为灵感之源。时至90年代末期，中国主题的时装作品仍层出不穷（图10-6、图10-7）。特别值得一提的是20世纪末迪奥公司首席设计师约翰·加利亚诺设计的时装。1997年，首次为迪奥公司推出成衣的加利亚诺把人们的思绪带回了20世纪30年代夜夜笙歌的上海滩，艳丽奢靡的浓厚气氛随之而来。中国旗袍的华美、中国漆器上的红色激起了这位天才的灵感与创作火花，以红色为基调的旗袍与西方现代技艺相结合，给人以既古典又现代，既奢华又实用的感觉（图10-8）。1998年岁末，钟情于东方民族风情的加利亚诺又从中国的绿军装上找到灵感，推出了"中国军服"系列。在用料上选取厚质的皱褶丝绸，色彩上采用大面积的军绿色及少量红色，形成夺目的对比。中国式的军帽及中式的高领，

图10-6　伊夫·圣·洛朗的"中国风"系列时装之一　　图10-7　伊夫·圣·洛朗的设计作品　　图10-8　加利亚诺设计的作品

优美的设计与剪裁，创造出中西合璧美妙的衣装境界。

由此而引发的东方热、民族风情顿时席卷国际时装舞台，克里斯汀·拉克鲁瓦、瓦伦蒂诺、哈姆内特、高田贤三纷纷以"民族"为主题抒写时装狂想曲。这些具有时代感的服装强调着时装的新异性、易变性与现实性。西方时装界崇尚的异域主题设计理念在大众间引起共鸣并非一般的推销逻辑所能解释，通过对历史的回顾，发掘民间与民族服装并重新利用有价值的部分，使之成为时装新款的潜在主题。西方时装已将非西方的影响、传统和形式纳入自己的主流。这些新鲜而独特的服装已被证明是能够满足两种文化系统要求的有效手段。穿戴这些时装的包括亚洲的时髦妇女、生活在西方的亚洲妇女和醉心于东方文化的西方妇女。时装系统之间的相互往来在设计、着装习惯、经济方面构成了时装的工业环境，为时装带来更高的附加值。当然，它们之间相互依存的关系也说明，现代时装本身不仅已经国际化了，讨论时装的语言也被国际化了。

进入20世纪90年代以来，欧美国家经济一直处于不景气状态，能源危机进一步加强了人们的环保意识。重新审视自我，保护人类的生存环境，资源回收与再利用等观念成为人们的共识。"回归自然，返璞归真"，在这种思潮的指引下，生态热不断升温，表现在现实生活中，当然也包括时装在内。各种自然色和未经人为加工的本色原棉、原麻、生丝等织造的织物成为维护生态的最佳素材，代表未受污染的南半球热带丛林图案及强调地域性文化的北非、印加土著、东南亚半岛等民族图案亦成新宠，另外，印有或织有植物、动物等纹样，甚至树皮纹路、粗糙起棱的面料都异常走俏。不仅如此，在服装造型上，人们又一次摈弃了传统对于服装的束缚，追求一种无拘无束的舒适感。休闲服、便装迅速普及，垫肩的运用成为"明日黄花"已明显过时，内衣外观化和"无内衣"现象愈演愈热……巴黎时装界有"顽童"美誉的让-保罗·戈尔捷更以自己的时尚语言带动了这股潮流。1992年10月，他在推出露背男女服套装之后，又发表了两套具有视觉冲击力的"全裸女装"和男子的"金发裙装"作品，虽然表现形式极端，但它们可以说是"最自然"的服装形态，最彻底的"人性复归"（图10-9、图10-10）。

图10-9 让-保罗·戈尔捷设计的作品之一

图10-10 让-保罗·戈尔捷设计的作品之二

伴着环保的热潮，人们的消费意识、审美观念有了很大的改变，凸现在时装领域上的，一是强调新简约主义的实用性与机能性，二是所谓"贫穷主义"时装的出现，它具体的表现形式有几种，如未完成状态的半成品：服装故意露着毛边儿，或强调成流苏装饰；以粗糙的线迹作为一种装饰手段，透着浓烈的原始味道；有意暴露服装的内部结构，具有后现代艺术的痕迹，这些都形成饶有趣味的设计点。又如旧物、废弃物的再利用：阿玛尼曾利用再生牛仔布制作服装，他从废弃的牛仔裤上找到灵感，把它们当作原料，捣碎至纤维状态，再梳理、织造成为新的牛仔布。原有的色彩被保留下来，染色已经成为多余的工序。靛蓝色星星点点、零零乱乱地洒在面料上，牛仔装那种随意、桀骜不驯的感觉油然而生。三宅一生在设计中采用本色面料并加皱做"旧"处理，缝制中用貌似粗糙的加工手段，制成类似"二手货"的外观式样。这种服装让人们领悟到时装与环保更深层次上的沟通。除此之外，仿皮毛及动物纹样的面料也十分流行，这显然是得益于人们对"保持生态平衡"观念的认知。

20世纪90年代的时装犹如万花筒，其多样和随意超过以往各个时代。中性风潮也是其中一束夺目的奇葩。一些心理学家认为：在当今社会，女子与男子一同参与社会竞争，在体力与智力的角逐时，一袭男装确实给女性以干练、精明的感觉。这种时装的潮流，主要是性别角色的转换所造成的，同时也包含向世俗和时代挑战的一些心理因素。人们淡化性别，追求个性的思想及男女社会角色趋同的现实，使得女装男性化已经成为司空见惯的服装现象，接踵而来的是男装女性化……实际上，男女的生理结构、心理特点等因素早已决定了男女着装的差别，决定了男装、女装相对不同的规范。尽管人类之初可能也没有想到要用服装来区别男女，并反过来成为性别的限制，但人类着装的主流观念却始终都在维护和强调这种差别的规范。而无论是历史中的，还是当今社会中的这两种情况，都似乎是不合主流规范的波动。不过，它们又都有着历史的和现实的生命基础，虽然这股潮流并不可能替代传统意义上的着装观念，但男女性别的"交错"，在相互交流与相互碰撞中，向世人显示出纠结在生命主题之上的美丽，体现出两性在真正平等意义上的相互尊重和相互体谅，也说明时装向着更趋成熟的方向迈进……

以现代高新技术为背景，以各种新的合成纤维高弹力织物（莱卡，Lycra）为素材的"前卫派"们，从20世纪60年代的皮尔·卡丹、帕克·拉巴那等未来派大师的作品中受到启发，用富有生气、轮廓分明的造型，加上击剑、滑雪、摩托车运动那富有速度感服装的机能性，为人们展示出表现尖端技术"图解式"的未来景象（图10-11）。尤其是世纪之交，蒂尔里·缪格勒设计的"科幻女装"又将人们带入一个神奇的未来时装世界。科技的发展给人们的生活带来了方便和福祉，给服装业带来更广阔的发展空间，服装正以科技臻善着人类的生活。

整个20世纪，现代时装犹如潮水一般，一次次地冲击着，涌起又落下。现代时装作为这一阶段的动力，后浪推起前浪，与前代服装一起构成服装史的江河。透过服装潮流，看到的也许是人类演化的轨迹，也许是政治风云的变换，但无论从哪个角度，都不能忽视文化的影响，甚至包括自然科技在服装上的运用，都难以摆脱掉历史文化的制约。在新的世纪到来之前，再从图像上回顾一下20世纪一百年的时装，将是一次时光隧道般的旅行（图10-12～图10-32）。

图10-11 皮尔·卡丹设计的作品

图10-12 查尔斯·弗雷德里克·沃思设计的作品之一

图10-13 查尔斯·弗雷德里克·沃思设计的作品之二

图10-14 查尔斯·弗雷德里克·沃思设计的作品之三

图10-15 珍妮·朗万设计的作品

图10-16 路易·威登设计的作品

图 10-17　保罗·波烈设计
的作品之一

图 10-18　保罗·波烈设
计的作品之二

图 10-19　让·帕图设计的作品

图 10-20　夏奈尔设计的作品
之一

图 10-21　夏奈尔设计的
作品之二

图 10-22　夏帕瑞丽设计的作品

图 10-23　巴伦夏加设计的作
品之一

图 10-24　巴伦夏加设计的作
品之二

图 10-25　加拉班尼设计的
作品之一

图10-26　加拉班尼设计的 　　图10-27　阿玛尼设计的作品 　　图10-28　维斯特伍德设
　　　　作品之二 　　　　　　　　　　　　　　　　　　　　　　　　　计的作品之一

　　　图10-29　维斯特伍德设计 　　　　　图10-30　范思哲设计的作品
　　　　　　的作品之二

　图10-31　20世纪的服装效果图之一 　　图10-32　20世纪的服装效果图之二

第三节　直面 21 世纪初起 18 年的服装流行

　　21世纪，世界服装的演变及发展，已经进入到具有以多元为特征的国际化时期。随着社会的进步，经济的发展，国际文化交流的不断加深；随着历史时钟的指针已指向新纪元，在当代西方时装潮流中，已汇聚了太多的民族服装文化元素，就像探险家走近一条大河的源头时，却发现了数不清的涓涓细流……人类之所以创造出服装，而且服装之所以绚丽多彩，再加之人的着装方式五花八门，这些都在揭示一个道理，就是人在着装过程中总在寻求一种价值。同时又在共同的前提下去寻求差异。这是从自然的与社会的人的角度去反映了现实世界中服装国际化的多元特征，或许这也正是"时装"得以生生不息和愈加兴旺的根本原因。

　　2000年，也可以说世纪之交时，东方风在欧美T台上吹得正劲。一时间，东方的水墨弹裙、中国的"龙""凤"字样儿，印度的碎花棉布裙、日本的山水亭阁图案，纷纷登台西方时装界。这样一股从20世纪90年代兴起的"东方风"愈益引发出人们对自然的热爱，或许这是因为当时西方科技发展多年，人们已经厌倦了水泥柱与电子产品，渴望吸收到别国尚存的自然芳香。

　　世纪初，女装婴儿化风气遍及欧美，但这时由于电视屏幕和网络信息的缘故，几乎是同时影响到世界各国。早在20世纪60年代时，美国服装学著作中曾经有一段心理学家赫洛克的话，她说那些少女化的祖母们也留着短短的头发，穿着长及膝上的短裙，不进入专为老年妇女准备的商店，而是时常光顾少女们喜欢的精品屋和玩具店，那么这一次更为彻底了。加大的社会宽容度足以让五十几岁就退休，有退休金同时又无工作所累的中老年妇女们尽情穿着了。当然，急先锋仍是年轻女性，她们穿着婴儿般的打扮，显得无拘无束（图10-33 ~ 图10-35）。

图10-33　女装婴儿化　　　　　图10-34　真童装之一　　　　　图10-35　真童装之二

波希米亚风可谓迟迟不去又几度轮回，仅在21世纪的初起18年中，就有三四次兴起。皮条流苏，长裙及地，一层一层的皱褶，极力塑造出游牧民族的服装样式，是不是在都市和工业文明中过久了现代的生活，人们又强烈地想回到那草原上自由自在，蓝天白云般的空气与环境呢？按地区解释，波希米亚是捷克地区名，原是日耳曼语对于捷克的称谓。狭义是指今南北摩拉维亚州以外的捷克。世界上的游荡民族吉卜赛人即源起于印度北部，但长时间聚居在波希米亚。维克多·雨果在《巴黎圣母院》里，将美丽的吉卜赛女郎称为"茨冈人"，这是因为东欧和意大利人习惯这样称其民族。书中也叫"波希米亚姑娘"，这就是法国人的习惯了。英国人习惯称其为"吉卜赛"。后来，这几种说法都成了流浪民族的同义语了（图10-36）。

　　2002年以后，日常着装中的皮条流苏、皱褶袖口、方格裙子、斜挎腰带、大背包、小皮靴等，在欧美乃至诸多城市中久久不衰。我们可以将其看成是现代青年继20世纪60年代"嬉皮士"、80年代"朋克"之后又一次对传统同时对现代社会反叛意识的一种表现形式（图10-37、图10-38）。

图10-36　波希米亚风屡屡刮起　　图10-37　城市人向往游牧风　　图10-38　城市人向往游牧风
　　　　　　　　　　　　　　　　　　　　　　之一　　　　　　　　　　　　　　之二

　　与此同时，中性装越来越普及，也是社会发展使然。这种人人一身牛仔装的打扮应该说从20世纪80年代起就时兴起来，进入新世纪后只能说更甚而已。女青年一身破衣烂衫，左一个洞右散着边的半白半蓝的牛仔装，头发很短，有的一侧短一侧长，脚蹬一双旅游鞋。男青年有的剃光头，有的扎一根马尾辫，就那样一甩一甩的。衣服很窄瘦，显得腰身很苗条。也是一条露出脚踝来的八分裤、七分裤，脚上穿着无性别的旅游鞋。确实男女都平等了，确实男女工作性质和环境都一样了，可不就不用分出绅士和淑女了吗？欧洲历史上，男装无论怎么讲求华丽，都忘不了强调男性的彪悍。女装别管怎样适于活动，也无不显示女性的柔美。进入21世纪以后，这些传统都被颠覆了，好在人们已经司空见惯了（图10-39、图10-40）。

低腰裤与露脐衫在21世纪时显出格外的疯狂。笔者在2006年去欧洲讲学，其中三个大国是意大利、法国、德国，当时正值圣诞节前夕，要说也是西欧的冬天了，虽然不像中国北方冬日这么冷，但是也有零星雪花飘下来。姑娘们就那样穿着极短的上衣，低腰的裤子，在大街上游逛，全不管肚脐和后腰暴露在寒冷的街头。2008年，笔者去新西兰讲学，顺访澳大利亚，在王子码头沙滩上，只见前面一对情侣并排坐在地上，眺望大海。其中女青年臀部全裸，而且上衣又很短，仅及腰部。笔者出于职业的敏感，转到他们俩的侧面和前面观看，这才发现姑娘是有下装的，只不过很短，腹前露出肚脐，腰后想必是一坐便只能裹住双腿了。好在内裤裤腰也很低，没有露出来，给人的印象就是露臀装了。在奥克兰的商店前，笔者见到一个雨中撑着伞的男青年，也穿着这种极端的低腰裤，身后的臀沟全然可见。男青年一脸极自然的表情和神态，说明完全受西方影响的澳大利亚青年，觉得这只是一种极平常的时装（图10-41、图10-42）。

2010～2012年，先是扑面而来的蜂腰裙和裸色装。这两者都有点复古的味道。蜂腰裙显然是西方女服的经典式样，这已经几千年来一直延续着。只是到了20世纪中叶，设计师们才叫女性们躯体得到解放，数十年后不过是故意重现。裸色通常是讲淡淡的颜色，如肉色、浅粉色、半黄色、本白色等。这些被西装界称为2010秋冬当红的颜色，其实就是希腊服装的经典。有人说这些带有"疗伤"的味道，实际上是经过万千艳色之后，又发现了裸色的新奇（图10-43、图10-44）。

金属装重新出现在西方T台上。1966年纽约阿斯托丽饭店的舞厅里和1996

图10-39 流行中性装之一

图10-40 流行中性装之二

图10-41 不仅露脐，而且内衣外穿

图10-42　露背已经不算开放

图10-43　裸色装可成正装

图10-44　裸色装也可休闲

年巴黎时装演示会上，都曾出现过金属装，钢链、铝片、金属圈儿和珠儿制成的时装。那些在金属片组成的紧身衣外面又套上一件聚氯乙烯披风的模特儿，很想扮成天外来客的模样。一时间，耀眼的闪光、流畅的廓型和装饰线，给人以完全的E时代的感觉（图10-45）。

　　2011年小花衣裙，刻意塑造出邻家女孩的可爱像，但同年那模特眼角的点点泪妆，又不知女孩悲在何处（图10-46）？低腰瘦腿裤不是越裹腿吗，这时兴起一种特大裆的宽松哈伦裤，哈伦裤的裤型是腰、胯、裆部放松，然后在小腿部收紧，看起来有些怪怪的，此番流行不分男女（图10-47）。

图10-45　金属装风格各异

图10-46　当代小花衣裙

图10-47　初起的哈伦裤，发展到后来，裆部低到脚踝部

男人穿起裙子来，虽说这在有些民族传统中不算新鲜，但满 T 台的男模特儿们都刻意的造作地穿裙，也算一场时尚（图 10-48）。松糕鞋卷土重来，裙上的花朵变成立体，紧接着又是一场繁复来袭，据西方媒体解释，是"未来主义"立体艺术大师的作品。波点装盛行得更是铺天盖地（图 10-49 ~ 图 10-53）。

2011 年西方发布春夏时装趋向时，突然推出了艳色。一时间，别管是衣衫还是唇彩；无论是鞋，还是眼影，甚或指甲和趾甲都闪烁着浓烈的艳色。还嫌不够艳时，便大秀荧光红、黄、蓝、绿（图 10-54）……

图 10-48　男人穿裙，不限于 T 台上

图 10-49　松糕鞋卷土重来

图 10-50　立体花朵遍布全身

图 10-51　当代繁复之美

图 10-52　一度流行波点装

图 10-53　艳色装 T 台上下都穿

图 10-54　当代骑士风

2011年秋，T台上又找回了12世纪的骑士风，原以为这就连上军装热，却谁想中间又兴起蕾丝的热潮，据说是重演洛可可。而且，2012年又兴起大花衣裙（图10-55~图10-61）……

图10-55　戎装式时装很帅气

图10-56　戎装式时装女性穿来也精彩

图10-57　迷彩装运用到时装上

图10-58　过膝长靴流行，使人想起威廉二世

图10-59　蕾丝重新时兴

图10-60　大花衣裙又流行

图10-61　短袖衫穿出青春风采

21世纪的第二个十年以来，欧洲服装史上有一个惊人的对着装规范的反叛，这一次不是来自民间，而是越来越在国际舞台上占据位置的女首脑。其中以德国连任数届总理默克尔为例，她在公开郑重场合就穿裤装，这是直接违反欧洲传统的。在欧洲的礼仪中，女子应穿裙装。公元20世纪中叶以来女子的日常装里出现裤装，曾经受过多重压力。

没想到，如今的女首脑竟然在国际外交场合，堂而皇之地穿裤装，这也应算作西方服装史中一个不大不小的里程碑。关键是大家接受了，这就说明时代在变化。

简约穿搭风是来自民间的，好像是在近十年中已经非常自然了。这个英文名词是由平常的（Normal）和中坚力量（Hardcore）合成，指人们"有意穿戴非常普通、花费不多且随处可得的衣着用品的一种时尚趋势"。这种趋势好像很强劲，一直延续着。除此之外，还有多种款式多种风格的时装出现了，却又转瞬即逝（图10-62～图10-79）。

图10-62 职业装愈益考究

图10-63 传统职场服式还是受到普遍欢迎

图10-64 休闲服式五花八门，凸显21世纪人的休闲意识

图10-65 简约同时也时兴奢华

图10-66 几度流行兽纹衣

图10-67 斗篷式上衣别有风味

图 10-68　飘扬的时装

图 10-69　男连体服在欧洲时兴，原本来自欧式军服

图 10-70　21世纪讲究情侣装同款式、同颜色

图 10-71　新时代婚服难创新

图 10-72　婚服依然在延续欧洲几个世纪的宫廷装

图 10-73　人体彩绘来自原始但在21世纪几度时兴

图 10-74　眼镜流行周期短，一会儿圆，一会儿方，一会儿椭圆形

图 10-75　新时代也讲泪妆

图 10-76　当代防水台高跟鞋让人想起水城威尼斯的贵妇高跟鞋

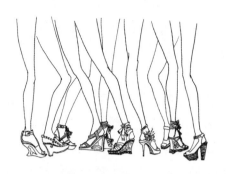

图10-77　21世纪足服流行的一大趋势是
多式风格并存

图10-78　21世纪的服
装效果图也有
新气息之一

图10-79　21世纪的服装
效果图也有新
气息之二

　　总之，21世纪初起十八年的服装流行迅速加快，常常让人意想不到，多元的
社会造就了这些奇形怪状也没有什么太多含金量的时装。时装表演随处可见，时
装设计演示已经没有什么轰动效应，时装设计师风光不再，很难再有哪一场新作
品亮相T台，会引起西方甚或全球的效仿。即使流行，也是几日就换，还来不及
看清新时装的模样，也就谈不上新时装的冲击波和号召力了。

　　21世纪，就是一个普通时装和普通着装者的天下。

第四节　展望21世纪中叶的服装前景

一、以往服装与艺术结合的范例

　　服装设计，本身即是艺术设计，因而自它出现以来，势必与其他艺术门类互
为影响，互为借鉴，相互融合，举几个例子：

　　1. 新艺术派

　　可泛指欧洲装饰艺术流派，主要表现在建筑、室内设计和家具设计方面。但
是新艺术派在珠宝和织物的设计中更有所表现。新艺术派表现在时装设计中，以
优雅而夸张的线条为特点。19世纪末，英国人阿瑟·拉森比·利伯蒂在伦敦开设
出售东方丝绸和受东方灵感启发而设计的家用装饰品和服装的商店。他专门从印
度迈索尔和那格尔进口手织丝绸，从伊朗进口开司米，从中国的山东和上海进口
丝绸，从日本进口丝绸和缎子，并出售手绘佩兹利漩涡纹花呢和机织的上等细麻
布、亚麻布和呢绒。他委托设计师设计希腊和中世纪风格的睡衣、金属质或编织

服饰品。利伯蒂被认为是时装设计中新艺术派的倡导者和具体实施者。新艺术名称的由来，一是因为这些时装设计有新意，二是由西格福里特1895年在巴黎开的新艺术商店首先造成影响而得名。

2. 野兽派

其称谓起因于20世纪初绘画界。如著名艺术大师亨利·马蒂斯是世纪初画家中最具色彩天赋的人，他与同一风格的艺术家，因为无视传统的色彩规律而被称之为"野兽派"。活跃于第一次世界大战前的时装设计师波华亥，是巴黎高级时装业的创始人。他在时装创作中，受益于马蒂斯的地方很多，所以被人们称为"时装界的野兽派"。例如，以黄色作为外套的基调，再配以红或蓝的腰带等饰物，很有些马蒂斯《两个少女》和《音乐》中服饰色彩的意味。而在此之前，时装设计中总是尽量避免大面积地使用黄色这种强烈色调的。可以这样说，野兽派艺术家在色彩应用上的风格对时装和纺织品设计产生过重大影响，因而在时装设计上也显出这种特征。

3. 超现实主义

指的是两次世界大战之间的一种艺术与文学运动，旨在反对当时占支配地位的国家主义及形式主义，主要兴趣则在于梦境基础上的幻想与理想重建。受超现实主义影响的画家有勒内·马格里特、萨尔瓦多·戴利、毕加索以及琼·密罗。在时装领域，超现实主义这一词出现于20世纪20年代末期，30年代多用这个词来形容奇异的或从心理学角度看具有暗示性的服装。时装设计师艾尔莎·夏帕瑞丽，受立体派和超现实主义影响很大，她设计的服装清新、高雅，但总有些离奇古怪。如设计的塑料项圈，在透明的圆环里嵌满了各种各样的昆虫。作为一个杰出的服饰色彩艺术家，她曾选用一种"贝拉尔粉红"，并把这种颜色叫作"令人振奋的粉红"。以夏帕瑞丽为主的时装设计师，在服装设计中发展了超现实主义。

4. 俄国风

在俄国革命以后，俄国式服装的刺激曾逐渐在巴黎形成流行趋势。保罗大公爵的女儿（玛丽·帕夫洛夫娜公爵夫人）曾组建一个公司，专门雇用那些遭受放逐的俄国妇女，在外衣上刺绣俄罗斯传统花纹。20世纪70年代，这类俄国式服装再度流行，以层次分明的长裙和长及小腿的连衣裙、高勒皮靴、加饰带的高领外衣、头巾、披肩、帽子以及用毛皮做成的饰环为主要特色。一时有许多时装设计师热衷于刮起俄国风。

5. 日本风

自19世纪以来，日本向西方敞开门户。日本服装风格极大地影响了欧美时装设计师。20世纪70年代初，已经有几位日本时装设计师立足巴黎。森花江在传统和服的基础上设计出一种优雅的晚礼服。宫木一静则注重针织物。20世纪70年代后期，一批日本时装设计师来到巴黎，山木管西、山本洋冶以及川窪丽一行人在巴黎定居，继而以他们的设计极大地冲击了巴黎时装界。日本服装派在设计中，强调服装的四季全天候适宜性；强调可以自由改变的服装长短肥瘦尺寸及运用面料质地；并突出和谐的色彩，移用了和服的神韵。这一流派的设计风格使得西方时装设计师开始按照日本式服装构思，使服装穿着后更为舒适、随意。扩大说来，属于这一类的，还有东方风格派，即以中国长衣（旗袍）为基础，混杂着印度纱丽等风格的服装造型。其特色至为鲜明，且历久不衰，时有翻新之作。

6. 立体主义

于1908年产生于法国，它的出现标志着现代派艺术进入一个新的阶段。这是一个比野兽派更为主观的流派，毕加索说立体派基本上是处理形体的艺术。无疑，立体派的影响是深远的，1981年法国著名时装设计师伊夫·圣·洛朗从毕加索及朱安·格里等人的绘画艺术中得到启发，设计了具有现代派艺术风格的时装，这种带有小提琴图案的上衣及贴有饰边儿的披肩再现了画家的画意。1988年春夏，伊夫·圣·洛朗又推出一系列现代艺术时装，装饰纹样多取自立体主义画家的画作，那些同样具有力度的时装作品似在说明块面堆积交错所构成的趣味与情调，依靠理性与思维所表现出的是几何形体的美妙。

7. 未来派

是1911～1915年广泛流行于意大利的艺术流派，主张未来艺术应具有"现代感觉"，应表现现代文明的速度、暴力、激烈的运动、音响和四度空间。反映在服装设计上，主要对服装造型、色彩、面料图案造成影响。皮尔·卡丹可以说是时装界未来主义的大师。1966年在巴黎秋冬季时装发布会上，他利用织物结构和印染图案产生的光效应，利用抽象派绘画的意念，利用科幻的意境设计出太空服装，或称"宇航风貌"时装。这种具有突破性的时装开拓出了一片全新领域。

8. 视幻艺术

又称"光效应艺术"或"欧普艺术"。其特点是利用几何图案和色彩对比造成各种形与色光的骚动，使人产生视错觉。20世纪70年代，绘画上的光效应艺术衰落了，但它在其他领域却获得了新生。最忠实的捍卫者来自时装界，许多设计师将"视觉学"应用在面料上，使其具有极大的优势。一是它的图案形式无规则排列，利于面料大批量生产；二是图案分布的无限性，应用于服装仍能完整地体现其艺术魅力；三是图案的具体造型体现了时代特征，隐喻了高科技、超信息、机械化、快节奏的生活。意大利设计师米索尼就是欧普艺术最典型的代表，他把欧普艺术的精神和理念逐一消化，并使之与电脑相结合，设计出大量的欧普新作。进入20世纪中后期，随着人们心态与观念的不断变化，欧普艺术又多了几分实用性，服装设计师利用它的动感和视觉性来掩盖人体的缺陷，她的曲线和几何图案也颇受青年人的喜爱。视觉艺术成为设计师们反复演绎的主题。

9. 波普艺术

又称"新写实主义"或"新达达主义"。它是一种现代艺术，反对一切虚无主义思想，通过塑造那些夸张的、丑陋的、比现实生活更典型的形象表达一种实实在在的写实主义。表现在服装设计中是大量采用发亮发光、色彩鲜艳的人造皮革、涂层织物和塑料制品等制作时装。

10. 简约主义

在20世纪90年代时，时装形式曾被定名为简约主义，欧洲的时装设计师乔治·阿玛尼、简·桑德拉、美国的卡尔文·克莱恩、唐纳·卡伦等一些时装设计师都不约而同地举起20世纪60年代简约主义的旗帜。此举不但掀起了服装简约风格的热潮，而且推动了简约风格的世界大同化。简约主义也称极少主义、最简单派艺术，出现于20世纪60年代，来源于欧洲结构主义、至上主义等现代艺术，它削陈去繁，只留下不能再简单化的单纯几何形，或常常只有唯一的造型单元。简约主义的宗旨是艺术应该是构成艺术品的物质材料本身，它的意义就是这个材料的本身。这种艺术态度反映了60年代弥漫于艺术界尊重生活、尊重事物、摈弃人的心智作用的思想潮流。时至今日，极少主义派的服装已经以势不可挡的气势占领了大部分成衣市场，高额的经济回报也是对极少主义派设计师的一种肯定。少即是多，不仅使极少主义派从欧洲众多绘画流派中脱颖而出、独树一帜，而且也成为时装设计师恪守的一个信条——以简洁为美是现代精神最丰富的美。

11. 构成主义艺术

如果提起构成主义对服装的影响，就不能不提及其流派的代表人物荷兰籍画家蒙德里安。他把立体主义的形式净化，只强调物体外围的线条，以几何的直线及多种主要色调结合进行创作。这种艺术形式被后人誉为构成主义艺术。1917年，蒙德里安与杜斯伯格相遇，组织成"风格派"，再次强调艺术是表达事物外表的一种工具，应用最简单的线条与基本色彩去表达原始的美感。在"抽象化与单纯化"的口号下，风格派提倡数学精神，蒙德里安、杜斯伯格的绘画就常以平面上的横线和竖线结合，形成直角或者方形，并在其中安排原色红、黄、蓝。把构成主义诠释的最完美的是出现于20世纪60年代法国时装设计师伊夫·圣·洛朗的作品，这也成为他享誉世界且脍炙人口的佳作。21世纪，当设计师们再次把构成主义投入现代时装中时，我们又看到了它所焕发出的青春与活力。

12. 后现代主义

在西方，随着科学的发展，相对论、量子力学、非洲几何的一些专家们已不再支持存在一个普遍明晰的宇宙整体，从而导致以结构主义为代表的现代科学思想体系的坍塌。后现代主义取而代之，明晰地论证了本质的不存在，整体的不可能，结构的可解构性。于是，解构主义渗入到人文学科后，引发了一场艺术创作思维的变革。后现代派时装设计师以解构为手段，追求一种自由模式，这种无穷的意趣正说明了时装是一个不断变化的过程，建构、解构是互为因果的，它们共同构成一个事物的循环整体。活跃于巴黎时装界的亚历山大·麦克奎恩、川久保玲是解构主义的杰出代表。他们的时装特色或许用川久保玲的一句话就可以概括："我想破坏服装的形象。"

二、今后服装与科技互动的必然

2015年春节前，一股高科技用在服饰上的旋风刮得全世界天昏地暗，如若不是科技占领服装领域已经多时，普通着装和商家、媒体或许很难消停。

较新的说法是，在科技高速发展的移动互联时代，手表、鞋子、眼镜、头盔都可以随时随地为人们提供意想不到的服务，诸如一抬手就可以浏览邮件，不用再掏手机。行业人士称此为"可穿戴设备"。用技术专用词解释是"直接穿戴在身上的便携式电子设备，不仅为一种硬件设备，更可以通过软件支持以及数据交互、云端交互来实现强大的功能"。

其实，早在前些年就有类似的各种衣服与佩饰品与消费者见面，被谓之"智能服饰"。西方各国将此称为"可穿戴装置"或"可穿戴计算装备"，同时仍用"智能服饰"的说法。

如果从字面上分析，这两类称呼存在着矛盾。一种是把电子设备穿在身上，以便带着满处走，但终归是设备。另一种是把服饰的功能增加或提升了，使之更具有现代科技的含量，本身还是服饰，也就是以穿戴的原本功能为主。目前来看，这两种称谓的实际产品差不多。也许是设计人员觉得智能手机、智能服饰不新鲜了，又想换一个说法，从而再掀一轮消费动员潮。也许是服饰本身的科技挖掘毕竟空间有限，索性就说是把设备穿戴在身上（图10-80）。

图10-80　智能手机做成手表样，随时随地都可上网

221

听起来，玄而又玄，细想起来却没有什么。20世纪80年代末时，人类在服饰上的科技开发成果已经相当可观，当年称"功能服饰"。当时已有保健服饰，如按摩服、磁疗鞋、半导体丝袜等。有卫生舒适服饰，如杀菌服、吸汗衫、排湿衣、音乐袜等。有安全服饰，如防鲨泳衣、灭虫衣、发光服和反光服等。另外还有自动调温衣，用精细的"管状合成纤维"制成。人们在空心纤维中充入一种感温敏锐的溶剂和气体混合物，当气温降低时，管内溶剂发生"冷胀"，使纤维管变粗，管与管之间紧密相贴，形成一堵不透风的墙。当气温升高时，因溶剂"热缩"，使纤维管变细，管与管之间疏散有隙，人体便可享受穿堂风般的凉爽与清新。

由此不难看出，21世纪第二个十年以前，人们还想如何发明创新，使自己穿戴服饰时更舒适，更安全，更健康。而移动互联网与云计算时代的可穿戴设备"是给我们生活、商业、社会管理等带来全新的变革"（专业人士语）。看到其宣传材料，不禁令人眼晕，如具有睡眠、心率、血压、血氧等检测功能，还有通讯、定位、远程控制等功能，再有娱乐与社交、身份识别、移动支付等功能……先别说舒服不舒服，我一下子联想到的是野生动物脖子上的"项圈"。

智能试衣间早已不新鲜，消费者坐在电脑屏幕前就能看到自己穿各式衣服或使用各种假发的形象。早先是平面的，后来发展到立体三维的。也难怪，3D技术已经能够打出心脏来，还何谈衣服和假发呢？

材质已是日新月异，新生服装质料让人目不暇接。有一点应该肯定的，21世纪的聚酯纤维加氨纶，不能等同于20世纪的氯纶或涤纶了。现在的虽说不是自然的，但是也透气，而且不起皱，好打理。质料已经不必再说天然和智能哪个好了。全社会所关心的，主要是环保问题。换句话说，就是衣服质料或附件的加工过程，整体程序和设备处理，是否能保证不排污。这是摆在服装业面前的一个新问题。

再一点今后会持续使用的就是电商销售。实体店只是服装销售业的一种模式。如今和以后相当长一段时间里，高级定制永远不会成为主流，而自己动手做衣服又无从谈起，怎么办呢？就是去购买，最省事又最省钱的便是在网上搜，网上淘，然后在网上买。网上买时用手机或电脑从自己的电子账户上付款，然后快递送到家。个人试穿后如不满意，七天之内还可以退换。

总的趋势是，今后的服装只能与科技同行，不能够也不可能脱离开几乎无处不在的智能世界。再一个不可忽视的是，时装无论怎样变来变去，人们还是会首先选择舒适、简便。无人机和无人驾驶车都满处飞和跑了，机器人也无处不在，人们还会在被"智能"笼罩的空间里，再追求繁复吗？最多不过是转瞬即逝的时装了。

今后的服装与科技紧紧携手而行，这成为历史的必然。

第五节　军戎服装

在新世纪军服设计中，单纯的技术进步已非决定性因素，技术如果不能被创新思维所指导并整合，就无法发挥出最大功效。在可预见的未来，军服发展主要被三种创新思维方式引领，包括系统工程思维、人本思维、启发性思维，这三种创新思维的引入，使21世纪军服设计在受限较多的情况下日趋完善、功能日益全面，总体得以跟上信息化战争的大趋势。

如今日益复杂化的现代战争对军服在防护、信息掌握等方面的功能提出了更高的要求。因此，面对现有军服在诸多方面的不如意，着眼于未来信息化战争的新型军服设计已经在21世纪初显露端倪。众多新工艺的突破和大量新材料的发现，无疑是军服水平大幅度提高的基础，也成为设计人员信心的保证。但军服作为一种性质独特的军事用品，其发展在质量、造价和人机工程等方面受到诸多制约。传统上利用技术进步解决问题的设计方法，如使系统复杂化、使用更昂贵的原材料、对使用环境和使用条件进行制约等，不能使未来军服达到理想化的水平。可以这样说，单纯寄望于技术进步的设计已经被实践证明是不合理的，违反了设计规律和战争规律，无法得到军服使用者的认可。

显而易见，未来军服设计需要新思维，创新需要冒一定风险，因为从现在开始构思设计的军服很可能要在2025年才会投入使用。纵观新世纪军服各种变化趋势与远景，可以发现在其中起决定性作用的正是新的设计思维，具体可划分为系统工程思维、人本思维、启发性思维。这三种创新思维分别在军服设计中发挥着不同的重要作用，但更多的是得到综合运用。在这三种创新思维的联合作用下，新发明的技术和新发现的材料都被整合进一个大框架并有效利用，新思维可以使复杂的技术简单化，使简单的技术得以发挥更大功用，新思维还可以帮助找到新技术的突破方向和新材料的寻找方向，从而有效避免过高指标、不切实际的要求，以及技术瓶颈，为新军服早日投入使用铺平道路（图10-81、图10-82）。

图10-81　数字化步兵系统的一种实验方案　　图10-82　军装中的"陆地勇士"方案

如系统工程思维的建立。系统

工程的应用，主要是在经济和技术条件允许的情况下，尽快地将新技术的潜力用于特定的发展目标。军事领域是目前公认的推动系统工程的重要动力，通过系统工程思维来设计军服，将军服和所有其他装备融合进"士兵系统"已经成为20世纪末世界顶尖设计人员的共识。21世纪，在系统工程思维的引领下，作为士兵系统平台的军服正在由分散化向一体化转变，军服的信息功能正在由节点化向网络化转变。

为了适应复杂多维的现代战场，今天的一名士兵，普遍装备了夜视观瞄装备、态势感知装备、个人防护装备、生存装备等重要军服随件，使士兵个人能力空前提高。但是必须注意的是，如果一名士兵作战训练行军生活的全部装备是一个有机完整的系统，那么军服（包括车辆驾驶员穿着的阻燃服、防止硬杀伤的防弹衣、携行背心等）就是这一系统的平台。当今士兵陆续装备了名目繁多、功能各异的军服，如防雨御寒的各类衣物等，这在一定程度上满足了士兵的各类需求，直接提升了战斗力，但其出发点和思路长久以来却没有发生变化，件数越来越多，给行军负荷、部队后勤管理带来了巨大压力。基于不同发展源头和思路的装备在不同时期加装在作战服上，成为士兵负荷的一部分，不同设备相互掣肘、士兵全套装备普遍质量过大。要解决目前军服的这一问题，必须有一个全新的思路。英军最早成功将作战服和防化服合二为一，可算得上平台设计开始由分散化向一体化转变的典型例子。

21世纪战场逐渐由机械化过渡到信息化，不但飞机、坦克等作战平台上广泛装备信息装备，连单兵也开始加装夜视镜、通讯装置以提高自身信息能力，侦察兵还加装实时摄像机，以将所看到的情况传回后方，单兵配备GPS终端设备、掌上电脑，以随时掌握自己的位置。这些装置可以被列为态势感知装备、信息传输设备，已经成为单兵的重要服饰随件甚至军服本身不可缺少的一部分。但是在目前情况下，这些装置获取的信息仍然主要供单兵或小分队自行使用，或采用传统的语音通话，信息传输量有限，实时性也不高，仍旧只停留在节点状态。为了使作战服的信息化水平进一步提高，依靠传统思维增强各装置的功能并非最好的解决之道，唯有将整个部队组成一个网络，每个士兵都不再是自我封闭的孤立信息节点，而是可以随时将自身得到的信息无线上传到网络，将自己置于一个实时网络中，既有利于上级更好地指挥，也可以从战友处得到信息。这样，一支部队成为利用实时信息传输连接起来的一个整体，具有了更完整系统的战斗力。

凭借庞大的资金投入与雄厚技术实力，美国在"未来士兵2025系统"的研究上取得了很大进展，这一系统是武器、通信、医疗救护等一系列分项目的合成工程，这套服装成功将目前分别具有防弹、防生化功能的多套服装融为一体，将以前独立的夜视、观瞄、声音测定等装置都整合进头盔中，纳米涂层可以使军服根据周边环境改变颜色，腰部以下装有助力系统可以提高士兵的负载和作战能力，显示出21世纪的军服在系统工程思维的引领下，数量减少，功能更为集成的必然趋势。

再如人本思维的加强。自第二次世界大战后期，经验人机工学开始逐渐为科学人机工学替代，如何使军服和装备更好适应使用者的需求成为设计者首要考虑的问题，如何用人本思维去设计军装成为世界各国军服设计人员共同关注的焦点。现代军服普遍采用更透气更舒适的衣料，将原来各种单独或背或挂的装备整合到携行背心或携行载具上，大幅降低防弹衣的重量等，这都说明人机工学的原理已经在军服设计中普及开来，军服的舒适性、实用性在逐年提高。但也必须看到，目前军服的人性化设计还是比较粗放的，仍然尽可能以实用为主，在一些细节上还有欠缺，比如重心不居中的多功能头盔、阻碍腿部血液循环的护膝等。21世纪的军服将会在人性化设计上更加深入、更加细微，更多倾听一线士兵的反馈，贯彻以人为本的设计原则，力图使人机工学的运用向细节化和深入化发展。

现在一些国家（值得注意的是，这些国家往往拥有较发达的民用工业设计基础），如日本、以色列已经在军服的细节设计上先行一步。日本的一款新型作战服有可拆卸的领衬，这主要是考虑到士兵在脸颈部涂抹迷彩油膏后会蹭在领子上，凝结后给穿着者带来极大不适，领子可以单独拆洗这一点自然显得体贴入微。与之相比，实战经验丰富的以色列军队，为自己的坦克乘员设计了一种带有竖向肩章的作战服，这主要是考虑到当坦克内空间狭窄，坦克手受伤后，救援人员从坦克舱外拉住这两个肩章就可以将乘员拉出救护，显得独具匠心且极具实用价值，这都是人本思维在军服细节设计上的直观体现。

还有启发性思维的产生。对一些军服设计问题，不能完全指望用系统工程思维解决，片面追求结构简单很容易进入死胡同，在这种情况下，充分利用现有的技术成果，换用启发性思维，绕开瓶颈，换一种方式解决，也是发展军服的重要手段。运用启发性思维必须针对特定问题，迎难而上，利用目前各种技术手段，甚至在一定程度上不惜使系统复杂化、昂贵化，也要将问题彻底解决，这就是引领军服设计的启发性思维。

举例来说，现代战争尽管步兵大部分时间可以乘车作战，但很多情况下，尤其是巷战和特种突击作战，仍需要步兵背负所有装备徒步行进，这时为了作战便利准备的大量观瞄装备、个人计算机、电池系统以及备份弹药口粮就会成为士兵的负担，这些装备有时甚至会达到75kg之多，已经达到人体机能的上限。在这种情况下，采用模块化可以作为权宜之计，但士兵个人装备重量的不断增加和人生理极限的矛盾，从中长期看是不可调和的。在这一点上就有必要运用启发性思维，充分利用现有的技术成果，设计全新的系统解决这一问题。美国加州大学伯克利分校已经接受美国国防先进研究计划局的资助，研究一种"伯克利极限下肢外骨架"（BLEEX），这种设备由计算机控制，用动力装置提供液压动力，与使用者的下肢连接在一起，可以提供巨大的携带物品的能力（图10-83）。在实验中，测试者只用背负两kg物品的力就可以负载32kg物体，发展前景十分光明。这一运用化学能和机械结构的系统能够大幅减轻士兵负荷，而且完全承担自身质量，这无疑是一个颇具代表意义的启发性思维运用实例。

综合来看，需要复杂技术简单化。人们如果为了提高军服效能发明的技术复杂昂贵，以致超出单兵承受能力，创新思维的综合运用可使复杂技术简单化、模块化，以提前投入实际使用。比如，为了增强士兵防护能力，一部分军事强国从20世纪60年代开始为前线步兵配备防弹衣，最早为芳纶材料，并逐渐由更轻、防弹性能更好的"凯夫拉"材料取代，这是一种抗拉力极强的新型纤维材料，它的应用使单兵护具的重量和价格都降到了可以大规模装备部队的地步。但"凯夫拉"防弹衣只能防弹片和手枪弹，仅仅满足低烈度战场作战人员的需要，大威力步枪弹仍然可以贯穿防护层并杀伤使用者，如果运用目前的技术，使用先进材料，全面加厚防护层可以解决这一问题，但势必提高造价，重量也将不能接受。于是设计人员开始独辟蹊径，采用模块化的方法应对（图10-84、图10-85）。美军最新装备的"拦截者"防弹衣就采用模块化设计，由战术背心、凯夫拉防弹内层和防弹插板组成，在重要部位采用插入式碳化硼陶瓷插板，大幅提升了防护能

图10-83 "伯克利极限下肢外骨架"显示　　　　图10-84 "凯夫拉"防弹背心

力，并允许步兵根据威胁程度的不同调整防护能力。"拦截者"防护面积增大，不但可以彻底保护穿着者的躯干部分，还有可选装的护裆，这样将防弹衣视做一个系统，并综合运用人本思维和启发性思维，最终使防弹衣效能和单兵负荷间达到了一个平衡。

图10-85 "凯夫拉"防弹背心的陶瓷插板

同时需要简单技术实用化。在新世纪军服的设计中，现有的简单技术并非没有用武之地，关键在于设计者如何组合运用。众所周知，水具是士兵一刻不可缺少的装备，尤其在沙漠地区作战，为了满足饮水需求士兵可能要将多个水壶挂在腰间，但这样一来既妨碍翻滚匍匐等战术动作，又容易疲劳。针对这一情况，美国一家民间体育用品公司开发了针对军用市场的"单兵饮用水携行系统"，简称"驼峰"储水系统，这一装置类似背包，使用者背在背上，通过嘴边的软管饮水，既符合人体负重结构，又可以降低体温，还具有安全便捷等优点。可以看到，在水壶向类似于"驼峰"的单兵水具发展过程中，设计人员充分运用了系统工程思维、人本思维和启发性思维的结合，使相对简单的现有技术、材料与工艺，能够被组合成效能更强的装备。

再需寻找新的技术突破口。如在军服高新技术的研究中，向哪个方向去进行攻关，从而获得最大收益是一个重要课题。比如，伪装是军服的重要功能，从20世纪70年代起，军用伪装服不断由视觉伪装向多维伪装发展，如美军新迷彩图案采用数码像素点阵，迷彩图案分布更为合理，在一定程度上还可以欺骗红外、微光、热成像等侦察手段。但这仍属于"无源"伪装法，即本身不发散能量，随着红外夜视仪、热成像仪等战场侦察手段的日益发展，现有军服伪装技术面临严峻挑战。在这种情况下，一部分设计人员创造性地提出了"有源"伪装的新思路，通过电流来激活织物表面迷彩图案的金属涂层，使其根据周边环境改变自身温度与热辐射强度，从而更大程度地保护自己，甚至向"隐身"的最高目标迈进了一大步，也是设计人员综合运用创新思维，寻找合适的技术突破口，从而提高军服效能的最好体现。

当然离不开寻找新的材料来源。在目前军服设计中，寻找具有更好性能的材料往往依靠物理和化学手段，但在纯理论的科研环境下，片面从化工品中寻找新材料很容易遭遇技术瓶颈。如单兵军服的温度控制问题，当士兵身着笨重防化服时，体温容易过高，在一些高寒地区，身着臃肿的御寒衣物则会降低战斗力，现有的任何一种化纤材料都难以解决这些问题。于是，研究人员开始将目光转向动植物，广泛利用仿生原理，比如借鉴北极熊毛的中空结构，研发出人造中空纤维，可以使紫外线射入然后将其阻隔在内而不散失，从而保持穿着者的体温。类似的例子还有模仿松树叶呼吸机制的人造纤维防护服等。可见，从动植物温控机制中寻求军服材料的突破，是设计人员综合运用创新思维的结果，可以使军服在重量、造价、系统复杂程度上保持现有水平的同时，有效地增强温控功能。

总之，新时代对于军服的创新是急于需要，但又是面临许多挑战的。如果在军服设计中不能有效利用系统工程思维，不断发展的高新技术就会成为一个个孤立的个体，不能被整合成先进有效的装备。如果没有人本思维，新设计的军服和随件只是先进生硬的设备，不能成为士兵的亲密战友。如果不能运用启发性思维，军服僵硬的技术指标，就会成为设计人员无法克服的障碍，现有技术成果不能及时投入使用。在现在的军服设计尝试中，不乏忽视这三种思维的失败例子，如美国陆军的"单兵冷却系统"（PICS），设计主旨是为了降低高温环境下士兵的体温，由冰袋、电池、泵和热传感外衣组成，总重量高达5.5kg，而且冰袋每隔30min就要更换一次，电池也只能连续工作4h，使用起来限制很多。再比如最新的美国陆军通用防护服（JSLIST）尽管性能优越但不具阻燃功能，美军车组成员不得不在穿JSLIST的同时穿着诺梅克斯（Nomex）阻燃防护服，在气候炎热的环境下艰苦可想而知。由此可见，系统工程思维、人本思维、启发性思维无论是单独运用还是综合运用，在当前和未来的军服设计中都占有绝对重要的意义，技术支撑着它们，它们也在选择着技术，放眼21世纪前半叶军装发展，这三种新思维正在决定军服设计的走向，其体系也有进一步扩大的趋势，军服设计人员对这三种创新思维的认识将会越来越深，并愈加运用自如，使21世纪军服面貌日新月异。

延展阅读：服装文化故事与相关视觉资料

1. 人造丝曾是西方人的梦

从17世纪开始，欧洲人就想像中国的蚕一样制出丝来。直至19世纪，法国化学家查唐纳脱真的发明出人造丝来。可是1889年万国博览会，人造丝第一次亮相，就因为有几点烟灰落在这白色的精美的人造丝礼服上，刹那间燃烧起来，酿成惨剧。后来，人们几经改进，才真正使人造的丝绸问世并受到欢迎。

2. "夏奈尔5号"香水的由来

"夏奈尔5号"香水在20世纪享誉全球。听起来，这个品牌的香水肯定是夏奈尔发明的，因为她出生于1883年8月5日，因而"5"是夏奈尔的幸运数字。但是，有一种说法是，1921年时，夏奈尔邀请俄国大公德米特里一同到格拉斯哥游玩，偶遇一位名叫埃内斯特·博的香水专家。专家一兴奋，忘乎所以，全盘报出了香水的24种成分，而夏奈尔灵机一动，就在同年推出了自创的"夏奈尔5号"香水。

3. 中国旗袍在西方引起轰动

1958年10月14日，美国纽约百老汇"树林"歌剧院里上演了一出歌剧。明星南希·克万扮演中国香港一家舞厅的中国舞女。为了突出中国元素，服装设计师为克万定制了一袭旗袍，即中国服装史中称为改良旗袍的衣装。这种突出女性身材曲线的服装引起西方妇女们的兴趣。尽管这不是西方最初接触旗袍，但因为这次专门拍摄了电影，一下子使克万和旗袍同时名声大噪。

4. 女人穿裤装

进入21世纪第二个十年，欧洲女元首穿裤子出现在外交场合，大家都习以为常。实际上，本应穿裙的女性穿上男人的裤形，曾走过一条多么不平凡的路啊！1850年，美国的布卢默夫人设计并首穿阿拉伯风格的灯笼裤，以适合骑单车。1887年，英国的史密斯子爵夫人索性穿着男裤样儿的裤子出来，吓坏了英国的绅士。1895年，美国芝加哥女教师穿着马裤上课，被校方强令禁止……

5. 西方古韵与当代日常装（图10-86~图10-105）

图10-86　2006年，笔者（右）访问位于意大利的著名罗马服装协会。会长（中）不大的房间里，挂满了有贡献的服装设计大师的照片

图10-87　罗马名牌街橱窗之一

图10-88　罗马名牌街橱窗之二

图10-89　在罗马名牌街看阿玛尼设计作品

图10-90　在罗马名牌街看瓦伦蒂诺设计作品

图10-91　瓦伦蒂诺作品在书刊封面

图10-92　范思哲设计作品在书刊封面之一

图10-93　范思哲设计作品在书刊封面之二

图10-94　当代意大利人的日常着装

图10-95　当代意大利人的装束颇有些古典味道

图10-96　当代法国人的日常装束之一

图 10-97　当代法国人的日常装束之二

图 10-98　当代法国人的日常装束之三

图 10-99　2006年圣诞节前夕，笔者在卢森堡圣诞市场与兜售布偶的人合影

图 10-100　圣诞老人们在表演节目，圣诞老人服饰形象已成为圣诞符号

图 10-101　当代德国男人的日常着装

图 10-102　当代德国女青年的日常着装

图 10-103　梵蒂冈卫兵服仍是纯正传统

图10-104　英国白金汉宫卫兵依然保留着红上衣和黑色熊皮帽

图10-105　当代德国街头的交通协管人员

课后练习题

一、名词解释

1. 时装演化

2. 服装流行

二、简答题

1. 学过西方服装史后，对当代时装有何看法？

2. 你认为服装今后会如何发展？

参考文献

［1］爱德华·麦克诺尔·伯恩斯，菲利普·李·拉尔夫. 世界文明史［M］. 罗经国，
赵树濂，邹一民，朱传贤，译. 北京：商务印书馆，1987.

［2］李纯武，寿纪瑜. 简明世界通史［M］. 北京：人民教育出版社，1981.

［3］大英博物馆，首都博物馆. 世界文明珍宝——大英博物馆之250年藏品［M］.
北京：文物出版社，2006.

［4］沈福伟. 中西文化交流史［M］. 上海：上海人民出版社，1985.

［5］朱谦之. 中国哲学对于欧洲的影响［M］. 福州：福建人民出版社，1985.

［6］罗塞娃. 古代西亚埃及美术［M］. 严摩罕，译. 北京：人民美术出版社，
1956.

［7］尼·伊·阿拉姆. 中东艺术史［M］. 朱威烈，郭黎，译. 上海：上海人民
美术出版社，1985.

［8］翦伯赞. 中外历史年表. 北京：中华书局，1961.

［9］杨建新，卢苇. 丝绸之路［M］. 兰州：甘肃人民出版社，1988.

［10］成一，昌春. 丝绸之路漫记［M］. 北京：新华出版社，1981.

［11］华梅. 人类服饰文化学［M］. 天津：天津人民出版社，1995.

［12］王鹤. 服饰与战争［M］. 北京：中国时代经济出版社，2010.

［13］华梅. 中外服饰演化［M］. 北京：中国社会科学出版社，1992.

［14］华梅，等. 中国历代《舆服志》研究［M］. 北京：商务印书馆，2015.

［15］布兰奇·佩尼. 世界服装史［M］. 徐伟儒，译. 沈阳：辽宁科技出版社，
1987.

［16］乔治娜·奥哈拉. 世界时装百科辞典［M］. 任国平，李晓燕，译. 沈阳：
春风文艺出版社，1991.

［17］日本文化服装学院，文化女子大学. 文化服装讲座［M］. 李德滋，译. 北
京：中国展望出版社，1983.

［18］李当歧. 17-20世纪欧洲时装版画［M］. 哈尔滨：黑龙江美术出版社，
2000.

［19］朱培初. 近代西洋服装艺术［M］. 北京：轻工业出版社，1985.

［20］王鹤，华梅. 科研高度决定学科视野——以天津高校艺术学科量化现状为
样本［M］. 北京：人民出版社，2018.

［21］华梅，王鹤. 古韵意大利［M］. 北京：中国时代经济出版社，2008.

［22］华梅，王鹤. 玫瑰法兰西［M］. 北京：中国时代经济出版社，2008.

［23］华梅，王鹤. 冷峻德意志［M］. 北京：中国时代经济出版社，2008.

［24］张少侠. 欧洲工艺美术史纲［M］. 西安：陕西人民美术出版社，1986.

［25］张少侠. 非洲和美洲工艺美术［M］. 西安：陕西人民美术出版社，1987.

［26］华梅. 中国文化·服饰［M］. 北京：五洲传播出版社，2014.

［27］华梅. 服饰文化全览［M］. 天津：天津古籍出版社，2007.

［28］童恩正. 文化人类学［M］. 上海：上海人民出版社，1989.

［29］沙莲香. 传播学［M］. 北京：中国人民大学出版社，1990.

［30］玛格丽特·米德. 萨摩亚人的成年［M］. 周晓红，李姚军，译. 杭州：浙江人民出版社，1988.

［31］玛格丽特·米德. 三个原始部落的性别与气质［M］. 宋践，译. 杭州：浙江人民出版社，1988.

［32］黄集伟. 审美社会学［M］. 北京：人民出版社，1991.

［33］菲利普·巴格比. 文化·历史的投影［M］. 夏克，李天刚，陈江岚，译. 上海：上海人民出版社，1987.

［34］朱亚南，晨朋. 世界传世藏画［M］. 北京：昆仑出版社，2000.

［35］罗伯特·路威. 文明与野蛮［M］. 吕叔湘，译. 北京：生活·读书·新知三联书店，1984.

［36］约瑟夫·布雷多克. 婚床［M］. 王秋海，译. 北京：生活·读书·新知三联书店，1986.

［37］莱斯特·A. 怀特. 文化科学——人和文明的研究［M］. 曹锦清，译. 杭州：浙江人民出版社，1988.

［38］谢选骏. 神话与民族精神［M］. 济南：山东文艺出版社，1986.

［39］L. M. 霍普夫. 世界宗教［M］. 张世钢，王世钧，秦平，译. 北京：知识出版社，1991.

［40］吉林师范大学. 世界自然地理［M］. 北京：高等教育出版社，1980.

［41］威廉·A. 哈维兰. 当代人类学［M］. 王铭铭，等译. 上海：上海人民出版社，1987.

［42］伊丽莎白·赫洛克. 服饰心理学［M］. 北京：中国人民大学出版社，1990.

［43］赫尔曼·施赖贝尔. 羞耻心的文化史［M］. 辛进，译. 北京：生活·读书·新知三联书店，1988.

［44］伊丽莎白·波斯特. 西方礼仪集萃［M］. 齐宗华，靳翠微，译. 北京：生

活·读书·新知三联书店，1991.

［45］西塞罗·唐纳，简·鲁克·克拉蒂奥原. 西方禁忌大观［M］. 方永德，宋光丽，译. 上海：上海人民出版社，1992.

［46］丹纳. 艺术哲学［M］. 傅雷，译. 北京：人民文学出版社，1981.

［47］黑格尔. 美学［M］. 朱光潜，译. 北京：商务印书馆，1982.

［48］悉尼·乔拉德，特德·兰兹曼. 健康人格［M］. 刘劲，译. 北京：华夏出版社，1996.

［49］湖北省美学学会. 中西美学艺术比较［M］. 武汉：湖北人民出版社，1986.

［50］竹内淳子. 西服的穿着和搭配方法［M］. 光存，松子，广田，译. 长春：吉林文史出版社，1985.

［51］曲渊. 世界服饰艺术大观［M］. 北京：中国文联出版公司，1989.

［52］J. Anderson Black, Madge Garland. A History of Fashion［M］. London: ORBIS, 1985.

［53］Braun. L. Costumes through the Ages［M］. New York：Rizzoli International Publications, INC., 1982.

［54］维维安·百鹤高. 欧洲十九世纪卓越绘画大师［M］. 李嵩，译. 上海：上海书画出版社，2011.

［55］陈诗红，舒冉，莽昱，沈莹. 全彩西方雕塑艺术史［M］. 银川：宁夏人民出版社，2000.

［56］伯特兰·罗素. 西方的智慧［M］. 崔权醴，译. 北京：文化艺术出版社，1997.

附 录

西方服装沿革简表

时期	典型服装
服装早期形式	草裙、树叶裙、兽皮装、纤维纺织衣服
服装分类造型	贯口衫、大围巾式服装、上下配套式服装、首服、足服、佩饰、假发
服装惯制初现	上衣下裳与上衣下裤、整合式长衣、围裹式长衣、等级服装
服装重大开拓	拜占庭丝绸衣、波斯铠甲
服装融合互进	拜占庭与西欧战服、紧身衣、斗篷、腿部装、北欧服装、骑士装、紧身纳衣、哥特风格服装
服装与文艺复兴	宽松系带长衣、头饰、尖头鞋、多种领型长衣、撑箍裙、切口式服装、皱褶服装、填充式服装、长筒袜
服装与建筑风格	巴洛克风格服装：宽檐帽、带袖斗篷、南瓜裤、缎带与花边、新式撑箍裙、轮状皱褶领、手套 洛可可风格服装：蝴蝶结、螺旋形黑色缎带、装饰扣紧身衣、宽大皱褶丝织长袍 戎装：哥特式铠甲、马克西米连式盔甲、雇佣兵战服、军用肩带、佛兰德式双褶边护腿、重甲骑兵服、腿甲、铁靴
服装与民族确立	埃及长袍、波斯缠头（头巾）、会面袍、苏格兰方格短裙、爱尔兰毛织斗篷、英格兰长罩衫、法兰西花边帽、奥地利天鹅绒围腰、荷兰木鞋、西班牙刺绣男服
服装与工业革命	马裤、长裤、燕尾服、礼服大衣、经典"西装"、彩带饰宽檐帽、再度复兴撑箍裙、现代时装、"新女性"风格服装、散步女裙、"男孩似的"女装、女运动装（灯笼裤）等 戎装：法军平顶圆筒帽、翎饰、蓝色马裤、胸甲骑兵服、马靴、红缨高顶帽、带流苏的肩章、垂马尾银盔、艾德里安头盔、军服标示、水兵服、迷彩钢盔罩
服装与移动互联	职业装、东方风时装、环保时装、裸色装、休闲服、内衣外穿、"朋克"装、中性装、各式前卫科幻装 戎装：阻燃服、防弹衣、携行背心、夜视观瞄装备、态势感知装备、个人防护装备、生存装备、伯克利极限下肢外骨架、数码像素迷彩服

后　记

　　该书的再一次修订，起意于中国纺织出版社给我寄来的《中国服装史（2018版）》。这本《中国服装史》距上版已经11年了，从整体版式来看，确实清新了许多，于是引起了我继续修订这套书后几本的激情。《中国服装史》从1989年出版，至今已是第三次修订本。而《西方服装史》是第二次修订了，上一版是2008年，至今也已11年，按教材论是需要修订的时间极限了。我在中国纺织出版社出版的第一本书，即是《西方服装史》，那是2003年1月。2007～2009年，连同其他3本我的服装史论书同时获批为国家级十一五规划教材。十余年来，我与编辑结下了不解之缘。

　　前两版撰写出版时，我先任天津美术学院美术史论系主任，后为天津师范大学美术与设计学院院长，所以插图都是年轻教师帮助搜集整理的。这次不同了，我不任院长已多年，且具有高校教龄42年的资历，正是进一步修改完善教材的绝佳时机。时间充裕了，再说去年上半年，我刚自己把即将在商务印书馆出版的《华梅说服饰》重排了一遍图，这就更加坚定了我配图的信心，要不然，像我这样年近古稀的人一听配图就觉得脑袋有点儿大。

　　有了信心和决心，一切都可以迎刃而解。绝大部分图是我自己一幅幅找，一幅幅对着文字配上的。我的关门弟子段宗秀帮我好大忙，她不但帮我找了一部分时尚图，而且全部书的文稿、图及图注都是她整理的。

　　找图和配图过程中，需要我对着文字找最合适的，反复比对，反复斟酌，然后由我儿子王鹤帮助扫描，再集中一批拼成A4纸可同时容下的几张。这样每幅图相当于邮票大小，我再一幅幅贴在稿纸上，配上图注。如果没有合适的，就得由王鹤扫描后放大打印，再由我先生王家斌用黑水笔摹绘。因此，王鹤戏称我写书是"半自动"……好在我们一家都是搞艺术的，且都在高校任教，因而也是多年的黄金搭档。先生是天津美术学院的原教务处长、雕塑家，儿子是南开大学博士，现任天津大学副教授。儿媳刘一品也在天津师大任教，孙子孙女只要不把我图揉皱扔掉，就算是支持了。一个家庭，相当于一个小公司，起码说是工作室或团队不算过分，再加上学生和侄女呢？这里有几幅时装图，就是高级教师吕金亮和王萌画的。每一点成绩，都绝非是我一人所能为。

我的《西方服装史》，第1版时是两个学生给配的图。第2版时，我带上一个年轻教师，她给我加了6个风格、3个设计师，并配图及习题。这次修订我进行了大幅度的调整。一是将各章改成"讲"，重新定位重新取名。二是总共加了39条"延展阅读"。这个数字与去年出版的《中国服装史（2018版）》一样，下面的几本我也用这个数字，这就是严肃之中的游戏。三是将课时安排、习题等全部修改，并增加了"西方服装沿革表"。四是"七、九、十"三讲各增加一节"军戎服装"。最大的调整是最后两讲，几乎完全打乱重来，增加了许多新形势下的新内容，同时将"时装设计师"及"风格"缩减，改成"时装设计大师"并去掉风格的专项叙述。这才跟得上时代，特别加入了进入21世纪18年来的着装理念与科技发展趋势。当然，最大工作量是将全书图的数量由原三百多幅增加到现如今的448幅。自己配图的最大好处，就是哪里配？配哪样的？是个体像还是群体像？哪些便于学生课堂学习，哪些又便于学生的课外参考？还有意加了一些相关视觉资料。配图必须与文字贴近，看起来多了一些，可是又坚决不要可有可无的。例如，这次增加了许多军服和首饰，还有一些大美术类的，便于学生立体掌握，这些以前没有。

秋收季节又该到了，段宗秀整理好3个文件夹的书稿。我还要改，还要增删，因为我、王鹤，还有段宗秀都很快，都不拖延，使得这本书别管费了多大心血，如今已然面貌全新了。

期待着出版，给00后的青年学子们带去一份崭新的教材。我们辛苦并快乐着！

2019年9月18日于天津